暢銷增訂版

寶貝妳的
新生兒

The New Contented Little Baby Book

吉娜福特 英國超級保母・專業護理師◎著
陳芳智◎譯

對吉娜的讚詞

吉娜的「滿意小寶寶」作息是以多年的育兒經驗為基礎，經得起時間的考驗，她的文章是常識與經驗凝結的智慧。成為父母並擔負起這個身分的一切是很大的一步，在挑戰的同時，妳也會發現，照顧自己的寶寶是人生最美好的經驗之一。吉娜的文章可以協助妳走向一個較令人開心的結果，對於妳這段旅程具有正面的貢獻。

布萊恩・西蒙（Brian Symon）醫師，小兒睡眠障礙醫師

- 「非常感謝妳，吉娜・福特。妳和妳的書真的把天堂送到我的手裡。」

- 「沒有妳的書，我真的會不知所措。妳的建議意味著我會有一個又棒、又快樂的小男孩。而且我真的很期待他帶來的下一個挑戰是什麼，因為我知道哪裡可以找到全部問題的答案！」

- 「對妳的書，我想表達感謝之意。從我的寶寶十週大，開始採用妳的作息起，妳的書就是我的救命寶典與最佳益友。現在我的兒子已經快要九個月了，每個看到他的人都說，『妳家的小男生真是快樂又滿足啊！』」

- 「我們從醫院把黛西抱回家裡開始，就讓她採用吉娜的作息表，並且就一直持續下去，再也沒有回頭過。每個人都讚美黛西，說她真是個令人覺得神奇的快樂又滿足的寶寶。謝謝妳，吉娜，感謝妳的書，以及它帶給我們的享受與信心。」

- 「吉娜把我們的兒子變成一個最快樂、最容易帶的寶寶，就和我們希望的一樣。她的知識和專業程度驚人，她回答了每一個問題——真的很有用。」

- 「我的朋友都告訴我，像我家女兒又乖又快樂，實在不是一件『正常』的事。但這對『吉娜的寶寶們』來說，似乎很正常啊！」

- 「對於未來將為人父母的家長來說，我們非常推薦她。我們覺得她實在是個瑰寶，對她充滿無限感激。她正確的引導我們了解寶寶的需求，讓我們成為自信的家長，也讓我們的兒子有了最佳的人生起點。」

獻給我最摯愛的母親，

也是最好的朋友，

懷念她的智慧、她特別的愛，

以及一直以來對我的支持與鼓勵。

她美好的笑容與閃亮的雙眸，

讓綿綿陰雨化為燦爛陽光。

推薦序

幫助家長依據寶寶的需求建立固定的作息

克莉兒・拜阿姆 - 庫克，合格保育員、褓姆

Clare Byam-Cook SRN, SCM 《 What to Expect when You're Breast-feeding… and What if You Can't?》作者

當《寶貝妳的新生兒》這本書最初在 1999 出版時，我印象非常深刻，因為經過這麼久的時間後，終於有人提供新生兒父母一步步詳細的指導，用最實際的方式幫助他們照顧寶寶，而不是告訴他們只要用本能和直覺就好。從那時候起，我就親眼目睹吉娜的作息表成為許多父母的救生索，這種情況也讓我樂於為這本書寫推薦序。

在三十餘年與媽媽和寶寶們工作的時間裡，我經常看到許多父母因為一些矛盾的意見而變得困惑又焦慮。每一個人對於如何養孩子最好，似乎都有自己的一套主張，甚至連專家們對於一些基本的看法，如需求性餵食與固定作息，以及如何成功以母乳哺育也無法取得共識。在這一片混亂之中，就我來看，拔群而出的是白天建立某種程度的固定作息，讓寶寶比較容易安置下來，而父母親也能更安穩、更有信心。

透過本書，吉娜給出了明確的指導原則，能幫助家長建立固定的作息，妳可以花一天或幾週的時間研究，就能根據寶寶的需求來調整作息了。她說明了事先得知寶寶何時會累、何時會餓的重要性，這樣一來寶寶就不必藉由哭泣來獲得妳的注意，或告訴妳有何不對之處。吉娜也提供了寶貴的問題判別方法，說明如何調整她的作息表，以符合妳家寶寶個別的需求。

雖然我已經不再進行家庭親訪，不過我每天還是透過我的嬰幼兒問題解決諮詢，來和家長們保持密切互動。如果妳想獲得一對一的私人協助，建立妳家寶寶專屬的作息法，或是妳正在為家中嬰幼兒的餵食、睡眠或行為問題傷腦筋，請發送電子郵件至 cbc@contentedbaby.com，了解我可以提供的各種諮詢業務的詳細訊息。

就算妳只是採用了本書的一半建議，妳也會在育兒的軌道上讓孩子成為滿意寶寶，而妳也成為快樂又自信的新手父母。

致謝

我想對曾經與我一起合作過的所有家庭致上最深的謝意,遍佈在世界各地的你們對於我的方式是如此信任與忠實,在你們寶寶成長的多年以來,仍然持續給予我意見回饋。

出版本書的出版社也繼續提供我最大的支持與指導,前發行人 Fiona MacIntyre、現任的發行人 Rebecca Smart、編輯群 Katy Denny、Sam Jackson、Emma Owen、Imogen Fortes、Cindy Chan、Louise Coe 以及 Penguin Random House 團隊的成員。我誠摯的感謝你們對於我的方法深具信心,並鼓勵我持續出書。

特別的感謝獻給 contentedbaby.com 官網的團隊,編輯組的 Kate Brian、Sofiah Macleod、Alison Jermyn 以及 Christel Davidson,感謝你們在網站上的出色呈現,以及對我持續的支持與鼓勵。一併獻上對 Embado.com 網站 Rory Jenkins 的感謝之意,他以高明的技術能力,協助我們建立了五大洲家長們都能存取的神奇網站。

最後,我想跟過去十八年來,跟我合作過的數千位家長致謝。你們從不吝於讓我知道「滿意小寶寶作息表」對於你們的作用,這些在暢銷增訂版中給予我極大的幫助,而你們從來不知道,你們滿懷關愛的支持話語對我來說意義有多重大。特別的愛與謝意獻給大家,以及你們那些滿足的寶寶們。

自序

《The Contented Little Baby Book》（出版發行於 1999，中文版名稱為《寶貝妳的新生兒》）是根據我與 300 個以上在世界不同地區的寶寶與他們家庭一起工作、生活的經驗寫成的。該版成為了暢銷書，被世界五大洲好幾百萬的家庭使用，而且持續在使用中。本書受到歡迎的程度，以及擁護者忠誠的支持，都驗證了新生兒可以遵守固定作息，而且非常成功的成長茁壯。和老式、沒有彈性的四小時餵食法不一樣，我的作息表是以寶寶自然的餵食與睡眠節奏為基礎建立的，可以確保寶寶的需求能在他不高興或變得太累之前就獲得滿足。最重要的是，這些作息表可以根據每個寶寶不同的需求進行調整；我從豐富的經驗中得知，每一個寶寶都是不一樣的。

從我第一本書出版之後，我透過自己的諮詢工作以及滿意寶寶官網contentedbaby.com 跟數千位家長進行了溝通。這種經常性又直接的接觸讓我能從家長身上獲得他們使用滿意小寶寶作息法最有用的意見回饋，這也激勵了想全面增訂並更新原書的想法。「滿意小寶寶作息法」以及我的核心想法還是一樣的，不過，為了回應這些極其寶貴的分享，我擴充了囊括的範圍，也根據今日的育兒環境進行了調整。

我很有信心，全新的增訂版本在教導妳——如何分辨寶寶肚子餓與疲憊之間的不同反應、如何建立良好的餵食及睡眠模式，以及如何滿足寶寶的不同需求等，甚至會比之前的版本更好。相信有了這本書的協助，成為父母對妳和寶寶都將是一個幸福，又極度滿意的經驗。「滿意小寶寶作息表」已經在好幾百萬個家長與寶寶身上取得成功，相信對妳一定也很有幫助。

目 錄

Ch 1 準備迎接新生兒來臨

Ch 2　為什麼要採取固定作息？

Ch 3 第一年的餵奶

Ch 4 瞭解嬰兒的睡眠

Ch 5　建立寶寶的固定作息

Ch 16　育兒第一年的疑難雜症

Chapter **1**

準備迎接新生兒來臨

　　當我們談到準備迎接新生兒時，腦中首先出現的就是產前的護理，以及準備嬰兒房，這兩者都非常重要。產前護理是為了確保懷孕時胎兒的健康；佈置嬰兒房迎接小寶寶的來臨則充滿了樂趣。但卻很少有資訊告訴我們如何處理初生嬰兒會發生的一些狀況。大部分產前課程也忽略了非常實用的育兒技巧，事實上，父母如果能在寶寶一生下來時就能採行一些有效的方法，那麼他們會省掉很多摸索的時間，也就不至於深感挫折了。

　　如果妳能夠從寶寶生下來的第一天，就照書中的方法使寶寶養成規律的作息，那麼妳應該會有一個快樂又滿足的寶寶，同時還能夠挪出一些屬於自己的時間。初為人母的階段，妳能擁有的空閒時間非常得少，因為在這段育兒期間，除非能請人幫忙，否則妳還是得自己煮飯、上街買菜，以及洗衣服。下列事項是我對許多新生兒母親的建議，如果在嬰兒出生後能夠馬上採行的話，那麼將能替初為人母的妳節省很多時間：

建議

❀ 所有育兒設備應該早早就提前下單。嬰兒床有時候要花上十二週才能寄出，而且從一開始就準備一張大嬰兒床，好處多多。（註：或者也可用親友的二手嬰兒床）。

❀ 把嬰兒用的床罩、床單、毛巾洗好備用。嬰兒床、嬰兒提籃（或搖床）和嬰兒手推車都架好。所有嬰兒房中需要擺置的東西都要準備就緒，當生產完回家時，就不會手忙腳亂了。

❀ 下列嬰兒必需品都應該備好存貨：棉花棒、嬰兒油、尿片、尿布疹膏（屁屁膏）和滋潤霜、濕紙巾、洗澡海綿、嬰兒牙刷、嬰兒沐浴油及洗髮精。

❀ 檢查所有的電器是否都可以使用，練習如何消毒奶瓶、如何組合餵奶所需要的用具。

❀ 在廚房中挪出一部分可以讓妳整理、消毒奶瓶的桌面，如果桌面位在碗櫃下方，那就更理想了，因為剛好可以把餵奶器具放在碗櫃內。

☙ 事先儲備好至少可供六週使用的洗衣粉、家用清潔品、廚房紙巾和衛生紙。

☙ 如果打算餵母乳，那妳吃的食物最好不含添加劑和防腐劑，親手烹飪的食物是最安全的。為了避免產後沒有時間和體力作飯，產前就該煮好不同種類的熟食，放在冰箱的冷凍庫，那麼當產後回到家時，準備食物的工作就不會大費周章。（註：可預先訂購月子餐。）

☙ 通常會有很多訪客在來探望妳和新生兒，因此要預先儲存茶、咖啡、餅乾和乾果類等食品，因為這些食物的消耗量會比平常大。

☙ 記得選購幾款生日禮物和萬用卡，以便近期有親友生日時能寄贈。也多挑選幾種不同花樣的謝卡，這樣產後收到親友致贈的禮物時，可以很快寄出謝函。

☙ 家中所有沒做完的家務事或瑣事，都要想辦法盡快完成，這樣才不會在寶寶出生後為了這些事而煩心。

☙ 如果妳打算讓寶寶吃母奶，那現在就得把電動擠奶器買好，因為妳會非常需要，可向產檢的醫院諮詢更多相關資訊。

佈置嬰兒房

　　我想妳會和很多父母一樣，晚上把寶寶放在臥房和妳一起睡。英國搖籃曲信託基金會（The Lullaby Trust，之前舊稱為 FSID，是英國一家慈善組織，宗旨為防止嬰兒意外死亡，促進嬰兒的健康）和英國衛生部（the Department）的建議則是，寶寶滿六個月大之前，都應該和妳睡在同一個房間。話雖如此，我還是相信，當妳從醫院回到家時，有一個已經準備好的嬰兒房是很重要的；太常有母親驚慌失措的打電話詢問我，該如何才能讓大一點的寶寶適應他自己的房間。

從一開始，妳就該盡量使用嬰兒房來換尿布、餵奶，以及進行一些比較安靜的遊戲。這樣寶寶從一開始就能漸漸習慣自己的房間，並能很快地喜歡上那裡，把自己的房間當成可帶來平靜的空間。當寶寶還很小的時候，尤其是他們太累，或受到過度刺激時，有一個安靜舒適的房間，讓他們可以放鬆下來真的非常重要。在寶寶出生後沒多久，以這個目的來使用嬰兒房將可以幫助他在六個月大後，順利從跟妳共睡的房間，轉換到他自己的房間。

❂ 嬰兒房的佈置

父母其實不需要為了佈置小寶寶的房間而花很多錢。因為即使把整個房間的牆面、窗戶和被單全部都換成泰迪熊的圖案，看久了也會覺得單調。只要花點心思，例如在單色的牆面貼上彩色的圖紋帶飾或貼紙，就會顯得亮眼；要是能換上搭配的窗簾盒和簾勾就更漂亮了。採取這種作法，隨著寶寶年齡的增長，如果需要調整房間也會比較容易，而不必整間重新裝修。另外還有一種經濟實惠又有趣的方法，就是用兒童用品店的包裝紙來當海報裝飾嬰兒房，它們不但色彩明亮還可以經常更換。

❂ 寶寶的睡床

大部分的育兒書會告訴妳新生兒不需要嬰兒床，因為寶寶睡在嬰兒提籃或是嬰兒搖床上就很開心了。雖說當寶寶和妳一起從一個房間移動到另外一個房間時，採用這類小床似乎比較方便，但我個人倒是不認為寶寶睡在裡面會比較開心，或睡得比較好。由於寶寶六個月大之前必須習慣跟妳睡同一個房間，所以在這段期間內，為他在房間準備一輛嬰兒手推車，上面鋪一個舒適的墊子倒是比較好的選擇。從第一天開始就讓寶寶使用他們自己的大床還是很重要的。我建議，當妳和寶寶一起在他房間時，有些時間能讓他待在自己的大床上玩耍。這樣一來，當他要開始整晚睡在自己房間的大床上時就不會遇到問題了。

當妳在選購嬰兒床時，請不要忘記，這個床寶寶至少得用兩至三年，所以必須夠堅固，能夠支撐兩至三歲的小孩在裡面跳來跳去；事實上即使是很小的寶寶，也有可能使床鋪移動。

我建議嬰兒床柵欄的木條最好選擇扁平狀，而不是圓柱形，因為當小寶寶把頭靠在圓柱上時可能會壓得很痛。對於不滿一歲大的嬰兒，我會建議拿掉圍在柵欄內的軟布墊（圍欄），因為嬰兒體溫是由頭部散熱，如果頭頂住軟墊的話，可能會阻隔散熱，提高體溫過熱的風險。這一點也被認為是導致嬰兒猝死症的原因之一。

選購嬰兒床其他需注意的事項有：

💜 柵欄床最好有二或三段式的高度調整功能。

💜 柵欄內的空間需大到足夠讓一個兩歲大的小孩很舒服的待在裡面。

💜 所有的嬰兒床都必須附有國家安全檢驗標章。周邊柵欄的木條間的間距寬度介於 2.5 至 6 公分。床墊降到最低位置時，和嬰兒床上緣的最大距離不要超過 65 公分。床墊周邊和柵欄須留有空隙，空隙應小於 4 公分。

💜 在經濟許可的範圍內，盡量買材質最好的床墊。我會這麼說是因為一些海綿做的床墊在使用幾個月之後，中間就凹陷下去一半了。對成長中的嬰兒來說，我覺得支撐力最好的床墊類型是「天然棉面彈簧筒床墊」。但不要忘了，所有的床墊都需有國家安全檢驗標章。

嬰兒床內所需的寢具

所有寢具都必須是百分之百白色純棉製造，這樣才能和寶寶晚間睡覺的衣物一起用熱水洗滌。為了避免嬰兒感覺太熱或有窒息的風險，不要讓未滿一歲的嬰兒使用有墊料縫製的被子、羽絨被或枕頭。如果妳想找和嬰兒床相稱的漂亮床罩，那麼在購買時先確定是百分之百純棉，而且罩子內不含尼龍填充物。如果妳會使用縫紉機，將大的純棉雙人床單，裁製成寶寶用的平單式被單和抽拉式襯墊床單倒是可以省下不少錢。

🔍 鋪嬰兒床的步驟

step 1 把床墊先從柵欄床拿下來，然後在底部鋪上一條底床單，可根據季節的冷暖調整位置。天冷時可以要把底床單橫放，鋪在嬰兒床的尾端。

step 2 將換好床單的床墊放回柵欄內，床尾突出的底床單蓋上去。

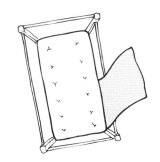

step 3 把被單放在床墊上部，將至少 15 公分的長度分別塞到床尾和床頭下面。別忘了，沒有塞入的被單部分要夠大，這樣嬰兒床裡才有足夠的空間可以把寶寶放進去。

step 4 把寶寶放進嬰兒床裡時，要確定將腳放在靠近床尾那一邊，把蓋毯剩下的 15 公分仔細塞入床墊下面。

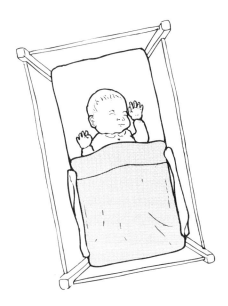

step 5 把兩條捲好的小毛巾塞進床墊和柵欄之間的空隙，確保寶寶踢被時也無法將被踢鬆。

妳需要準備下列寢具：

* 三條有伸縮性的純棉包床床單。質料是柔軟度較佳的針織棉而不是毛巾布，因為毛巾布的表面會很快變得粗糙，一旦變粗糙看起來就會很陳舊。

* 三條平單式、質料滑順的棉質被單，不要用絨毛毯，因為絨毛會從寶寶的鼻子跑進呼吸道，引起呼吸不順暢。

* 三條純棉透氣的小毯子，同時多準備一條羊毛毯，天氣很冷的時候使用。

* 抽拉式襯墊床單──六條純棉的平單式床單、質料滑順的棉質襯墊床單。這些小尺寸的棉質襯墊床單可以用來鋪嬰兒的小躺椅或小床，鋪的時候可以橫放在底床靠頭那邊。有了這些襯墊，寶寶半夜或是休息時如果尿床，或是尿布滲漏，妳就不用在大半夜時換掉整床的床單了。

❂ 尿布檯

最實用的尿布檯是長型，有附抽屜和櫃子的那一種。上面的長度要足以放下尿布墊以及簡易的清洗盆。抽屜內可以放小寶寶的睡衣、內衣和棉紗布。櫃子內則放大樣的物品，例如整包尿片。

❂ 衣櫃

花錢在嬰兒房訂製衣櫃，會是個很好的投資，它能夠將寶寶的衣服保持得整潔又乾淨，而且無形中增加了寶貴的收藏空間，因為寶寶需要的東西會越來越多。如果不可能訂製衣櫃，儘量買個直立衣櫃。

❂ 椅子

嬰兒房裡必須有椅子，無論嬰兒房空間再怎麼小，妳也得想辦法放上一把。一把堅固又舒服的椅子絕對是首選，小型的雙人座沙發床也是個好選擇，既能餵奶還能在寶寶房裡睡覺。如果空間有限，那麼就選一把直背的椅子。椅子的寬度要大到能容納妳和長大一點的寶寶，理想的椅子椅臂要寬到在餵奶時能提供支撐。

搖椅常被當成育嬰椅販售但我會抗拒誘惑，不買搖椅。當寶寶長大，活動力變強後，很可能會想扶著搖椅站起來，這時候搖椅就危險了；搖椅一動，寶寶可能就會翻跌過去。寶寶小時候，媽媽抱著用搖椅搖著入睡聽起來似乎很吸引人，不過，這卻是養成寶寶睡眠壞習慣的主因之一。

✪ 窗簾

窗簾長度要垂到地，而且必須是不透光的布料。裝設窗簾時很重要的一點是，不要讓光線從窗戶上邊的空隙滲透進來，最好在上部加一段同樣是不透光布料的裝飾性布簾。窗簾要能遮住窗戶兩旁，不要有光線滲透進來；會這麼強調遮住光源，是因為即使是很微弱的光線，也有可能在早晨七點前就把小寶寶喚醒。同樣的，最好不要採用上層有橫桿支撐的窗簾，因為光線會從上方的隙縫照射進來。當寶寶長大一點時，如果他在夏日清晨五點就被陽光或街燈喚醒，可能就沒辦法再度入睡，因此窗簾的設置非常重要。

當燈熄掉、窗簾也拉上時，房間應該要暗到看不到房裡另一頭站著的人。研究證實，在黑暗的環境中，人腦會分泌化學物質，調整身體入睡。

✪ 地毯

房間裡全部鋪設地毯會比一整塊的地毯理想，因為妳有可能抱著寶寶，在微弱的光線中走進嬰兒房時，被整塊的地毯絆倒。購買時選擇防污易清的材質，顏色避免選擇太深或太亮的，因為一髒就很容易看出來。

✪ 燈光

如果嬰兒房的主燈尚未加裝亮度調控器，那真的應該考慮換裝一個。在寶寶剛出生不久時，把燈光轉弱會給他暗示，使他聯想到睡眠和休息。如果妳不想花那麼多錢，也可以考慮購買直接插入插座的小夜燈。

★ 嬰兒提籃或小嬰兒床

我先前已經提過，提籃其實不是必備品。即使最便宜的嬰兒提籃加上支撐架也得花上幾千元，而小寶寶可能一個半月大就睡不下了，因此花這筆錢確實有點浪費。但是如果妳住的房子很大，或者小寶寶出生不久就必須帶著去旅行，那就可能用得到它，這種情形下也可以向朋友借用嬰兒提籃，然後把錢花在替寶寶買張新的嬰兒睡墊。

小嬰兒床是大嬰兒柵欄床的小型版，小嬰兒床當然要比提籃的長度長，但也不會太實用。因為我們現在大都把寶寶改為仰著睡覺，所以小嬰兒床常因為太窄而使小寶寶感覺不舒服。他們會因為手臂伸不直，而一個晚上醒來好幾次，更糟的是，他們的小手可能被夾在柵欄的空隙間。

如果妳還是選擇短期內給小寶寶用提籃或小嬰兒床，那麼別忘了準備下列寢具：

妳需要準備下列寢具：

- 三條有伸縮性的純棉包床床單，質料選擇柔軟平滑的針織棉。
- 六條平單式、質料滑順的棉質嬰兒車床單，用來蓋在小寶寶身上，之後也可以當抽取式襯墊，放在大嬰兒床上。
- 三條純棉網眼細編的嬰兒車毯。
- 一打棉質細紗布，橫墊在提籃或小床裡，防止寶寶尿床時把床弄溼。

大部分的寶寶不到三個月，就會長大到提籃或小嬰兒床睡不下。但是寶寶至少在六個月之前，都要和妳同睡一個房間，這樣一來，如果妳的房間

放不下寶寶的床，問題就來了。遇到這種情況，我會建議妳花些錢買第二張簡約型的嬰兒床——可以買價格便宜的。雖說這樣多出一筆花費，但是非常值得，況且還可以擺到妳娘家或是婆家，帶孩子拜訪外公外婆、爺爺奶奶時可以使用。

◆ 嬰兒手推車

傳統式的嬰兒手推車很貴，而且不適用於現代生活。很多家長發現，出門時還是攜帶方便又不占空間的嬰兒車比較實用。不管妳是選擇買老式的嬰兒推車、摺疊式的嬰兒推車或是輕便型的嬰兒推車，根據英國搖籃信託基金會的指南，在寶寶滿六個月之前，他白天睡覺時，妳都不能讓他離開身邊。購買時，妳還要考慮住家環境和生活型態。現在有一種「三合一」的嬰兒車很受家長歡迎，在新生兒時期可用來當成攜帶型的小床；寶寶再大一點的時候，可以用作簡便的嬰兒推車。如果妳住家附近很安靜、走路就可以到商店，那可以考慮買這種「三合一」型。

如果妳必須經常開車到住家附近的商場購物，那妳應該買的是容易組合、從車子的行李箱拿進拿出時，也不會太吃力的嬰兒推車。現在市面上有賣一種重量極輕的輕便小推車，它的椅背可以放平，方便新生兒躺在上面，車篷上還附罩子，天氣冷、下雨的時候多一層保護，以預防寶寶感冒。第三種選擇是簡便型嬰兒推車的較重版本，這種推車後背也可以放平，方便初生兒平躺，通常還附一個睡墊。

如果妳經常使用舊型或輕便型的嬰兒推車，在市區及空間狹小的商店（例如超市的狹窄走道）走來走去，那麼有迴轉式輪軸的推車會非常理想，和單向輪軸的推車比較，它們在遇到轉角時可以毫不費力的調整推車的方向。不管最後妳決定買哪一種，購買前別忘了練習裝卸幾遍，同時在商店

內把嬰兒車從地面舉起來幾次，確定把它放進車子行李箱時不會太費力。

以下是買嬰兒車時須注意的事項：

● 必須配牢固的安全帶，一條扣在寶寶肩上，一條扣在腰上。車輪要有容易操作的剎車。

● 車上要有車篷和罩子，天冷的時候寶寶才不會感冒。

● 其他可能用到的配備也要一次買齊：遮陽篷、雨罩、保溫毯、頭枕、購物籃或購物袋。這類配件的設計和尺寸經常變換，如果妳等到下一季再買，可能就大小不合適或者搭配起來不太協調。

● 購買時在店內用力推推車，檢查把手高度是否合適，同時將推車推到走廊和轉角，試試看是否很容易就能夠將推車轉向。

✪ 汽車安全座椅

把寶寶從醫院帶回家時，就需要汽車安全座椅了。媽媽和寶寶出院時，婦產科的護理師常會陪父母走到車子，檢查看看一切是否就緒。即使要去的地方非常近，嬰兒在車行途中也一定要坐汽車安全座椅。不過，根據英國布里斯托大學（University of Bristol）的最新研究顯示，新生兒放在汽車安全座椅上的時間如果太長，會有呼吸困難的風險，尤其是在行車途中。英國搖籃信託基金會建議，「父母應該避免長途開車時中途不休息。不過，避免路上因交通事故而受傷是首要目的，所以嬰幼兒乘車一定要使用安全座椅。」

千萬不要手抱寶寶，這樣萬一發生碰撞或緊急煞車的狀況，孩子將鬆脫妳的懷抱。安全座椅也不能安置在配備安全氣囊的前座，除非氣囊事先已經正確的拆卸下來。一般來說，選購安全座椅時材質好及堅固為首選，而且一定要有清楚的安裝說明及國家安全檢驗標章。

購買時還要注意下列事項：

- 座椅的兩邊側翼要大，這樣萬一發生側撞時，能提供較好的保護。
- 安全座椅最好配備「一拉就能很輕鬆繫好」的設計，以方便根據寶寶所穿的衣服來調整座位鬆緊度。
- 扣具要容易開關，但是不能容易到連孩子都能打開。
- 檢視其他必須購置的配件。例如頭部支撐枕，以及替換的椅墊。

⭐ 嬰兒澡盆

　　小澡盆對寶寶來說並不是一件必備物品，和嬰兒搖籃一樣，寶寶長得快，澡盆很快就會太小了。初生嬰兒一開始時可以在洗手檯裡面洗澡，或者也可以從幾種嬰兒專用的洗澡躺椅中選擇一種，放在大浴缸裡面洗。這種洗澡專用椅讓寶寶能躺下，椅子有一個斜度可以支撐寶寶身體重量，媽媽就能放開寶寶，用雙手幫他洗澡。

　　如果妳覺得還是使用嬰兒專用澡盆比較安心，那我建議買大小剛好可以在浴缸內放得很穩的那一種，因為放在浴缸內裝水和倒水都會很容易。一般的小澡盆下頭有一個支架，妳還得放在地上，用水勺舀水或把水掏光。還有澡盆和換衣檯一體成型，但這種設計一點都不實用，因為當妳把寶寶洗完澡抱出來之後，得把蓋子掀起來，放平後才是一個換衣檯。當然換衣服之前妳必須先把裡面的水倒出來，可是這種澡盆內的水很難倒，得把盆子整個倒到另一邊才能把水倒乾，然後才能幫寶寶擦乾換衣服。這種澡盆下方附有置物架，應該是為了方便取用洗澡物品，但結果是每次洗澡，東西就掉得滿地都是。不但如此，這種洗澡換衣兩用澡盆價錢昂貴，我只能告訴每個想買的人──千萬別花冤枉錢。

✪ 尿布墊 / 換衣墊

尿布墊或換衣墊可以買兩個來替換。為了清理方便，建議購買塑膠製，且兩側加厚的那一種。如果寶寶還是新生兒，使用時可墊個大毛巾，因為小嬰兒多半不喜歡躺在冷冷的東西上。

✪ 嬰幼兒監視器

寶寶大到能睡在自己的房間時，大多數的父母就會覺得放個寶寶監視器比較放心。近年來，市場上的選擇極多，從簡單的監聽器，能同步聽見另一個房間裡寶寶的動靜；到不只是聽，還能利用攝影鏡頭，看到寶寶在房中做什麼的都有。最近的一些新設計附有應用程式，讓妳無論在家中哪個角落，甚至晚上出門在外，都能透過手機查看寶寶的狀態。

大多數父母都喜歡帶有鏡頭的數位監視器，這樣就能查看寶寶是睡是醒，大一點的寶寶醒了未必會出聲，這樣監視器的幫助會很大。知道寶寶什麼時候醒，可以幫助妳決定下次什麼時候再讓他休息。我個人推薦購買有雙向溝通功能的機種，這樣當嬰幼兒在經歷夜裡容易騷動不安的階段時，妳可以透過監視器安撫他，而不必一定得下床。

選擇嬰幼兒監視器時，可以注意一下以下的特點：

- ♥ 不僅要有亮燈顯示，也要有聲音。這樣即使聲音被關掉了，妳也還能監視寶寶。

- ♥ 監視器透過無線電頻道來作用，因此最好選購有雙頻道的機型。這樣萬一一個頻道有干擾聲，還能切換到另一個頻道。

- ♥ 充電式的機型一開始成本比較貴，但是長期使用，可以省下電池的消耗費用。

- ♥ 要有電量過低，以及不在訊號服務範圍內的指示燈。

✪ 揹帶

很多父母對於這種把寶寶綁在身前，帶著他們四處走動的方式頗有微辭。我自己從來不用揹帶，因為我發現這樣長時間把寶寶背在身上，對我的背部造成很大的壓力。而且當寶寶還很小的時候如果妳把他立著往妳身上靠，孩子會很容易就睡著；這違背我所主張的嬰兒睡覺原則——白天某些時段必須讓他們保持清醒，不可以想睡就睡，這樣才能教會寶寶，一旦進入睡眠儀式，他就要自己入睡。不過當小寶寶再大一點，特別是已經大到可以面對著前方時，前抱式的揹帶的確很適合父母用來背著嬰兒走來走去。

如果妳覺得揹帶有用，那麼以下是選購時的原則：

● 揹帶上必須有很牢固的扣具，確定不會意外鬆脫。

● 揹帶必須能夠提供嬰兒頭部及頸部足夠的支撐，有些附加了可以取下的靠枕，能給新生兒頭部額外的支撐力。

● 揹帶在綁的時候可以選擇讓嬰兒的臉朝內或朝外，而且所坐位置的高度必須可以調整。

● 選擇的織布材質必須強韌且可以清洗、肩帶部位必須觸感舒服，有加柔軟的肩墊。

● 購買之前，一定要親自到店裡試用，並試著揹起寶寶——因為並非一種款式就能滿足所有人需求！

✪ 嬰兒椅

很多父母白天會把嬰兒的汽車安全座椅搬進家裡，充當寶寶在家的座椅。最新的研究顯示，新生兒在家的時候不應該被放在汽車安全座椅中睡覺，因為這樣會讓他們產生呼吸困難的風險。所以寶寶很小的時候，擁有適合的第二張嬰兒椅是必要的，這樣妳也不必再大費周章，將椅子在車子和房間之間搬來搬去。

嬰兒椅的形式很多。有的椅子中規中矩；有的可調整高度，但椅子底座可保持穩定；有的可以設成搖椅模式。另外有種叫彈簧椅，重量很輕，用不鏽鋼框架再覆上布料，寶寶身子一動它就會隨之搖晃。我發現超過兩個月大的寶寶很喜歡這種椅子，但是更小的寶寶則會覺得沒有安全感。不管妳買哪種嬰兒椅，即使妳的嬰兒再小，也一定要確定他坐在上面時很安穩，同時絕對不要讓他離開妳的視線。最後要注意的是，當寶寶坐在椅子上時，椅子一定得放在地上，而不是桌子上或工作檯上，因為寶寶一動，椅子有可能會被移到桌子或檯子的邊緣上。

以下是更多選購嬰兒椅時的參考原則：

❤椅子的框架和底座必須很牢固，繫帶必須堅固又安全。

❤買椅墊容易拿起來清洗的椅子。

❤新生兒必須使用支撐頭部的靠枕。

❂ 嬰幼兒用的遊戲圍欄

現在一些「專家」都對遊戲圍欄大皺眉頭，覺得遊戲圍欄限制了寶寶天生愛探索的直覺。我自己的感覺則是：幼兒本來就不應該獨自被留置在圍欄內太久。但當妳必須準備午餐，或門鈴響了得去開門時，圍欄可以確保寶寶的安全，非常有用。如果妳決定在屋內使用遊戲圍欄，我建議要在寶寶小的時候就開始讓他習慣。有些父母把嬰兒旅行時的嬰兒床、遊戲床當作圍欄來用，但如果空間允許的話，我會建議使用四方形的木質圍欄；這種圍欄提供較大的活動空間，寶寶可以扶著欄杆站起來四處走動。不管妳選擇的是哪種圍欄，放置的地點一定要遠離危險，像是電器、窗簾、延長線等物品。千萬不要把帶線的玩具或是繩子掛在遊戲圍欄裡，因為寶寶如果被線纏住，可能會有致命的危險。

選購遊戲圍欄時，有幾個重點必須注意：

- 檢查是否有尖銳的金屬絞鏈或栓子，以免寶寶受傷。
- 要確定它可以固定在地板上，這樣寶寶才沒辦法移動它。
- 如果買的是網狀的遊戲圍欄或旅行用的嬰兒床、遊戲床，要事先檢查網子是否夠堅固，這樣寶寶才無法把小玩具塞進網眼裡，導致眼洞愈來愈大，甚至大到能把頭或手指頭塞進去。

母乳哺育時需要的用品

❂ 哺乳內衣

專為哺乳設計，在罩杯處加裝釦子或拉鏈，哺乳時很容易就可以把乳罩解開。為求舒適起見，最好選用棉質的哺乳內衣，肩帶要寬且可以調整、能好好支撐乳房、不會過度壓迫乳頭，導致乳汁分泌被阻塞。我建議產前先買好兩件，母奶分泌之後穿著如果舒適，就再多買兩件。

❂ 溢乳墊

在寶寶剛出生的時候，妳會需要用到很多乳墊，因為每次餵奶都得更換。不少媽媽都喜歡圓形的乳墊，因為形狀和胸部比較相稱，妳可能得試試不同的品牌。不過，有時候價格較高的吸水性比較好，長期使用下來反而較超值。

✪ 哺乳枕

在母親餵乳時用來支撐手肘，藉著它可以把抱在懷裡的小寶寶托高至合適的高度，方便哺乳。

這種枕墊的形狀被設計成適合擱在母親的腰部、支撐手肘，方便把小寶寶托高到餵奶的完美高度。寶寶喝完奶之後，也可以用來墊在寶寶的身體下，幫寶寶拍背打嗝順氣；當寶寶大到可以開始學坐時，還可以枕在寶寶背後支撐他的坐姿。如果妳決定要買一個，務必選購套子可以取下來用洗衣機洗的。

✪ 治療乳頭紅腫的藥膏

藥膏和噴劑都是保養乳房的產品，可以緩解因為哺乳造成的疼痛。導致乳房疼痛的主因大多是哺乳位置不當造成的，如果妳在哺乳之前或之後感覺乳頭疼痛，想購買藥膏和噴劑的話，最好先諮詢醫師或母乳諮詢顧問（註：國民健康署孕產婦關懷諮詢專線：0800-870870，可免費詢問母乳問題。各地許多母乳哺育學會也都提供諮詢服務。）當妳正在哺乳期間，不建議使用任何藥膏或肥皂，只要一天兩次，每次餵完奶用清水清洗乳房即可；乳頭則可用乳汁輕輕揉擦一下，然後讓它自然風乾。

✪ 電動吸乳器

我很自信的說，我服務的母親中，多數能夠很順利的完成餵奶工作，原因之一是因為我鼓勵她們使用電動吸乳器。在寶寶剛生下來時，乳汁分泌量通常超過寶寶的需要（尤其是在清晨剛起床的時候）。我會教她們從吸力強的電動吸乳器中選擇一款來擠奶，然後把它冷藏或冷凍起來，那麼當白天累了，或是奶水較少時，就能派上用場。很多嬰兒在晚上洗完澡後都還是暴躁不安，我相信原因之一是因為他們的媽媽經過一天辛苦後，奶水分泌量不足，所以寶寶在晚餐那次沒有真正吃飽。如果妳想要採用母乳哺育，

而且想很快讓寶寶建立起規律的吃奶習慣，那麼電動吸乳器會是個好幫手。不要聽人說好用就購買小型的手動吸乳器，其效率不佳，奶水等不及吸出來就退了，這也是造成許多女性放棄擠奶的原因。

❂ 母乳冷凍袋

專門為貯存母乳而設計，已經事先消毒好的冷凍袋，拿來保存擠出來的母乳非常理想。藥房、百貨公司的嬰童用品部或是大型超市都可以買得到。

❂ 奶瓶、奶嘴

大多數的哺乳專家都反對讓新生兒使用奶瓶，即使裡面裝的是擠出來的母乳也不行。他們聲稱這樣嬰兒會對乳頭和塑膠奶嘴產生混淆，降低寶寶吸吮乳房的慾望，因而導致媽媽的奶水分泌不足、放棄餵母乳。
我自己的看法則是：母親會放棄餵母乳，其實大都是因為她們疲於應付「餓了就餵」的寶寶，通常一個晚上就得餵好幾次。

市面上供應各式各樣的奶瓶，而且每一個品牌都稱聲自己的產品「最適合寶寶使用」。我一向都推薦使用「寬瓶口」設計的奶瓶。因為注水口較寬，清洗和倒奶水進去時都比較容易。花點功夫找一下無雙酚 A（Bisphenol A，簡稱 BPA）的奶瓶是值得的，因為科學家認為透明塑膠奶瓶常見的成分，有可能會滲入配方奶裡。

我會建議一開始採用新生兒專用的奶瓶奶嘴，這種吸嘴寶寶得用比較大的力氣吸食，和吸母乳比較相似。不過，使用吸奶慢的吸嘴也會出現問題，像是脹氣，所以須依照寶寶的狀況來決定，一旦他好像有困難了，就可以換用流量較大的奶嘴——這個時間點最早可能出現在第三週，不過通常是第八週左右。

每天睡前瓶餵的理由：

💜 我建議從寶寶出生後一週起，最大不要超過四週，每天給寶寶一瓶母乳或是泡好的嬰兒配方奶。時間選擇睡覺之前，或是晚上其他時間，餵食的人不要是媽媽本人，這樣疲憊的媽媽才有時間好好睡個覺，舒緩一下；讓媽媽在獲得休息之後，更有精力餵寶寶母乳。我從未遇過因為這樣而拒絕親餵，或是對奶嘴和真正的乳頭產生混淆的寶寶。

💜 如果在嬰兒初生期用奶瓶餵食的次數一天超過一次，那麼上述的狀況是有可能產生的。

💜 其他讓寶寶習慣一天一次瓶餵的好理由有：這樣媽媽能保有一些彈性；寶寶只餵母乳將來改瓶餵時遇到的問題不會發生；能讓寶寶的父親有很好的機會親近寶寶、提高參與感。

 餵嬰兒配方奶時需要的用品

✪ **奶瓶**

　　上文中我已經詳述為何寬口奶瓶較好，所以我強烈建議各位購買這種奶瓶。如果妳的寶寶只用奶瓶吃奶，那麼把腸絞痛和脹氣的風險降到最低就更為重要了。我在幫助腸絞痛的嬰兒時，往往發現只要把寶寶使用的奶瓶換成寬口瓶，脹氣情形立刻就獲得改善。此外，奶嘴的設計也需要很有彈性，讓寶寶吸吮時有如吸吮母親乳房。

　　之後，把寬口瓶奶瓶改裝一下，奶嘴換成吸管，再加個把手，就變成學習杯了。如果妳的寶寶只用奶瓶餵奶，我會建議媽媽在一開始時買五個 240CC 容量，以及三個 120CC 容量的奶瓶。

奶嘴

大部分的奶瓶買的時候就附有符合新生兒使用的慢流速奶嘴。但我發現八週大的嬰兒已經可以使用中流量奶嘴，所以中流量的吸嘴可以一開始就買起來存放。

奶瓶刷

正確徹底的清洗奶瓶非常重要。選購很長塑膠柄的奶瓶刷，可以在瓶子裡施更多力，便於將瓶子洗乾淨。

吸嘴刷

很多母親覺得直接用食指清洗吸嘴最容易。不過，如果妳的指甲很長，那麼還是花點錢買個專用的刷子比較好。不過，刷子也可能會對吸嘴上的孔洞造成損壞，導致妳必須經常更換吸嘴。洗奶瓶吸嘴，最佳解決方案就是指甲剪得短短的手指頭。

奶瓶清洗盆

如果所有髒的奶瓶都可以清洗乾淨並消毒好，那麼整理和使用起來就會很方便。在放進去消毒之前，妳需要一個地方來放置這些沖洗乾淨的奶瓶和吸嘴，這時大的不鏽鋼或塑膠盆就很好用了，如果上面有蓋子更好。

奶瓶消毒器

不管是餵母乳或嬰兒配方奶，所有的餵奶用具包括擠奶器使用前都必須消毒乾淨。消毒的方法主要分為三種：一種是把所有的用具放在大鍋中用沸水煮 10 分鐘，一種是把用具放在消毒液中浸泡兩個小時，然後再用沸水沖一沖，最後一種是蒸汽消毒鍋。就我的經驗來看，最有效率的是蒸汽消毒鍋，花錢投資很值得。

購買之前有一點要注意：不要受到誘惑購買微波爐適用的消毒器。這種消毒器能容納的奶瓶數量很少，且微波爐要做他用時，得先把消毒器拿出來，非常不方便。

✪ 水壺

如果妳因為個人原因，從一開始就打算給寶寶喝嬰兒配方奶，那麼妳第一年花在沖奶的時間肯定很多。因此，妳可能會考慮是否要投資多買一支水壺。沖泡奶粉的開水必須新鮮，煮開後放置待涼不要超過半個小時，那時溫度至少還應該有攝氏七十度以上。如果有人在妳等待水涼的時候過來要沖茶，那麼妳就得重新開始燒水了，這樣一來，妳會瘋掉。所以買一支寶寶專用的水壺會是個明智的投資。如果妳懷的是雙胞胎，水壺就更必要了。（註：或可選用具定溫功能的調乳器。）

新生兒的衣物

市面上嬰兒衣物的樣式繁多令人愉快，也令人眼花撩亂。雖說幫寶寶買衣服樂趣無窮，不過我也要呼籲，在挑選這個特別時期的衣服時要當心。新生兒可以說是以迅雷不及掩耳的速度在成長，除非出生時體型特別小，不然大多數嬰兒在出生後不到一個月，就穿不下最小號的衣服了。雖然有充足的衣物可以經常更換非常重要，但如果買太多，大部分的衣服從沒穿過就穿不下啦！寶寶剛出生的第一年，他衣櫥內的衣服大概至少得換三次，就算挑選便宜的嬰兒服，還是挺花錢的。我會建議，在寶寶出生前只準備最基本的必備款，之後一年間，妳會有很多時間幫他買衣服。

選擇第一個月的衣服時，內衣和睡衣不要挑選鮮豔的顏色。新生兒吐奶、弄髒屁屁的機會很高，單靠攝氏 60 度以下的水溫要把衣服洗乾淨是不可能的。顏色鮮豔的衣服用這個溫度的水經常洗滌很快就褪色了，所以選白色就好，鮮豔的顏色就留給外出服。

一般來說，第一個月的衣服簡單就好。滿月前，讓寶寶穿白色紗內衣和嬰兒袍，清洗起來會容易很多，妳的時間可以用來做其他的事。可能的話，可以買一台滾筒式乾衣機——這個花費很值得，因為代表衣服從乾衣機拿出來後就能直接穿，不必擔心要熨燙。

🗨 頭兩個月內需要的基本衣物

寶寶內衣	6 - 8 件	襪子	4-6 雙
睡袍或連身睡衣	4 - 6 件	帽子	2 頂
白天便服	4 - 6 套	小手套	2 雙
包巾	3 條	開襟毛衣	2 - 3 件
冬天穿的厚外套	1 件	薄外套	1 件

✦ 內衣

除非天氣實在太熱，新生兒不論在冬天或是夏天大部分時間都是穿著內衣，百分之百純棉的質料最適合。

如果妳想要寶寶的衣物在經過多次熱水洗滌後，依然能保持漂亮，那麼就一定要選白色，或是白底帶著淺色的花樣。內衣最好的款式是「連身式」，也被叫做「兔裝」、「包屁衣」，可以在寶寶的大腿下方扣住，短袖、領口可以打開，方便穿脫。

✪ 睡衣

最常見的睡衣類型是一件式的套裝，或是連身服。這種睡衣穿起來很舒適，洗滌時很節省時間，不過如果寶寶已經睡著了，妳想要把他這種睡衣脫下來換尿片，可能要費些周章。因此，有些媽媽喜歡睡袍，和內衣一樣，百分之百純棉的材質最佳，設計則是愈簡單愈好。脖子部位不要有任何繫帶，如果下半身有繫帶也要拆除，因為可能會絆住寶寶的腳。

✪ 白天的便服

寶寶出生後的前一至兩個月，適合穿簡單的嬰兒連身長袍，一組買來，通常有兩件或三件。盡量選購純棉材質，可以從背部，或是兩腿之間打開的剪裁設計，以確保幫寶寶換尿布時，不用把整件衣服脫下來。吊帶褲或吊帶裙型的衣服，搭配 T 恤也很不錯，而且可以穿比較久，寶寶長大還能穿，如果寶寶很會流口水，還能隨時換穿乾淨的上衣。月齡很小的寶寶，材質要選擇柔軟的絲絨或棉絨，不要硬硬的棉布或牛仔布料。

✪ 開襟毛衣

如果寶寶是在夏天出生，那妳可能幫他買兩件開襟衫就可以了，材料最好選棉質。冬天生的寶寶，至少要有三件比較好，最好是羊毛衫，樣式則愈簡單愈好。只要寶寶身上有穿一件貼身的棉衣，皮膚就不會受到刺激。

✪ 襪子

對剛出生的寶寶來說，簡單的棉質或羊毛襪子最實用。不要選購有緞帶及蝴蝶結的款式，鞋子也一樣，不論這些款式樣子多可愛，都可能會傷害寶寶柔軟的骨頭。

✪ 帽子

夏天的時候，幫寶寶買一頂棉質、有帽簷的帽子，保護頭臉不被太陽曬到是一件重要的事，理想的遮陽帽要能遮到頸背，在初春和秋天氣候較涼的時候，棉線編織帽就蠻合適的。到了冬天或天氣很冷的時候，建議給寶寶戴溫暖的羊毛或絨毛帽，這類帽子多數內襯都是棉質的，如果沒有，而寶寶的皮膚又敏感，只要在帽子下加一頂薄薄的棉帽就可以了。

✪ 手套

小寶寶並不喜歡手被包起來，因為他們很常用手來觸摸、感覺和探索近距離接觸得到的所有事物。但如果寶寶的指甲太尖銳，還是得用細棉手套把他的手套起來，以免他的指甲刮傷自己。在天氣很冷的時候，可以讓寶寶戴羊毛或絨毛手套來保暖，如果皮膚較敏感，則可在羊毛手套裡層先戴上薄薄的棉手套。

✪ 包巾

我堅決相信，在寶寶誕生後的幾週內，用包巾將他們包在襁褓中，他們會睡得比較好。不管妳是用毯子或者包巾來包裹小寶寶，最好是使用重量輕、稍微帶點彈性的純棉質料。為了不讓寶寶感覺過熱，包裹他的時候一層就好，而且如果寶寶是包裹著睡覺的話，床上的毯子數量要減少。

很重要的是，孩子在六週大以前，只需要採用半包覆式，把包巾包到手臂下就好，因為嬰兒猝死症的好發期在寶寶二到四個月大，過熱被認為是造成死亡的主要原因。英國搖籃信託建議，室內溫度可以保持在攝氏 16 到 20 度，而寶寶身上一定切記不要包覆太多層 (註：台灣可保持在攝氏 24 到 27 度)。

💬 如何用大包巾包裹寶寶？

 step 1 把寶寶放在一個四方形的大包巾上，高度與後腦勺下齊高。

 step 2 從肩膀處往對角線對折。

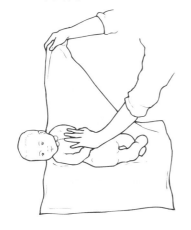

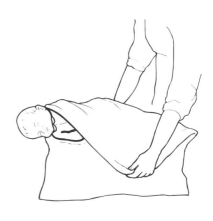

 step 3 握住另一邊包巾往上拉緊，把寶寶裹住。

step 4 將寶寶的身子往上拉出一些，並把包巾的下擺調整好。

 www.contentedbaby.com
裡面的影片，教導大家如何正確的用包巾包裹寶寶。

❂ 厚外套

幫寶寶選購冬天的外套時，至少要買大兩號的尺碼，因為寶寶長得很快。不需要買時髦的款式，帽簷不要有毛茸茸的裝飾，下巴也不要有垂下來的圓球，同時別忘了買容易清洗的布料。月齡很小的寶寶穿的外套最好是用釦子而不是拉鏈，因為拉鏈經常會碰到寶寶的下巴。

❂ 薄外套

不管寶寶是在哪個季節出生，準備一件薄外套總是能發揮很大的作用。夏天起風和冬天天氣不太冷時都可以穿，和厚外套的選購原則一樣，最好是──樣式簡單、質料好洗。

寶寶衣物的清洗

在花了不少錢購買寶寶的衣服之後，當然得好好細心照料了。嬰兒成長的速度非常快，一件衣服經常穿幾次就穿不下了，所以如果能好好洗滌保養，再給弟妹穿也是可以的。下列的洗滌原則，能夠幫助妳把小寶寶的衣物保持在最佳狀態：

建議

❀ 洗衣服時要把不同顏色的衣物分開。

❀ 床單、棉紗布和圍兜兜都必須用熱水洗，這樣才能把奶漬及留下的細菌清洗乾淨，同時消滅屋子裡容易引起嬰兒皮膚過敏的塵蟎。

❀ 洗衣機中的衣服不要放超過三分之二的容量，這樣全部的衣服才能被徹底清洗。

❀ 污漬處在放進洗衣機之前須事先處理，例如噴上衣領精、用刷子刷洗等。

✪ 白色衣物：60～90°C

任何沾到污漬的白色衣物可先放在冷洗精中浸泡一夜，然後以攝氏60度水溫在洗衣機中清洗。這些衣物必須是百分之百純棉，綴有花色的圍兜兜或毛巾，第一次清洗的時須與純白衣物分開，確定不會褪色後才能一起洗。床單、棉紗布、背心、圍兜兜、襪子，和白色睡衣、睡袍如果不太髒，也可以放進攝氏60度的溫水中洗滌，如果這些衣物沒有先浸泡，或是非常骯髒，那水溫應該要調高到攝氏90度。毛巾和擦臉巾可以一起洗滌並乾燥，不過要和其他衣物分開，以免出現太多泡沫。

✪ 淺色衣物：40°C

大部分白天的衣物，只要選擇洗衣機的「毛料」或「細緻」衣物行程洗滌即可。沾到污垢的地方，事先用冷水加洗潔精浸泡一夜，沖洗之後再放進洗衣機清洗。

✪ 深色衣物：30°C或手洗

顏色較深的衣服，就算不會褪色，也必須和淺色衣服分開洗，深淺混洗易導致淺色衣服染上淡淡的顏色。所有沾到污漬的衣物，都應該用冷水加入洗衣粉或皂粉泡一夜。

✪ 毛料或質料細緻的衣物：手洗

衣料如果很細緻，或是材質特殊，即使衣服上標有「可機器洗滌」的標籤，還是用一點嬰兒肥皂粉（或者嬰兒洗衣精）混合溫水手洗比較好。洗的時候，在水中用手溫柔輕搓並清洗，絕對不要用力擰或扭乾，材質細緻

的衣物要垂掛。用流動的冷水將衣物徹底沖洗乾淨，輕輕把多餘的水擠掉，接著包在一條乾淨的白色乾毛巾中吸乾水。最後，把衣服照原樣拉直，平放晾乾或鋪在乾衣網上讓衣服變乾。絕對不要將毛衣吊乾，這樣毛衣會變形。

✪ 使用乾衣機

毛巾、圍兜兜、床單和毯子都可以用乾衣機烘乾，但棉質的床單和被單可以不用完全烘乾，稍微濕濕的比較容易熨燙。不要把毛巾和其他衣物放在一起烘乾，因為毛巾容易在烘衣的過程中掉棉絮，可能黏貼到其他衣物上。另外，衣服烘乾後要馬上拿出來摺疊，以免產生皺折，且折疊的過程中也可以確定衣物是否乾了。

為了避免褪色和產生暗影，花布和深顏色的衣服放在烘衣機中烘乾不要超過 15 分鐘，然後把衣服照原樣拉直，掛在衣架上晾乾。這類衣物在晾乾後可能還是需要熨燙才會直挺好看。

✪ 絨質和深色衣物

絨質和深色衣物，請利用洗衣機上的冷風乾燥來烘乾，時間不要超過15 分鐘，然後把衣服照原樣拉直，掛在衣架上晾乾不需要熨燙。

✪ 熨燙嬰兒衣物

平單式的嬰兒床單或是抽拉式襯墊床單，在稍微帶點濕氣的時候熨燙起來最平整。淺色的衣服可以用噴水器噴水熨燙，深色衣服一定要從衣服的內層熨燙，而且熨斗溫度調到冷燙。針織類的衣物在熨時，上面要加鋪一層細紗布。除此之外，一定要把所有衣服的標籤燙平，這樣寶寶穿的時候才不會不舒服。

Chapter **2**

為什麼要採取固定作息？

我第一次寫出這幾個字時，距離現在已經十九年了。「為什麼要採取固定作息？」這簡單的幾個字所產生的結果，當初的我並不知道。不過在多年之後，我在這裡再次解釋，為什麼固定作息很重要？我必須強調，我的觀點從最初寫第一本書開始就沒有改變過，我本人也相信，大部分的寶寶如果作息固定，會長得好也比較快樂。但是我也發現且尊重並非所有的父母都願意採用固定作息的作法。

目前有很多關於「寶寶主導式」教養法的建議和書，因此我在書中給的建議，是獻給那些認為寶寶如果有固定作息會比較快樂的父母。我想，妳之所以閱讀本書，原因之一就是，妳的生活已經有一定的架構，妳相信如果遵循某些固定作息，在養育並應對寶寶上會做得更好。如果妳的情況是這一種，那麼我可以保證，「滿意小寶寶」（Contented Little Baby）作息一定能為妳和寶寶帶來諸多好處。

這套方法全世界有超過百萬父母成功採用，請根據妳作為父母的直覺，選出最適合妳和妳家寶寶的作息；以本書中的這些固定作息和建議當做工具，幫助妳們成為自己最想成為的那種父母。

滿意小寶寶作息法為什麼不一樣？

在我當產科護理師的那幾年，我閱讀了好幾百本關於照顧小孩的書，不過，我最獨特的是，以個人身分和全世界超過三百個以上的家庭合作。也因為這些父母親和他們漂亮的寶寶，我才能與各位分享這麼多我學習來的經驗，我也希望能幫助大家克服每日實際在養育寶寶上的問題。

作為一個產科護理師，我通常是在寶寶出生後幾天到達產婦的家裡。在三到五天的期間內，每天二十四小時中有七小時和該家庭生活在一起，有時候還會延長到數週或是六個月。

許多媒體都大肆報導我服務的家庭不是名人就是豪門時，我卻可以跟妳打包票，大部分都不是。他們通常因為個人的健康、家中有事或是其他個人環境，而不得不尋找外援。無論他們是住在有二十個房間的大華廈，或是只有一個房間的平房，是搖滾巨星、影視明星、小演員、富有的銀行家或是一位教師，這些父母都有一件共通點：他們都希望能確保自家的寶寶能快樂又滿足，也期待在滿足寶寶需求的同時，還能照顧並處理必須面對的嚴峻生活。

那時候，市面上主要的兒童養育書籍都是主打寶寶主導式養育法，聲稱要讓嬰幼兒養成固定作息是不可能的事；甚至暗示，如果父母嘗試讓寶寶養成固定作息，會嚴重影響孩子的健康。我在第一本書裡面說過，我多年來非常成功的教導許多父母讓寶寶養成固定的作息，讓寶寶身體壯壯又快樂。我只能說，那些書籍的作者可能沒有親自照料過夠多的寶寶，所以不知道這件事情可行。

事實上，《寶貝妳的新生兒》（The Contented Little Baby Book）一書，藉由許多個人推薦的方式，成為一本異軍突起的熱銷書，就是證明了我在 1999 年初版中所陳述的方法是有用的。

曾經仔細閱讀過該書的父母，應該能驗證我在書中所建議的「滿意小寶寶」作息法真的有用。和傳統的四小時一次餵食法，除非時間到不給孩子餵奶；或是放著讓他長時間哭到睡著相比，我的作法不同。建立寶寶的固定作息通常是一個非常辛苦的事情，父母必須犧牲很多，全世界百萬父母都驗證這一點，並發現這樣的付出很值得，因為他們很快就能學會如何滿足寶寶的需求，讓自己的苦惱保持在最低程度。

對寶寶的好處

　　「滿意小寶寶」作息法之所以和傳統方式不同的理由是：這些作息是根據所有健康寶寶自然的睡眠和餵食需求所設計的，有彈性，可以包容某些寶寶可能比別人需要更多睡眠，或是兩次餵食時間較長的差異。這些作息的目的並不是為了要促使寶寶半夜不必餵食，而是確保透過白天架構好的餵食和睡眠時間，讓寶寶半夜醒來的情況降到最低，也許寶寶會醒來，但很快餵食後，又再次睡著。這些作息的基礎是我多年親自照料許多寶寶觀察得來的，有些寶寶只要一點點提示，很快就能養成一個固定的餵食模式；但有些寶寶則很難，得花上好幾週。

我從能很快建立固定作息的寶寶身上，觀察到的主要現象有：

- ♥ 父母能採用正面的態度，想要建立固定作息，而且在最初兩週盡可能保持冷靜的態度。

- ♥ 儘量少讓訪客抱新生兒，讓寶寶在新環境中能放鬆、有安全感（特別是寶寶剛從醫院抱回家時）。

- ♥ 寶寶一定要有固定的睡覺時間，睡覺的房間要安靜。

- ♥ 寶寶在白天喝完奶之後，儘量讓他活動一下，保持一點清醒時間。

- ♥ 寶寶清醒時，餵飽拍過嗝後，稍微逗弄他、陪他玩，時間短短的即可。

- ♥ 要從第一天就開始建立他的睡眠作息時間。每天晚上在固定的時間洗澡、餵奶，然後放到安靜的房間睡覺。如果寶寶睡不著，父母還是要盡量保持安靜，繼續在燈光調暗的房間裡安撫他，直到他真正睡著。

對父母的好處

　　對所有家長來說，壓力最大的事之一，就是必須忍耐寶寶哭鬧，特別是如果他們哭得久、一直哄不好。但只要採取「滿意小寶寶」作息法，妳很快就能認出肚子餓、疲倦、無聊的徵兆，或是其他一些讓小寶寶不舒服的原因，讓妳更了解他的需求，且迅速又自信的回應他的需求。這樣一來妳和寶寶都能平靜下來，覺得安心且不必要的啼哭也就能避免，煩躁的寶寶和心煩意亂的媽媽這種常見的景象也就不會出現了。

　　採取我建議的固定作息，最大的加分之處是──妳們每天晚上都有一些空閒時間可以享受彼此的陪伴。這是採取寶寶主導式養育法的父母很難擁有的，因為所有這類型的育兒資訊都會告訴妳，華燈初上時通常是寶寶最煩躁的時候，要他們安靜下來可能得一直抱著、不斷的搖來搖去、輕拍安撫。

其他方式

　　書中介紹的作息和建議，許多年來已經不斷進化了。在我當產科護理師的時候，我試過很多不同的方法，讓寶寶養成喝母乳並建立健康的睡眠習慣。在進一步說明為什麼我相信這些方法會這麼成功的原因之前，先簡單說明這麼多年來我曾經使用過的一些方法，希望能幫助大家了解為什麼我深信「滿意小寶寶」作息法，對許多媽媽和寶寶來說好處多多。

⭐ 嚴格的 4 小時餵食法

　　這種作息方式是從幾十年前，產婦開始在醫院生產取代在家由助產士接生時出現的。那時的產婦要在產科病房住十四天，而她們的寶寶則每隔四個小時，從育嬰室被抱出來到她們身邊，給每一邊乳房嚴格的 10 到 15 分鐘吸奶，然後再送回嬰兒室。雖說這樣的作息方式跟我們老奶奶那一代的比

較類似，不過現在還是有很多媽媽認為寶寶應該用這種方式餵養。在我早年當產科護理師的時候，我和一些採用這種方式的家庭配合過，有些新生兒的確能成功的配合這種方式，特別是餵嬰兒配方奶的寶寶。

不過，我發現要根據嚴格的四小時間隔來建立餵母乳的作息計畫，而且一邊乳房還限制在 10 到 15 分鐘，大部分的寶寶都配合不了。而當媽媽的往往相信寶寶無法根據時間表喝奶，是因為自己奶水不足，所以很早就開始加入嬰兒配方奶，好讓寶寶能有固定作息並在正確的時間喝到奶。

如果每個跟我說「我的奶水在離開醫院的那 1 分鐘就乾了」的奶奶們，一人都給我一英鎊，我早就變成百萬富翁了。事實上是，由於作息時間僵硬，而且限制了餵養的時間點，所以媽媽的奶水在離開醫院之前早就乾了。於是在 1950 年、60 年代，用奶瓶餵寶寶的風氣便形成了，很多媽媽甚至連試都沒試過用母乳親自哺育，這種風潮一直持續到 1970 年代。

之後，研究開始發現母乳哺育對健康的種種好處，母乳哺育才又開始流行。媽媽被告知，不必限制餵養次數，寶寶愛吃多久就吃才能止餓。但是「滿意小寶寶」作息，並不是嚴格的限制 4 小時餵養，要建立四小時餵養模式可能得花上好幾週，所以無論妳多麼希望能建立固定的作息，也不要太有壓力。

4 小時餵養會失敗的主要原因有：

- ♥ 早期一天 6 次的餵奶，通常不足以產生足夠的刺激，讓媽媽能分泌足夠的乳汁。

- ♥ 新生兒通常需要少量多餐；嚴格把餵養次數限定在 6 次，可能讓寶寶每日所需的奶水攝取量不足。

- ♥ 一到六週大的寶寶，吸媽媽一邊奶水的時間通常至少要 30 分鐘。

- ♥ 後面流出的後奶脂肪含量通常比前奶高出三倍，對於讓寶寶吃飽是非常必要的。

❂ 需求性哺餵，想吃就餵

雖說我也曾照料過一些從出生後就嚴格遵守四小時餵食作息的寶寶，但是我早期照顧寶寶的經驗，大多是採想吃就餵，也就是需求性哺餵的方式。那時候提供的建議跟今天一樣，媽媽被鼓勵要讓寶寶主導餵奶的需求，寶寶喝奶的次數和時間，都根據他們的意願來訂；這種方式和四小時餵養法一樣，在有些寶寶身上是成功的，不過，在我幫忙的例子中，很大一部分都沒能成功。

道理非常簡單，在我早期經驗中就已經很明顯了，很多新生兒都不會主動要求要吃；出生時體重輕和雙胞胎尤其如此，這是我反對有需求就餵的主要原因。如果妳曾經坐在一個只有幾天大的新生兒旁邊，看到他因為餵奶不足而嚴重脫水，為活下來而奮力掙扎，大概也會和我有一樣的感受。脫水對於新生兒來說是很嚴重的問題，這一點現在很多新手爸媽都知道了。

母乳的分泌是依據供需產生的，所以被允許在兩次餵奶之間睡比較久的寶寶，在二十四小時之間被放到母親胸前的時間大多不夠，因此不足以產生足夠的訊息讓乳房分泌出足夠的乳汁，而媽媽也容易形成一種錯誤的安全感，認為她們寶寶很好帶、睡得很好。

事實上，雖然寶寶這時非常會睡，但在兩到三週之後，他們會開始醒得更頻繁，索取的乳汁量也會比媽媽能分泌出來的更多。於是一種寶寶每隔兩個小時就需要被餵乳的模式就很快出現了，時間不分日夜，為的是要取得他每日所需的營養。現在對於這種模式的說法是——這樣很正常，寶寶自己會解決這個問題，不過很多媽媽並未被告知，這種模式可能會持續好幾個月！

有時候當寶寶在兩次餵食之間加長後，也會出現另外一種模式。就是寶寶在晚上被餵了很多奶之後，導致白天清醒喝奶時，時間短、量也小；於是出現一種惡性循環——寶寶晚上需要被多餵，才能滿足他白天的需求。如此一來，媽媽晚上要頻繁的起來餵奶，就會疲憊不堪，而白天也無法得到充足的休息。

這種疲憊不堪的情況會導致出現下面部分或全部的情況：

💜 疲憊和壓力使母乳的分泌減少；所以寶寶被餵的量減少但次數增加。

💜 在第一週之後，一天持續需要被餵 10 ～ 12 次的寶寶通常會變得非常疲憊，缺乏好品質的睡眠，所以就變得更累，導致每次吃奶的時間變短，間隔也縮短。

💜 媽媽如果疲憊不堪，在餵寶寶時，無論時間多短，也會因為太累而無法專心的用最適當的姿勢來哺餵寶寶。

💜 餵奶姿勢不對是導致乳房疼痛的主因，通常會使乳頭龜裂出血，而這又會再次減少寶寶被好好餵母乳的次數。

💜 出生不久卻愛睡覺的寶寶，兩次餵食時間如果拖太長，就會降低媽媽能好好供應母乳的機會。

我之所以如此反對「有需求就餵」，就是因為這種餵法太隨便了。寶寶一哭就餵，媽媽就不會去學習了解寶寶可能哭泣的原因。例如，是受到太多刺激，或是太累了。當然了，所有的寶寶餓了都應該要餵，如果寶寶是真餓了，那麼根本不應該放任他哭及非得遵守嚴格的餵乳時間表不可。

🔵 具彈性的「滿意小寶寶」作息

　　無論妳是新生兒或是大一點嬰兒的父母，我都要請妳先讀過第三章和第四章關於一歲之前餵食和睡眠的資訊，並且在了解以後，再來試著開始這種作息方式。

　　因為「滿意小寶寶」作息方式跟傳統的四小時作息法不同，它不是看了一套作息方式，就試著要把寶寶的餵食和睡眠時間塞進我建議的作息表裡的作法。

　　「滿意小寶寶」作息法在寶寶出生第一年就要換十次作法。每一套作息表提供的餵食和睡眠時間，大都是根據寶寶的月齡所設計的，並不是嚴格古板的規定。妳必須好好了解作息表背後的原理，才能稍作調整，確保寶寶個人的需求能夠獲得滿足。

📎 需求性哺餵失敗的主要原因：

　　我研究英國嬰兒的睡眠問題時發現，以需求性餵哺的嬰兒在未來的幾個月內，有很高比例是無法自動養成健康的睡眠模式的。

　💜 很多寶寶即使在晚上能夠睡得比較久了，但在很長一段時間之後，還是可能繼續在夜裡醒來要吃，吃得少但是次數多。

　💜 繼續以少量多餐方式喝奶的寶寶，通常吃一半就睡著了，這樣一來會引發睡眠的問題，二來讓寶寶養成錯誤的睡眠聯想：沒有餵奶就睡不著。

Q 我懷孕六個月，跟許多初次懷孕的準媽媽一樣，對於要如何應付即將到來的無眠夜晚相當關切。我的產前指導班非常強調需求性餵哺的重要性，也就是新生兒應該有需要就餵，我不應該在他們出生沒多久就嘗試用固定作息的方式。所以我很擔心，如果我嘗試採行固定作息建議，會不會在寶寶真正肚子餓的情況下，變成是不給他們食物了呢？

A 「滿意小寶寶」作息法並不是要妳在新生兒真的肚子餓時不給他們吃。剛好相反。我對於月齡非常小的嬰兒採取需求性餵哺，主要關切的點在於，這些小寶寶在剛生下來不久時，有很多根本不會主動索食。這樣就會導致嚴重的問題，如果寶寶沒有從媽媽乳房吸奶，媽媽的乳房沒受到足夠的刺激，就不會分泌足夠給寶寶吃的乳汁。

這種惡性循環會導致媽媽每隔一到二小時就得餵寶寶，日以繼夜想要滿足寶寶的需求——但是在滿足之前，媽媽自己就筋疲力盡了，這也是乳汁供應量減少，使媽媽不得不停止親自哺育的主因之一。在寶寶剛出生不久，我都鼓勵媽媽假設，寶寶會哭主要原因就是肚子餓，該餵了。

不過，我也強調，如果寶寶持續哭鬧、不高興，那麼就應該看看是否有其他原因，為什麼寶寶在兩次餵食之間無法撐上三小時。原因通常是寶寶的吸吮姿勢不正確，雖然一副在吃的模樣，也持續吸了一小時左右，但其實大部分的時間都沒好好吸到乳汁。這正是餵母乳的媽媽如果發現寶寶在兩次

餵食之間已經兩、三小時，卻表現出一副不高興的模樣時，一定要找有經驗的哺乳諮詢顧問請教的原因。

大部分健康的寶寶在出生時，重量大約在 2700 公克左右，但會脫水；大概在兩週內，他們就能恢復到出生時的重量，大約是一週增重 180 公克。這樣的寶寶應該採取兩次餵食間距三小時（或者更長一點）的作法，不過，這種情況只有在寶寶能獲得足夠的乳汁時才會發生。

> **提示：**
> 務必記住，所謂三小時餵食，指的是從現在開始餵食到下一次餵食止，而不管中間寶寶吃奶花了多久時間。

 我真的必須把還是新生兒階段的孩子搖醒起來餵奶嗎？他看起來很想睡覺的樣子，我想讓他繼續睡，可以嗎？

我了解妳的想法。妳從生下他之後就很累，也想趁寶寶白天睡覺時補一點眠。不過寶寶這種嗜睡狀態只會持續短短的幾週，之後他醒的時間就會增加，會想要玩並和妳與其他人有相處的時間。他不懂日夜的區別，除非妳用溫和的方式將他引入一個固定作息裡，否則結果會變成他在凌晨四點非常清醒，想要玩遊戲。

所以，是的，我要強調在寶寶出生一週之內，採取三小時餵食法（如果寶寶餓了，也可以提前）的重要性，這樣媽媽的乳房才能獲得足夠的刺激，提高母乳的分泌量。在白天每隔三小時把寶寶叫醒，比較能確保他們在半夜十二點到清晨六點間只醒一次。有良好休息、身心放鬆的媽媽，比一個疲憊、壓力又大的媽媽較容易產出豐富的母乳。長期來看，建立這種模式對母子都有好處。

Q 好幾個親友都告訴我，寶寶睡覺時把他們吵醒很殘忍，他想喝奶自己就會醒過來了。我是一個很有計劃的人，覺得遵循固定的作息對寶寶和我都好，但是我很害怕吵醒寶寶的作法是不是會對他的身心造成傷害？

A 會說把睡眠中寶寶叫醒餵奶很殘忍的人，顯然沒有照顧過嚴重不足月的早產兒或是生病的寶寶，定時把寶寶叫醒，少量多餐的哺餵是確保他們能好好活著的唯一方法。這麼多年來，我看著這些寶寶長成幼童，卻從沒看過他們露出身心受過傷害的樣子。我很確信，如果寶寶在夜裡，每個小時都醒來要求餵食，那麼寶寶和媽媽受到傷害的風險才高呢！

在寶寶出生不久時，我會建議媽媽建立少量多餐的餵母乳模式。這麼做，有時候得去叫醒他，但是我告訴大家，如果一個幼小的嬰兒在滿三小時之前就被要求餵食，那麼當然一定要餵他。這個模式一旦被迅速的建立起來，妳和寶寶兩個人都會受益。

Q 現在的建議是寶寶出生後的前六個月，睡覺時要和父母待在同一個房間內。我擔心寶寶傍晚待在客廳小睡時睡不好，且六個月大時，換到自己的嬰兒房睡時，也可能會很難適應。要把與父母同房應用在妳的建立固定作息上，會有多難呢？

A 最新的建議是，妳的寶寶六個月大之前，睡覺時一定要放在妳所在的房間，不管是白天或晚上。不過，早一點讓寶寶適應他自己的房間，可以

讓妳在他六個月大以後，不會干擾到他或讓他感到不安。妳可以利用他換尿布、餵食、拍嗝，或是安靜玩耍的時間，把他的嬰兒房打造成平和靜謐的休憩所。

至於把寶寶安置在妳活動的客廳睡覺時，盡量讓周遭保持安靜，幫助他分辨「清醒」和「睡覺」時間的不同。一切都保持安安靜靜，妳不太可能在臥房和客廳都各擺一張嬰兒床，所以用嬰兒推車加上一張穩固的墊子是可接受的辦法。將寶寶放在嬰兒推車中安置的原則，和安置在嬰兒床是一樣的：把寶寶放在嬰兒推車內腳朝底部，把所有墊單和毯子緊緊塞好，睡覺時把遮棚拉起來，阻絕外面的光線，這樣就可以讓寶寶睡得更好。

最後，別忘了這些建議的方式只是用於最初六個月。過了這段時期，妳就要開始把寶寶安置在他自己的房間了，無論是白天小睡或是晚上睡覺都一樣。

Q 不應該一直抱著寶寶，這是真的嗎？我不斷看到寶寶需要很多身體上的接觸與關愛，才會有安全感？

A 我一直以來都強調身體接觸，以及疼愛寶寶的重要性。不過，我的確說過，父母應該要確定，他們給寶寶的摟抱和疼愛是為了要滿足寶寶情感上的需求，而不是他們自己的。

有時候寶寶哭，是因為他們只想睡覺；在寶寶疲累的時候抱太多只會讓寶寶更累、暴躁不安。非常重要的是——抱寶寶和抱著哄他睡覺是有差別的。如果他習慣了後者，就會養成一種依賴性，所以在某些時間點，妳必須讓他去除這種依賴——出生後的前三週中，讓寶寶習慣自己躺著睡覺，要比之後三個月或三年才來訓練容易多了。

Q 我雖然喜歡在寶寶生下來後，依照作息行事，不過我
也不想讓他哭太久，怎麼辦？

A 我從來沒有跟大家說，小寶寶應該放著哭，哭久了他們就自己睡著。
我倒是強調過，有些累過頭的寶寶會抗拒睡覺，所以要給他們 5 ～ 10 分鐘
「哭完」的時間；讓他們哭的時間絕對不可以長過這個時間，而不再去檢查
一次。

我也強調，如果懷疑寶寶有可能是餓了，或是需要拍嗝，那麼就不應
該讓寶寶自己一直哭，即使只有 2 ～ 3 分鐘也一樣。有些已經六個月大或甚
至一歲的寶寶，夜裡還會醒來好幾次，這是因為他們學到錯誤的睡眠聯想，
像是「需求性餵哺」，或者被搖著、抱著睡覺等，這時可能便需要額外的睡
眠訓練了。

我強調過，任何形式的睡眠訓練都是讓六個月以上寶寶在晚上睡覺的
終極手段，絕對只能在父母完全確定寶寶半夜起來不是因為肚子餓，或白天
睡太多覺時才能使用。

大部分來諮詢的寶寶，後來夜晚都會開始擁有較好的睡眠，餵奶時間
自然也拉長了，而方法就是——確認父母餵食和讓寶寶睡覺的方式是否正
確。不過，如果寶寶學到的睡眠聯想不對，必須一直用搖晃或餵食的方式才
能入睡，那麼有時候，唯一的辦法就是進行睡眠訓練了。在著手進行睡眠訓
練之前，很重要的是，務必要先帶寶寶去看家醫科或小兒科醫師，確定他沒
有生病。

「滿意小寶寶」作息的整體目標就是要從一開始就確定寶寶的需求都
能獲得滿足，這樣一來，他根本就不需要哭了。我所給的指導原則，也能幫
助媽媽了解寶寶啼哭的各種不同理由；如果寶寶從很小開始作息就很規律，

媽媽很快就能學會如何了解並分析他的需求。這樣一來，寶寶啼哭的機會就非常少了——就我的經驗來看，一天大概 5 ～ 10 分鐘左右，而且直到他們學會如何讓自己安靜下來之前，哭的時間都很短。

Q 我從妳的作息表中得知，寶寶出生達十二週左右，半夜應該就不用起來餵食。當然了，所有的寶寶都是不一樣的。但如果寶寶真的很餓，那麼還是要執意不餵他嗎？

A 有些寶寶，特別是餵母乳的寶寶，到他們完全離乳之前，是需要在早上五、六點起來餵的，他們離乳的時間大多在七、八個月大左右。我親自照顧過、大約八到十二個月大的寶寶，多半能安睡一晚（也就是，從睡前最晚一次餵奶，睡到早上六、七點）。我從讀者那邊收到的大量回應也顯示，這似乎是已經養成固定作息、晚上能睡比較長時間的寶寶平均的月分。

當然了，每個寶寶都是一個獨立的個體，所以如果妳的寶寶到了七個月大都還無法一夜安睡，那也不代表妳、我，或是妳的寶寶「失敗」了。我的固定作息表是要幫助妳開始建構妳們白天和晚上的作息，當寶寶作好了準備，妳們的堅持會很值得的。

寶寶多快能整晚安睡大多取決於他的體重，以及白天每次餵奶能喝多少量；每次餵奶都只能喝一點點的寶寶，在半夜需要爬起來餵食的時間，很顯然就會比每次喝奶量多的寶寶時間拉得更長。「滿意小寶寶」作息表的目標並不是要促使寶寶盡量不在夜裡起來喝奶，或是拒絕一個晚上真的需要餵奶的寶寶不讓他喝，而是要確保寶寶在白天能盡量取得他所需的大部分營養，讓他的身體和心理都能自動的在晚上睡眠時間好好睡覺。無論是我所收到的回應，以及多年照顧嬰幼兒的經驗都確定這個方法可行。

Q 我從網路媽媽聊天室看到過一則媽媽的留言，表示她採用妳的作息表後感到非常寂寞、鬱悶，因為她沒時間出去和其他媽媽碰面？

A 我一直都表示，要讓嬰兒養成固定的作息，對於家長的要求很嚴苛，特別是在寶寶剛出生的幾週。不過，當寶寶兩、三個月大，通常已經出現一個固定模式時，白天清醒的時間會比較長，晚上睡眠的時間也會拉長。

就我和數千個媽媽們合作的經驗顯示，她們最初兩、三週的社交外出時間肯定是受到限制的，但是我不記得有媽媽說過她們在大部分午後二至五點間，或是早上的遊戲群組時間，無法安排出時間和朋友見面。

在看作息表的時候，很重要的一點是，不要只看寶寶的年齡，也要注意作息表背後的整套觀念，這在餵食和睡眠的章節（分別是第三和第四章）中可以找到。妳了解作息表如何運作之後，就能對白天的作息時間進行調整，而不會對晚間睡眠的作息造成影響。

和我合作過的媽媽一致認為，作息表值得一開始就投入精力來好好研究並進行，因為做得好，成果就是寶寶晚上睡得飽、白天玩得好，滿足又快樂，而一夜好眠的媽媽當然也更能享受白天的時光了！

我一直告訴媽媽，在生完寶寶初期，一定要每隔兩天就安排好親友上門來拜訪，這樣才不會覺得寂寞或被大家拋棄。我也強調每天帶寶寶出門散步，吸收一點新鮮空氣的重要性，這件事可以和朋友一起做，且到公園聊天也是認識其他媽媽的絕佳方式喔！

Q 妳的作息表裡告訴媽媽什麼時候該吃，什麼時候該喝。這麼嚴格，我都被嚇跑了？！

A 就我的經驗來看，媽媽剛生完寶寶後，通常氣力放盡、疲憊不堪，把自己的需求——即使是像吃喝這樣的基本需求，放在優先次序的最後面。自己和寶寶奮戰，意味著妳在休息時間可能只是吃掉一片土司，喝掉了幾口茶而已。身為一個餵奶中的媽媽，妳需要吃營養的食物、喝大量的水，才能分泌足夠的乳汁餵寶寶，並且維持自己的精神和力氣。

我知道，很多採用我的建議作息表的人一天要翻好多次的書，查看什麼時候是建議的早餐和午餐時間，而喝很多水只是一個溫柔的提醒，提醒自己不要忽略了自己——把這些事和照顧寶寶的事做了結合，就能幫助妳把自己照顧得更好。

Q 妳的作息表為什麼規定得如此嚴格？差個半小時應該沒什麼不同吧？

A 書裡有超過十個以上的作息表，從寶寶出生後的第一週，一直用到滿週歲的那個月，這些作息表非常嚴謹的配合了寶寶正在成長並改變的事實。當寶寶經歷了前三個月，白天所需要的睡眠就會愈來愈少，也會享受清醒時與他人交流的時間。

白天，他會需要刺激和樂趣。然後在某個時間點，他會需要離乳（根據現在的參考指南，只喝母乳的嬰兒建議在四至六個月左右離乳），所以，他的睡眠和餵食需求在一歲之前會不斷的改變。

就我的經驗來看，配合寶寶需求改變的適應作法最好要慢慢的、穩定的，我的作息表正是專門為了協助妳進行循序改變而設計的。妳家寶寶晚上睡眠時間一旦有十二個小時，妳就會放鬆很多，而他也會逐漸得到健康成長發育所需要的睡眠（長時間、深沈的睡眠）。

我的作息表是以寶寶天生的成長節奏為基礎設計的，相當有用，妳不必以太嚴格的方式來遵守，不過，如果差到半個小時還是可能會產生連鎖反應，干擾到白天的其他作息時間，或許還會影響到晚上的作息。

舉例來說，如果妳的作息白天從早上接近八點，而不是七點開始，那麼妳就會發現寶寶午休的時間會推到大約下午一點左右。如果他一直到三點才清醒，那麼要在晚上七點安置讓他睡覺就難了，因為那時候他還不睏。如果白天最晚一次餵食時間接近晚上八點，妳就會發現，他並不想吃晚上十點那一餐，所以半夜就會醒過來了。

這種情況偶爾會發生，當然不會是世界末日，不過如果一段時間都持續如此，當他的營養需求隨著時間改變，妳就會發現他半夜會不斷醒來，搞得妳筋疲力竭，那就比較無法享受到寶寶相伴的樂趣了。

Q 我曾經試著遵循妳的作息表四週，不過我家寶寶完全無法融入這樣的作息表裡。我很有挫敗感，是不是應該放棄，讓他自由的想吃就吃、想睡就睡？

A 在一開始的幾天的確很難，我知道很多父母這時就會出現乾脆讓寶寶自行決定要什麼的想法，這對父母來說比較簡單。不過，請牢記在心，妳剛剛生產完、正在恢復中，不管是不是照著作息表做，照顧寶寶都是非常非常困難的工作，勞神費力。

　　我的作息表能確保這段的困難時間會盡可能的被限制在短期之內，想想看，如果妳家寶寶到了九個月大，半夜還要爬起來，那日子有多難呀！我可以跟妳保證，現在值得多付出一點耐心堅持的。

　　未必要期望能立即產生滿足感，單是妳和寶寶在他的嬰兒期或是幼兒期的前幾週，遵守這些作息時間的結果就很令人愉快了。當寶寶習慣後，他一定會很快適應的，我可以保證，妳絕對不會後悔最初幾週投注在採取固定作息上所下的功夫。這些作息表就在那裡，帶領妳和寶寶進入他與生俱來的模式和節奏裡，請不要忘記，萬一他不適應，也不是妳們「失敗」了，請繼續堅持一天一次就好，就和每個經驗豐富的爸媽和祖父母都會告訴你的一樣──最初的幾週都是困難的但很快就會過去。

　　每天從早上七點開始，試著遵循白天的作息，不過如果因為寶寶在我建議的小睡時間很清醒，但社交時間卻充滿睡意，計畫在午餐時間前就泡湯，那也別慌張。每天盡妳所能持續重複相同的餵食和睡眠模式，寶寶應該很快就能跟得上。如果他在建議的時間之前就哭著想吃，而妳已經試過讓他分心，或是和他玩都沒用，那麼妳當然必須餵他；如果遊戲時間到了，而妳真的叫不醒他，不要和自己或是和他生氣。

　　我發現，當寶寶應該要醒的時候把他們從嬰兒床裡面抱出來，讓他們待在明亮的房間，放在他們遊戲毯上，他們就會自然醒來，這比妳強迫他們醒過來好。

　　獨自一人照顧寶寶，而家裡無法直接提供幫忙，會是一件很辛苦的事。不過，妳不是單獨一個品嚐這種滋味的人，同時，妳也不是失敗者，一切都會愈來愈好！

Q 請問為什麼要嚴格避免睡前最後一次餵奶時和寶寶有目光接觸？我覺得剝奪寶寶被抱，及親密接觸的機會是一件非常殘忍的事？！

A 請不要剝奪寶寶被抱的機會！我從沒說過不要抱寶寶。相反地，嬰兒如果被母親親密的抱著，無論是餵母乳還是嬰兒配方奶，都會更享受被餵食的滋味，等到拍完嗝、安靜的放下來後，也可以好好的睡個滿足的覺。

我曾說過要避免過多的目光接觸，特別是快要接近該次餵食結束時，這是要確保寶寶能很快靜下心來。雖然妳抱他時可能會感覺很親密，不過在需要放鬆時過分刺激他反而會讓他太累，無法好好的靜下來入睡。

他需要睡眠，身心才能發育，沒睡好覺的話，就會變得愛鬧、暴躁不安、很難撫慰。要跟寶寶玩、唱歌給他聽、拿有趣的玩具和書給他看，最好選擇白天他清醒的時候，抱寶寶必須是因為他需要，而不是妳想要。

Q 妳的作息表很嚴格。什麼時候我才能真正享受和寶寶在一起的時間，而不必擔心下一步他應該做什麼？

A 我衷心希望每一位父母都能享受和寶寶在一起的時光，從第一天高高興興的從醫院返家開始，到經歷嬰兒期、幼兒期以及之後各段時光。每一天都充滿了機會可以抱抱、陪玩、唱歌、唸故事，與他在浴缸裡玩潑水遊戲、換尿布時搔搔他小小的腳趾頭，並且和他說說話；一個被餵得好好的、晚上在適當的時間睡覺且睡得飽飽的寶寶，最能夠愛上並參與這些活動。

我設定作息表的目的，是為了要支持並協助妳找出適合妳們日子的架構，這樣才能養出滿足的寶寶，而妳一旦深入了解這些內容後，就會發現其實不是真的那麼嚴格。

採取固定作息表可以讓妳有更多機會去享受更加美好的社交生活，而不是每天都不知道什麼時候要餵寶寶、什麼時候要睡才好。話說回來，作息表並非人人適用，如果妳覺得遵循某種作息表很有壓力，覺得想先停下來過幾天沒有那麼有組織的生活，我也是贊許並且尊重的。

我設定作息表的目標，是要幫助妳家的寶寶過得滿足又快樂，也協助妳避開頻繁照顧產生的過勞現象；例如寶寶必須不斷搖晃，或是抱著繞來繞去才能產生睡眠聯想；持續在夜裡醒來，讓媽媽每天早上覺得疲憊不堪等等。

這種因果關係是好幾週慢慢養成的，對很多沒有人可以協助或支援的媽媽來說，即使因為寶寶的到來而欣喜萬分、充滿愛意，但是還是會有深深的疲憊感、失敗感和挫折感。睡眠被切割破碎的夜晚，對孩子跟妳都是沒有幫助的，有些媽媽經常和我接觸是因為有罪惡感、覺得憤怒，因為她們和寶寶在一起並不是那麼開心。

幾週下來，因為半夜要起來餵奶，睡眠被剝奪已經妨礙了因為寶寶出生所帶來的喜悅。我的作息表正是要來幫助妳和寶寶，不是要造成妳們的壓力，或是引起焦慮、覺得自己做不好等情緒。了解這一些，對妳會很有幫助，萬一產生這些問題，妳可以翻開我的書來尋求幫助。

Q 我家裡有個幼兒，現在還有一個新生兒要照顧。身邊有兩個孩子，我似乎無法遵循妳的作息表，是否可提供建議？

A 這是很重要的一點，我在《The Contented Toddler Years》和《The Contented Baby with Toddler Book》書中，曾經把學齡兒童和大一點的幼兒可以使用的作息表也都包含進去，但很多媽媽都覺得對學齡兒童或是可以上幼兒園的孩子，我建議的休息時間都不適用。

如果妳在第一個孩子時採用了我的作息表，那麼妳應該會發現，至少早上七點開始至晚上七點，送新生寶寶上床的作息時間已經在妳們家建立起來了。如果妳家的幼兒在三歲以下，可能還是會在午餐之後睡個午覺，而這樣就能和新生兒的午睡時間結合得很好。妳自己甚至也能小睡一小時呢！

妳可以把注意力集中在維持我建議的白天睡眠總時數，這樣如果妳必須讓小寶寶白天的睡眠時間配合幼兒的作息，只要盡量不要讓他白天的睡眠時數超過總建議量，那麼至少能維持大小寶寶的上床時間，讓妳在晚間時段可以從照顧兩個小孩的繁重工作中卸下、好好休息。

Chapter **3**

第一年的餵奶

在寶寶一歲之前,哺乳是非常重要的一件事;乳汁不僅能替寶寶未來的健康打下基礎,在寶寶是否能好好安睡上也扮演了非常重要的角色。我希望書中的建議能幫助妳成功以母乳餵養寶寶,如果以母乳哺育對妳沒有吸引力,至少也可以一試。

很多我協助過的媽媽在以母乳餵養第一個寶寶時都覺得壓力很大,因為想吃就餵的需求性餵哺太耗費精力了,不過當他們依照我的「滿意小寶寶」作息以母乳哺育第二個孩子時,卻覺得是一個完完全全的享受過程。

但如果妳因為某些原因放棄了,或是選擇不親自餵母乳,那麼我也提供建議,讓妳在以奶瓶餵養寶寶時做得正確。我寫書的目標,以及在裡面提供的種種建議,都是為了協助並支援父母,尤其是媽媽,我知道妳們從寶寶出生的第一天起,就背負了極大的壓力。

當然了,能以母乳哺育是最好的,不過實際上也沒那麼嚴重,如果用嬰兒配方奶來代替真的不好,那麼官方的健康機構早在多年之前就會明令禁止了。所以,如果妳已經放棄母乳哺育,或是已經被告知不要親自哺乳,那麼也不要因為這項其他人不贊同的選擇而產生罪惡感;別聽那些令人厭惡的說法,像是如果妳不親自哺育寶寶,就沒有親密的親子關係。從我個人的經驗來看,我自己的母親只親自哺育我大約十天,但是我們母女再親密不過了。同樣的道理,我有朋友曾被母親以母乳哺育了將近兩年,卻受不了自己的媽媽!

無論如何,和一些和不友善意見相反的是 —— 我必須強調,用奶瓶餵養未必能保證寶寶就會吃得滿意,或是比較容易融入固定作息裡。無論妳家寶寶是餵母乳還是瓶餵,要建立一套固定作息都需要時間和堅持,所以不要以為幫寶寶選擇或改用嬰兒配方奶,他一定會比較滿意。

瓶餵寶寶所需要的指導以及採用作息表所需要的幫助,和一個以母乳餵養的寶寶一樣多,唯一的差別是,如果採用母乳哺育,通常來說,所有

的責任都會落在媽媽的肩膀上。希望以母乳哺育的媽媽能以「滿意小寶寶」這套作息成功的以母乳哺餵寶寶，而且還附帶一個優點，就是妳的另一半將會有機會餵寶寶喝妳擠好的母乳。

為什麼媽媽親自哺乳會出錯？

當我早年和新手媽媽一起合作時，第一件發現的事就是，雖說用母乳餵新生兒寶寶是一件再自然不過的事，但是對所有新手媽媽來說卻不是一件容易的事。

在孩子出生之後，護理師都會鼓勵媽媽把孩子直接放在胸前，並指導哺乳姿勢以及讓寶寶含上乳頭的技巧。對某些媽媽而言，孩子自然而然、輕輕鬆鬆就含上了，而且餵食的情形良好，放下之後很快就睡著了，直到下次餵奶時才醒。但對其他一些媽媽來說，寶寶吵鬧又躁動不安、抗拒乳房，或是吸幾下就睡著了。

上述問題在寶寶剛出生的初期都是非常常見的，現在的媽媽在生產過後四十八個小時內就出院了，很多媽媽在還沒掌握寶寶基本的含乳技巧前就已經被送回家了，而這些卻是要成功餵哺母乳的必要基本技巧。

在我還是產科護理師時，當我到達產婦的家中，經常會發現媽媽的乳頭嚴重龜裂並且還出血，媽媽每次把寶寶抱在胸前，眼中就會含滿淚水。發生這種狀況時，母子之間以母乳餵哺發展的關係，一開始就非常糟糕。媽媽的身體要承受巨大的疼痛，心理上也不遑多讓，她會認為自己這個媽媽不夠好；寶寶的含乳方式可能不正確，媽媽很有壓力，因為寶寶肚子餓而啼哭不止。

　　上述的問題，以及其他許多和餵乳相關的疑慮，如果在餵乳初期就有人能提供媽媽更多的注意和幫助就可以避免。

　　在英國，有一些提供給新手媽媽餵哺新生兒時的建議，我看了都感到驚訝。媽媽被告知，產後幾個鐘頭之內，她們就應該要利用天生的直覺來行事——寶寶在需要時，自然會讓她們知道。我曾有幸與不少遠東和中東地區國家的家庭合作，他們有時候對於產婦產後及孩子出生後初期真正重要的事，了解得比我們還透徹——媽媽和寶寶都需要盡可能被提供最多的幫忙與支援。

　　這些國家對於產婦和寶寶的態度和英國截然不同。媽媽和寶寶在初期都可以獲得最多的休息和睡眠，媽媽會吃特別的月子餐，以確保她們能攝取到足量的適當食物以利乳汁充足分泌。而不是寶寶就這麼被推進媽媽胸前放著，因為「哺乳是天性，媽媽和寶寶雙方都會做本來就會的事」。

　　她們多數不是有外聘的專業資源，像我這樣的人員來家中幫忙；要不就是家族中會有成員到來，所以和我合作過的媽媽在生完寶寶後不久，通常都會有人來幫助她們學習如何讓寶寶含乳，並教導她們餵乳的姿勢。我真心相信，要讓更多媽媽能成功的以母乳哺育，就是在初期提供她們幫助，用母乳哺育孩子對很多母親來說是很自然的事，但並非全部的母親都能如此，所以我們在提供參考意見時必須考慮到這一點。

　　了解母乳是如何產生、組成成分是什麼，也有助於妳了解「滿意小寶寶」作息是如何與母乳哺育搭配進行的。而前提是妳聽從了建議，根據寶寶成長過程日益增加的需求，或是有時候並未吃完一整餐的狀況去調整作息表。

　　以下的簡單摘要能提供妳一個整體的概念，了解母乳是如何產生的。

母乳的產生

✪ 排乳反射

懷孕期間分泌的荷爾蒙會幫助乳房做好分泌母乳的準備。寶寶一出生，放到媽媽胸前吸吮時，大腦底部的腦下垂體就會釋放一種叫做催產素（oxytocin）的荷爾蒙，把「排乳」的訊號送到乳房，支持乳腺的肌肉就會開始收縮，乳汁就會在寶寶的吸吮之下，從 15 ～ 20 條輸乳管被擠壓出來。許多女性會覺得乳房有輕微的刺痛感，而子宮也在乳汁出來的時候產生收縮，不過這些感覺通常在一至兩週之內就會消失。

媽媽聽見寶寶哭泣，或是當分隔兩處、想到寶寶時，可能也會有排乳或溢乳的情況。如果媽媽覺得緊張或有壓力，催產素就不會釋放，而乳汁也就很難分泌出來。因此，要能成功以母乳哺育，媽媽心情鎮靜又放鬆是必要的。

事先把哺乳所需的一切準備好會有幫助。媽媽一定要坐得舒舒服服、背挺直，這樣寶寶才能獲得良好的支撐；且要花時間來調整寶寶在胸前的正確位置，位置不正確引起的疼痛也會影響催產素的釋放，導致排乳反射也受到影響。

✪ 母乳的組成成分

● 初乳：媽媽乳房分泌的第一批乳汁稱為初乳（colostrum）。和成熟乳相比，初乳所含的蛋白質和維生素較高，糖分和脂肪較低，通常在寶寶出生的第三天到第五天之間分泌。初乳裡面也含有媽媽的抗體，可以幫助寶寶對抗妳曾有過的感染，和隨後分泌的成熟乳相比，初乳比較濃稠、顏色偏黃。

• **混合乳**：到了第二、三天，乳房分泌的已經是初乳和成熟乳的混合乳汁；之後在大約第三到第五天間，乳房就會變得充盈，感覺很硬、有點漲痛，摸起來通常會痛。這是因為裡面充滿成熟乳的跡象，疼痛不僅是因為裡面有乳汁，還因為乳房中的乳腺漲大，以提高乳房的血液供應量。

當乳汁進入之後，少量但是多次的餵養寶寶是必要的，如此不僅可以刺激乳房、增加乳汁分泌，還可以紓解漲奶後的疼痛感。在這段期間，寶寶要含乳可能蠻困難的，所以在餵乳之前，必須先把乳汁擠一點出來，妳可以放一條溫熱的濕棉絨毛巾在乳房上，然後輕柔的用手擠一些出來。有很多媽媽也發現，在兩次哺乳之間，放些冰涼的高麗菜葉在胸罩裡有舒緩的效果。

• **成熟奶**：看起來和初乳非常不一樣，乳汁沒那麼濃稠、顏色稍微帶點藍色，而在餵食時成分也會改變。剛開始餵時，寶寶吸到的是前乳，量多但脂肪含量低；持續餵食時，寶寶的吸吮會慢下來，兩次吸吮之間也會停頓，這是他已經開始吸到後乳的跡象。讓他在乳房上停留夠久的時間，確保吸到後乳是很重要的，因為後乳才能幫助寶寶在兩次餵食之間撐得比較久。

如果妳在他第一邊乳房還沒有完全吸完之前就換到另一邊，那麼他吸到的很可能是兩邊大量的前乳，這會產生一種連鎖反應，讓他在兩個小時之內就覺得又餓了。此外，只餵前乳寶寶也較容易有「腸絞痛」（colicky）或稱疝痛或肚風的情形，所以當某些寶寶光吃一邊乳房的乳汁還不夠，需要換到另外一邊時，一定要先檢查第一邊乳房的乳汁是否已經完全吸完了，再換到另外一邊。

我發現在第一週結束時，如果能確定讓寶寶在第一邊乳房吃大概 25 分鐘，而第二邊 5 ～ 15 分鐘，那麼他所吃的前乳和後乳比例應該就很均衡了，這樣也能確定他們在隔三到四個小時，開始要求下一次餵食前是滿足的。如果妳家寶寶每次餵食時，兩邊乳房都要餵食，那麼一定要記住，下一次餵食時，一定要從上次後吃的開始餵，這樣一來，兩輪餵食後，每一邊的乳汁都能被清空。

為了要使排乳迅速簡單，並確保寶寶吸到的前乳和後乳比例均衡，下列的指導原則應該很有幫助：

建議

✿ 兩次哺乳時，確定妳盡可能得到充分的休息，而妳自己的兩餐之間也不要相隔太久，中間可以吃一些分量小的、健康的零食。

✿ 哺乳之前，事先把所有東西都先準備好：一張有椅臂、直背的舒服椅子，有腳凳的也不錯。可以支撐妳和寶寶的靠枕、一杯水、舒緩的音樂也可以幫助妳們母子擁有放鬆又愉快地哺乳時間。

✿ 花一些時間把寶寶在胸前的位置調整好是很必要的。姿勢不良會導致疼痛，且經常會讓乳頭發生龜裂、流血的情況而影響排乳，導致餵食狀況不佳。

✿ 當乳汁充盈，而妳也花了時間讓寶寶直接從乳房上吸吮，那麼讓他在乳房上停留夠久的時間，久到能吃到後乳是很重要的。有些寶寶需要30分鐘才能清空一邊的乳房。要檢查乳房中是否還留有乳汁，可以用拇指和食指輕柔的捏一捏乳頭。

✿ 絕對、絕對不要讓寶寶繼續吸吮已經被吸空的乳房；這樣只會讓乳頭疼痛萬分。

✿ 如果妳發現寶寶花在吃奶的時間比30分鐘短得多，且到下次餵食之前都快樂又滿足，體重也有很不錯的增加，那麼妳顯然是個很有效率餵食者，就不必去擔心自己完成的時間比我建議的快得多了。

✿ 在初期，不是所有的寶寶都需要吃到第二邊的乳房。如果妳的寶寶把第一邊乳房完全清空了，可以幫他拍背打嗝、換個尿布，然後再給他第二邊乳房。如果他沒吃飽就會繼續，如果不吃了，那麼下次就從這邊的乳房開始餵起。

✿ 如果妳的寶寶第二邊餵了一會兒就不吃了，那麼下一次餵乳，妳還是應該從這個乳房開始餵。

我的成功母乳哺育法：少量多次餵食

　　好的開始就是成功的一半，這是成功母乳哺育的關鍵，所以一開始方法就要用對，正如妳已經閱讀到了，在寶寶剛出生後「少量多餐」是很必要的，這樣才能讓媽媽擁有充足的奶水。不過，把寶寶放在胸前，如果放的位置不正確，少量多次未必能保證媽媽能有足夠的奶水供應。當妳還在醫院時，助產士和護理師都能指導妳如何讓寶寶正確的含乳，不過，妳在生產之後，可能很快就會出院了，那麼我強烈的建議妳應該找位經驗豐富的哺乳諮詢顧問來幫助妳。在英國，有好幾個組織都能安排人員到妳家中拜訪，在妳餵寶寶時確定他的含乳姿勢是正確的，有必要的話，他們也可以進行多次的拜訪，協助妳克服在初期會遇到的問題。

　　我也非常推薦英國一位頂尖的哺乳諮詢顧問優質的 DVD 影片。《What to Expect When You're Breast ～ feeding … And What If You Can't ？》的作者克麗兒‧拜安姆～庫克（Clare Byam ～ Cook），她在影片中示範了如何掌握母乳哺育的技巧。

✪ 每 3 小時餵一次奶

　　我建議媽媽，從第一天開始，每隔三個小時（算法是一次餵食開始到下一次餵食開始）就給一邊乳房 5 分鐘的時間，每天持續增加幾分鐘，直到出現乳汁。

　　大約在第三天到第五天之間，妳的乳汁就會出現，而妳也要把寶寶在乳房上的吸吮時間增加到 15 ～ 20 分鐘。很多寶寶現在從第一邊的乳房就能得到足夠的奶水了，而且在三個小時內及下次餵奶開始前都是滿足的。舉例來說，如果妳是從早上七點開始餵奶，那麼下次餵奶的時間就是從早上十點開始。

不過，如果妳發現寶寶在下次餵奶的三個小時之前，很早就想要喝奶了，那麼妳當然要餵他，而且如果他還暴躁、靜不下來的話，每次餵的時候，兩邊乳房都給他。當妳的乳汁出現時，一定要確定他把第一邊的乳房都清空了，再給他另一邊的乳房，這一點很重要。就我的經驗來看，太快就換邊的媽媽都讓寶寶吃了太多前乳，我相信這就是寶寶似乎一直都吃不飽，而且還常常腸絞痛的主要原因之一。充滿睏意的寶寶可能要 20 ～ 25 分鐘才能吃到非常重要的後乳（脂肪含量至少是前乳的三倍），並清空乳房。

一些寶寶吃到後乳的速度可能快得多。可以讓妳的寶寶引領妳，看看他飽餐一頓需要多久時間。如果寶寶被餵得好，在我建議的時間內就吃飽了，兩頓母乳之間快樂又滿足，那麼妳將會獲得很多濕尿片當回饋，他在乳房上吸吮的時間顯然已經夠了。

◉ 快速建立供需平衡

在出生後最初幾天的早上六點到午夜，每隔三個小時就把寶寶叫起來，短暫的餵一下奶。這樣就能確保有個最好的開始──在媽媽奶水一來的時候，就能即時給予餵奶。三小時餵一次以更快的速度將母乳的供應量建立起來；如果寶寶白天餵的夠多，晚上在兩次餵食之間睡的時間也可能延長許多。

這樣也能避免媽媽太過疲憊，就如我曾說過，這是母乳哺育失敗的主要原因，和生活中其他事物一樣，成功只能建立在良好的基礎上。

　　我發現，在醫院期間就開始三小時餵乳一次的媽媽，到了第一週結束時，一個固定的模式已經形成了，之後很快地，她們就能把寶寶的餵食模式融合到我第一套作息表之中。第一個固定的作息表（請參見第 176 頁）不僅能讓妳母乳分泌情況良好，也可以讓妳學會看懂寶寶其他許多需求——肚子餓、疲累、無聊和過度刺激。

我的母乳哺育法會成功，主要原因有：

💜 從初期開始就以三個小時餵食一次，持續一段短時間的作法會讓妳的乳頭習慣寶寶的吸吮，這有助於紓解漲奶產生的疼痛。

💜 少量多餐的餵食方式可以避免寶寶花好幾個小時吸吮已經沒有奶水的乳房止饑，這種情況通常出現於寶寶出生後第一週內，且兩次餵乳之間超過三個小時。

💜 新生兒的胃容量很小，他的需求只能透過少量多餐來滿足。如果妳在早上六點到午夜之間每隔三小時餵一次，「一整晚都在餵奶症候群」就應該不會出現。就算一個月齡很小的新生兒兩餐之間能夠撐較長的時間，只要遵守我的意見，就能確保這個較長的時間只會發生在晚上，而不會是白天。

💜 母乳哺育法要成功，媽媽一定要處於放鬆的舒服狀態。剛生產完的媽媽如果一整個晚上都要醒來餵寶寶喝奶，身心疲憊不堪，要成功是不可能的。

💜 新生兒不知道日夜之分，如果妳把白天和晚上餵奶的方式區隔開來，並且在早上七點到晚上七點之間不讓他們在兩次餵食之間久睡，就能幫助他們及早學會。

開始時以吸乳器協助追奶

　　我認為在寶寶剛生下來的那段期間，媽媽能不能夠順利餵母乳，並且讓寶寶養成固定的作息，擠母奶扮演著非常重要的因素。我相信我輔導的媽媽在母乳哺育方面會如此成功的原因之一，是因為我鼓勵她們從產後幾天起就開始使用電動吸乳器。

　　採用電動吸乳器的理由很簡單，母乳的分泌是建立在有需求才供應的基礎上。在寶寶初生期間，他們大部分會吸光第一邊的奶水，有些寶寶會再吸一些另一邊的奶水，但是在這個時期，很少有寶寶能夠把兩邊的奶水都吸光。

◉ 滿足寶寶快速成長期的奶量

　　到了快要滿兩週時，奶水的分泌會達到平衡，大多數的媽媽所分泌的奶水，剛好達到寶寶需要喝的量。到了第三、四週左右，寶寶迅速成長，母奶的需求量也隨著增加。這個時候，如果妳想讓寶寶養成固定的作息，可是卻採用目前流行的六週前不要擠母奶的建議，那麼問題就會跟著產生。

　　為了滿足寶寶日益增加的食量，妳可能又得像過去一樣，兩到三小時餵食一次，而且夜裡常常得起來餵兩次。每逢寶寶進入快速成長期的時候，這樣的餵食模式就會重複一次，而且通常會導致寶寶持續在入睡時間之前被餵，如此一來就會產生錯誤的睡眠聯想，也使寶寶要回歸到固定的作息，變得相對困難。

　　在餵乳初期就多擠出一點奶水的媽媽，分泌出來的奶水就會比寶寶所需要量還多；等到寶寶進入快速成長期，就可以保持原來既有的固定作息了，因為只要在早上餵奶後多擠出一些奶水，立刻就能滿足寶寶胃口增加的需求了。

從出生幾天後就開始擠母乳,也可以避免媽媽奶水供應不足的問題。無論如何,如果妳的寶寶已經滿月了,而妳出現了奶水不足的問題,只要按照我的計畫,增加泌乳量(請參見第 218 頁),六天之內就可以看到顯著的效果。在寶寶還不滿一個月大時,只要根據作息的時間擠奶,應該就能讓妳的奶水量增加了。

✪ 睡前最晚一次餵奶時的擠奶

如果妳決定在寶寶第一週到第四週之間,睡前最晚一次餵奶時採用瓶餵的方式,無論餵的是擠出來的母乳還是嬰兒配方奶,妳都可以把餵奶的責任交給其他人來做。這意味著,妳如果因為晚上餵奶餵得太累,就可以提前上床歇一歇了。

我在作息表中建議妳可以在這一次,或是妳餵寶寶的時候多擠一些奶出來,如果寶寶採取瓶餵,妳可以在晚上九點半到十點之間擠奶,擠完後就上床睡覺。這個時間擠奶對於維持供奶量很重要,可以確保妳在半夜餵奶的時候有充足的奶量。

如果妳擠奶時曾經遇到困難,也不要灰心。依照本書第十六章一般常見問題再配合下面這些注意事項,應該就能讓擠奶變得比較簡單一點:

> 🏳 **建議**
>
> ‑

✿ 最佳的擠奶時間是早上,那時乳房的奶水通常較充足。此外,如果在剛開始餵奶時擠奶也會比較容易。不管是在餵寶寶之前就先擠奶,或是在餵寶寶喝母奶時,先擠另外一邊的奶,再留剩下的奶水餵寶寶,這兩種方法都行。有些媽媽發現,當她們一邊的乳房在餵奶時,同時進行另一邊乳房的擠奶工作,奶水真的比較容易擠出來。還有一項要注意的是,在剛開始餵母奶時擠奶,可以把餵哺的時間稍微延長,這樣下次餵哺時就能分泌更多的奶水。

✿ 在我的作息表中,建議媽媽固定在早上六點四十五分擠奶。但是如果妳分泌的奶水量很充裕,而且沒辦法趕上清晨的這個時段,那麼妳可

以把時間挪到早上七點半左右，在妳用第一邊的奶餵完寶寶之後，再擠第二邊的奶。擔心奶水量供給問題，或者正在採取增加奶水計畫的媽媽，應該要按照建議的時間進行擠奶。

✿ 寶寶出生後幾天，早上餵奶的那一餐，妳至少要用 15 分鐘擠出 60 ～ 90cc 的奶水，到了晚上擠奶的那幾次，時間最多不要超過 30 分鐘，擠奶的時候應該保持安靜、心情放鬆。

✿ 練習擠奶的次數愈多，就愈駕輕就熟，到了一個月左右，我發現大部分的媽媽在晚上十點的那一餐，都可以很輕易的在 10 分鐘之內，用雙邊擠奶器擠出 60 ～ 90cc 的奶水。

✿ 在醫院使用的專業型雙邊電動吸乳器，是目前在寶寶初生期間最好的擠奶方法。這種擠奶器的吸吮設計可以模擬寶寶的吸吮節奏，促進乳汁的流動。如果妳在晚上九點半要擠兩邊乳房的奶水，添購這種裝置是很值得的，這樣一次就能擠出兩邊的奶水，節省很多時間。

✿ 有時候，傍晚時的乳汁分泌得較少，所以奶水排的速度比較慢。這時洗個溫水澡或淋浴，通常可以幫助奶水更容易流出，此外，在擠奶前、正在擠奶時，輕輕的按摩乳房，也會有幫助。

✿ 有些媽媽發現，當身邊有寶寶照片可以看時也有助於擠奶；有些媽媽則是觀賞喜愛的電視節目，或者和她們的另一半聊天，效果也不錯。妳可以試試看不同的方法，看看哪一種最適合妳。

當妳繼續按照我的作息表操作時，我會建議哪些擠奶次數是可以取消的，當妳的奶水量變得很穩定後，就可以減少擠奶的次數了。不過，如果妳要返回工作崗位，我會推薦妳在最晚一次餵奶時繼續擠奶，直到寶寶六、七個月開始離乳為止（請參見第 88 頁）。

有些媽媽發現自己一回去工作，奶水就消退得很快，所以持續擠奶可以維持妳的奶水量。如果妳決定六個月之前要讓寶寶離乳，妳馬上就可以停止擠奶了；如果寶寶已經養成一日三餐的模式，晚上也能持續睡十二個小時，那麼妳就能放下擠奶的工作，不用擔心影響奶水的供應了。

奶水分泌過多的解決方案

　　我會建議媽媽在寶寶出生初期開始擠奶，其中一個理由是因為當寶寶進入快速成長期，他所需要的奶量就能立即獲得滿足，媽媽不必再回頭提供更多次的餵哺，同時也能確保不會有奶水量不足的問題。

　　另一方面，奶水過多的情況雖然不是那麼常見，但有時也會造成餵哺的問題。如果妳很幸運，剛好是這群媽媽中的一個，分泌的奶水比寶寶在最初幾週裡所需要的更多，那麼我會建議妳不要採用本書裡面建議的擠奶時間，因為這樣只會讓妳的奶水愈來愈多，引起其他餵哺上的問題。

　　如果分泌的奶水量太多，妳可能會出現乳房太過充盈、飽漲得很厲害、乳腺阻塞或乳腺發炎的問題，因此在排空乳房時可能會有強烈的疼痛感。

　　奶水過多另一個跡象就是如果妳完整的擠完奶，發現一邊乳房所得的奶量超過 120 ～ 150cc；這時如果妳的寶寶體重超過 3600 公克，應該就不會構成問題，因為他在每一次餵奶時會繼續這邊的乳房，直到他胃口增加。不過，如果新生兒的體重比 3600 公克輕，那麼幾乎就吃不到後乳，結果就可能出現右頁所列的問題。

 幫助處理奶水過多問題的提示：
- 每次餵哺時，只給寶寶一邊的乳房。如果他在一個小時左右還想再吃，就讓他吸食同一邊的乳房。
- 如果妳發現自己的排乳反射非常快速，寶寶被妳放到胸前時變得不高興，那麼擠少量奶水出來後再餵他也可以，但是注意別擠出太多的奶水，因為這樣只會變成一種訊號，刺激妳的乳房分泌更多的乳汁。

📎 **奶水過多的媽媽，新生兒常會有這些徵兆：**

💜 奶水太多，通常會讓寶寶變得吵鬧不休、拉扯乳房、餵哺時哭泣、大量排氣、糖分過多、打嗝。他們通常會想更常被餵，重量增加的速度或許比一般寶寶快，在第三、四個月中，通常每週增加 113 ～ 226 公克，但也可能比一般寶寶慢。

💜 他們的便便可能偏綠、較稀，屁股也會紅腫疼痛。媽媽的排乳反射可能會很強勁，讓寶寶嗆到；和急促噴到嘴巴裡面的乳汁奮戰時，他們可能會把嘴嘟起來或讓奶水流到嘴巴外。

💜 只喝到前乳的寶寶比較會有脹氣的問題，由於前乳乳糖成分高，較易造成吐奶。

💜 如果他每次餵食都達不到吃後乳的程度，那麼就會錯過母乳中含最多脂肪的部分，和同時有喝前乳和後乳的孩子相比，他們會更快需要餵食。

💜 寶寶長大，妳的乳汁也會自動平衡，以符合他的需求，這時候奶水過多的問題也會消失。想了解更多關於母乳分泌過多相關的問題，可參考 contentedbaby.com。

✪ 上班後的兩次擠奶時間

如果妳計畫要重回工作崗位，也想繼續維持母乳哺育，那麼嘗試讓自己產出更多的母乳是很重要的，尤其是如果妳希望孩子在白天能喝到妳擠出來的母乳。

如果妳在早上九點到下午五點之間外出，三個月大的寶寶在這期間可能需要餵哺兩次，一次大約是 210 ～ 240 cc 的量。當寶寶在早上七點以及下午六點的兩次餵哺，可能把兩邊乳房的乳汁都清空時，妳就需要在上班時間以及晚上九點到十點之間的時段，把這兩次餵奶所需的母乳給擠出來。

兩次的擠奶時間，妳應該安排在早上十點和下午兩點半左右。如果擠奶的時間比這時間晚，妳晚上六點餵哺所需產出的奶量可能就不夠，加上此時若感到疲勞，奶量不足情形將更嚴重。

以下的指導原則可以提供建議，讓妳了解如何兼顧工作和母乳哺育：

- 停留在家建立母乳供應模式的時間愈久，一旦回到工作崗位，就愈容易維持原有的作息。大部分的母乳哺育專家的意見是十六週。

- 從寶寶誕生第二週就開始在建議的時間擠奶，可以讓妳在冷凍庫儲存為數不少的母乳。

- 出生後第二週，每天最晚的一次餵奶就採用瓶餵，可以確保寶寶不會在妳返回工作時，產生不喝奶瓶中母乳的問題。

- 事先和雇主商量，返回工作後公司能有一個安靜的地方讓妳擠母乳；也看看公司是否願意讓妳將擠出的母乳先放在共用的冰箱保存。

- 一旦以電動擠奶器建立起良好的擠奶作息，應該就可以開始用電動擠奶器來練習了。利用單邊的擠奶器時，妳會發現在擠奶的過程中，從一邊換到另外一邊輪流擠，出奶會比較順。也可以考慮購買一支迷你型的電動擠奶器，幫助妳兩邊同時擠奶。

- 一定要確定，寶寶的托嬰中心、保母或幫忙照顧的人熟悉母乳的儲存與處理方式，也知道如何解凍。

- 在返回工作崗位之前的至少兩週，就要提前開始建立複合式餵奶作息，這樣妳才有充裕的時間排除可能出現的任何困難。

- 妳對自己的飲食一定要特別注意，晚上也必須好好休息及睡覺。建議妳持續在晚上九點半擠奶，以確保妳的奶水量能充足；同時，工作的地方也一定要準備足夠的溢乳墊，和一件備用的 T 恤或上衣！

計畫返回工作前，將親餵換到瓶餵

　　無論妳親自哺乳的時間有多久，事先計畫好如何將親餵順利的轉換到瓶餵是很重要的；在妳計畫好要親餵的時間時，也要把母乳供應模式建立後的情況考慮進去，妳大概需要一週的時間，才能把一次的餵哺停掉。舉例來說，要建立良好的母乳供應模式需要六週時間，如果妳決定不要親餵母乳了，比較理想的作法是——至少要再用五週的時間，才能把所有親餵的次數停掉改成瓶餵。

　　這項資訊對於所有計畫要返回工作崗位的媽媽來說很重要，如果妳在母乳能充裕供應之前就放棄親餵，那麼妳至少要給寶寶足夠的時間來習慣從親餵改成瓶餵的作法。有些寶寶在突然失去媽媽親自哺乳的樂趣和舒適感時會非常沮喪。

　　對於親餵時間短於一個月的媽媽來說，我通常會建議在減少兩次母乳哺育次數之間要間隔三到四天。而親餵時間已經超過一個月的媽媽，減少母乳哺育次數最好則是間隔五到七天。假設寶寶每天最晚一次餵奶已經是採取瓶餵時，那麼下一次要取消的親餵是早上十一點那一次，且最好採取循序漸進的方式，從每天親餵寶寶時，減少 5 分鐘開始，寶寶少喝的奶水量以嬰兒配方奶補上。

　　當寶寶能夠喝掉一整瓶嬰兒配方奶時，親餵就可以取消了。如果妳計畫的離乳方式是先謹慎的從母乳換到嬰兒配方奶，那麼寶寶就會有時間來適應瓶餵，妳也可以避免出現乳腺炎的機率。乳腺如果因為漲奶而阻塞，就可能發生乳腺炎，這是直接就取消一次親餵的媽媽常出現的問題。

　　我建議在離乳的過程中，妳可以繼續在晚上九點半擠奶，擠出的奶水量可以讓妳知道乳汁分泌量的下降速度。有些媽媽發現，她們如果減到一天親餵兩次，奶水量就會掉得非常快；這段期間要注意觀察的是寶寶在媽

媽親自哺乳後是否出現焦躁不安的跡象，或是在正常的餵奶時間還沒到前，早早就想要吃。如果寶寶出現以上兩種跡象的任何一種，那麼他在親餵後，應該立刻補上 30 ～ 60cc 擠出的母乳或是嬰兒配方奶，才能保證他的睡眠模式不會因為肚子餓而出錯。

❂ 轉換瓶餵時的停餵建議

表格是一個指導原則，讓妳知道要先停掉哪些親餵的時間。每一個階段都代表停掉兩次親餵之間的時間長度，這個間隔不是 3 ～ 4 天，就是 5 ～ 7 天，由妳已經持續至今的母乳親餵時間來決定。

餵奶時間	7am（上午）	11am（上午）	2.30pm（下午）	6.30pm（晚上）	9.30pm（晚上）
第一階段（3～7天）	親餵	配方奶	親餵	親餵	擠出的母乳 ⭐
第二階段（3～7天）	親餵	配方奶	配方奶	親餵	擠出的母乳
第三階段（3～7天）	親餵	配方奶	配方奶	配方奶	擠出的母乳
第四階段（3～7天）	親餵	配方奶	配方奶	配方奶	
第五階段	配方奶	配方奶	配方奶	配方奶	

睡前減量擠奶的提示：
我建議在寶寶四、五個月大之前，媽媽都應該持續擠好寶寶睡前最晚一次餵哺喝的母乳（前提是，這次餵奶是由寶寶的爸爸或其他幫忙的人餵。）當妳已經進行到離乳過程的第三階段時，晚上九點半的那次擠奶，也應該要慢慢減量，擠奶時間每晚減少 3 分鐘。當妳只擠到 60cc，而且也舒服安度一整晚時，擠奶工作就可以跟著一起停了。當最晚一次親餵停了之後，要注意不要刺激乳房，沐浴時可以在浴缸放溫水，水的高度要能蓋過乳房，這樣不僅能把少量留在乳房中的乳汁帶走，也不會刺激到胸部，分泌出更多乳汁。

採行全瓶餵的餵哺方式

　　如果妳之後決定要全部採用瓶餵，那麼就要遵循和親餵時一樣的作息。唯一不同的是，妳會發現寶寶在早上七點那次的餵奶之後，可以高興的撐過三個小時，如果不行，那麼時間就要調回和之前一樣。在餵哺被分次進行時——也就是沐浴之前先餵一邊，洗好澡後另外一邊，瓶餵也能採取同樣的模式，我通常會進行兩次分開的少量餵哺。

　　寶寶每一次喝的量未必會一樣。有幾次可能會稍微多一點，妳可以讓他在適當的時間多喝一些奶，也就是早上七點、早上十點半或晚上十點半，正確的建立起妳的餵食習慣很重要。如果妳讓他養成半夜喝比較多奶的習慣，他早上醒來就不會那麼餓了，這是個連鎖反應。當他半夜也需要被餵的時候，惡性循環就出現了，因為他在白天沒被餵夠。

要餵多少量，多久餵一次呢？

♥ 健康權威專家告訴我們，四個月以下的寶寶體重一磅（453 公克）大約需要 70cc 的奶水。舉例來說，一個體重 4.5 公斤的寶寶每天大約需要 750cc 的母乳或嬰兒配方奶。

♥ 這個攝取總量可以用每天餵哺次數來平均。例如，整夜安睡的寶寶一天大概餵五次，一次約 150cc，而晚上仍然需要起來餵奶的寶寶，一天大概六次，每次約 120cc。

♥ 用奶瓶餵母乳的寶寶每次分別的餵奶量，計算方式也是一樣的，只是，他們兩次餵哺之間的間隔可能會比較短。因此，他們的每日母乳攝取總量可能比喝嬰兒配方奶的寶寶稍微多一點，因為他們餵哺的次數比較多。

♥ 上面所述的餵哺建議只是指導原則：比較容易的餓的寶寶，某幾次餵哺時可能要多餵 30cc。如果妳對於寶寶每天應該攝取的總量有疑問，可以和家庭醫師討論。

同樣的原則也適用於以母乳哺育的狀況：目標是要讓寶寶在早上七點到晚上十一點之間，取得他一日所需最大的量。這樣的話，他半夜那次的餵哺只要少量就可以了，而且以後也會跟著一起停掉。

● 全瓶餵餵哺時間建議

以下的表格是我自己其中一個寶寶在出生當月的餵哺模式範例。他出生時體重 3.2 公斤，一週增加 180 ～ 240 公克，滿月時剛好超過 4 公斤。建立起餵乳模式（正確的時間多餵一點），他就會往半夜停止餵食這個方向好好的前進，到了六週，他就能一覺睡到早上六點半。

	時　間	第 1 週	第 2 週	第 3 週	第 4 週
早上	7am	90 cc	90 cc	120 cc	150 cc
	10 ～ 10.30am	90 cc	120 cc	120 cc	120 cc
下午	2 ～ 2.30pm	90 cc	90 cc	90 cc	120 cc
	5pm	60 cc	90 cc	90 cc	90 cc
晚上	6.15pm	60 cc	60 cc	90 cc	90 cc
	10 ～ 11pm	90 cc	120 cc	120 cc	150 cc
半夜	2 ～ 4am	90 cc	60 cc	90 cc	60 cc
	總量	570 cc	630 cc	720 cc	780 cc

增加奶水的提示：
每日的奶水攝取量經精密計算，特別符合寶寶的需求。請記住，奶水的量要根據寶寶本身的需求，以他的體重來（請參見第 89 頁正確計算寶寶應該攝取多少量）調整，不過餵奶的時間還是要根據所列出來的時間。在快速成長期，一定要確定 7am、10.30am 和 10 ～ 11pm 這三次要增量。

使用奶瓶餵奶注意事項

在英國嬰兒出生後，醫院會提供兩種調配好的嬰兒配方奶。兩種牌子都是衛生機構認可的，裡面的成分差別非常小，妳可以從兩種裡面挑選一種。裝嬰兒配方奶用的奶瓶附有消毒好的一次性奶嘴，用完就拋棄；這種配方奶會以室溫方式提供給嬰兒，除非被放到冰箱儲存，否則是不需要加熱的。不過，如果要加熱則可使用溫奶調乳器或是放在熱水裡隔水加熱。

嬰兒配方奶絕對不要用微波爐加熱，因為會加熱不平均，有可能會把寶寶的嘴巴燙傷。無論採用哪一種加熱方式，在給寶寶吃之前，一定要先試過溫度——把幾滴奶水滴在手腕內側，妳的感覺應該是溫溫的，絕對不可以是熱的。

給寶寶喝的奶加熱後，絕對不能再次加熱，以免奶中的細菌數快速增加，而這也是造成餵嬰兒配方奶的寶寶肚子不舒服的主因之一。醫院提供給餵嬰兒配方奶的媽媽建議和給餵母乳者大同小異：「任何時候，有需求，想吃就餵，無論多少都可以。」雖然餵嬰兒配方奶不必和餵母乳一樣，要擔心是否能建立起足夠的泌乳量，不過還是可能發生許多其他的問題。

例如，出生時體重 3.2 公斤或高於這個數字的寶寶，如果要使用瓶餵，可以直接採行第一到二週的作息表。但是體重低於這個數字的寶寶，在兩次餵哺之間可能無法持續那麼久的時間，有可能要以接近三小時間隔的方式來餵奶。

在妳出院之前，先買好至少兩大罐的嬰兒奶粉，品牌要和妳家寶寶在醫院吃的嬰兒配方奶同一個品牌；且一定要確定，是新生兒專用的。現在已經不建議事先把奶粉泡好，健保署建議的最安全沖泡方式是，等水溫降低到約攝氏 70 度左右直接沖泡。

✪ 衛生和消毒

　　採用奶瓶餵嬰兒配方奶，最應該注意的地方是衛生，嬰兒所有的餵奶器材都必須經過消毒，沖泡和存放嬰兒奶粉的地方也要注意衛生。妳消毒沖泡嬰兒配方奶的區域應該要保持得乾淨。每天早上，準備的工作檯必須用熱肥皂水徹底洗乾淨，使用的抹布也要在流動的熱水下清洗乾淨，並將表面再次擦乾淨，最後再用廚房紙巾和抗菌噴液擦一次。

如果能確實遵循以下的指導原則，就能降低產生細菌的風險。

- 💜 如上述，準備檯表面每天都必須徹底清洗乾淨。

- 💜 每次餵哺之後，奶瓶和奶嘴都應該要徹底用冷水沖洗乾淨，然後放到準備清洗並消毒的盆子裡。

- 💜 養成消毒的習慣。選擇一個妳不太累，可以專心做的時間進行。很多媽媽都發現，中午十二點左右，趁寶寶睡比較長的午覺時進行很不錯。

- 💜 雙手一定要用抗菌肥皂，以流動的溫水徹底洗乾淨，然後用廚房紙巾擦乾，不要用可能會滋生細菌的擦手小毛巾。

- 💜 要用一支專用的水壺來燒寶寶泡奶用的熱水；這樣可以避免家中有人想泡茶時，不小心又將水再度沸騰一次。

- 💜 每天把水壺倒空，沖洗一下。從水龍頭流出來的水可以先流個 1 ～ 2 分鐘，再開始裝入水壺裡。

- 💜 裝髒奶瓶的盆子裡面要放熱的肥皂水。用一柄長柄瓶刷，仔細的將奶瓶、邊緣、蓋子和奶嘴的裡裡外外都刷乾淨。要特別注意瓶頸和瓶子邊緣，每件東西都要用流動的水仔細沖洗，並徹底將盆子清洗並沖乾淨，把所有的器材放在流動的熱水龍頭下沖洗，確保每件器材都徹底乾淨。

- 💜 消毒器應該要每天清洗，可以拆的部分要檢查，並清洗乾淨。奶瓶和奶嘴應該根據產品說明放入消毒器裡。

可以參 www.nhs.uk 的意見，看看怎麼沖泡嬰兒奶粉。

✪ 餵奶的姿勢

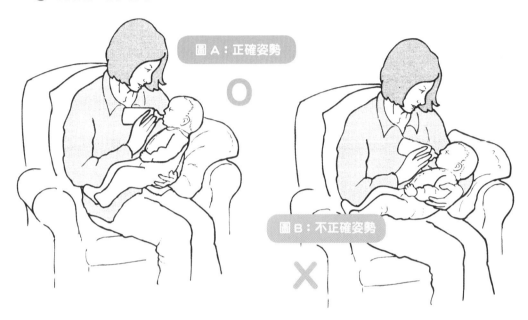

圖 A：正確姿勢

圖 B：不正確姿勢

　　所有東西都要事先準備好：椅子、靠枕、圍兜和棉質紗巾。和餵母乳一樣，媽媽採用舒服的坐姿很重要，在新生兒時期，我建議所有的媽媽抱寶寶時，都可以讓他們靠在枕頭上，這樣寶寶的背部就能挺直保持在一個適合喝奶的斜度上。抱寶寶的姿勢可以參考圖 A，這種抱法，比較不容易有空氣跑進寶寶的肚子，而用圖 B 的抱法餵寶寶就容易讓空氣跑進肚子裡。其他注意事項有：

建議

✿ 在開始餵奶之前，先把奶瓶轉鬆，把奶嘴轉上去；要稍微有一點點鬆。如果奶嘴轉得太緊，空氣就無法進入奶瓶中，寶寶就連一口奶水也吸不到。檢查一下奶水的溫度是否太燙，奶水應該要微溫才對。如果妳讓寶寶習慣比較熱的嬰兒配方奶，妳就會發現，在餵奶的過程中，配方奶一旦變涼寶寶就會拒吃。至於把配方奶再加熱或是繼續放在熱水中隔水加熱，無論時間長短，都是危險的作法。這樣一來，妳每次餵奶可能都得泡兩瓶才夠。

✿ 餵食當中，奶瓶一定要保持一個斜度，讓奶嘴一直充滿奶水，以免寶寶吸入過多空氣。如果妳在他吃飽之前就想幫他排氣打嗝，只會讓寶寶發脾氣、不高興。

✿ 有些寶寶會把大部分的奶水喝掉，打個嗝，然後中間休息 10 ～ 20 分鐘，再把剩下的奶水喝掉。在新生兒時期，讓寶寶暫停休息沒關係，一瓶奶可能得花到 40 分鐘才能餵完。

✿ 當寶寶六到八週大時，很可能 20 分鐘左右就能把一瓶奶喝完。如果妳發現寶寶餵奶的時間太久了，或在餵奶之中不斷睡著，那麼有可能是奶嘴的孔太小了。這個時期，有些寶寶已經可以改用流速比較快的奶嘴了。

✿ 如果寶寶持續喝得很慢，並且只喝了一部分就變得很挑剔，那麼他有可能已經準備好要拉長兩次餵奶的間隔時間了。雖然妳必須根據他的月齡採用正確的睡眠作息，不過，妳或許會發現，他還蠻樂於遵循下一階段的餵奶作息。

✿ 如果妳發現寶寶只喝了 60cc 左右的配方奶後就挑剔了起來，那麼最好讓他在餵奶之中先暫停一下，這樣比花 1 小時哄他一次喝完要好。我發現，最簡單的方法就是讓他們想喝多少就喝多少，甚至連多餵他們 20 ～ 30 分鐘的時間也不要給；他們通常休息 10 分鐘左右就可以再接著喝。

✿ 偶爾也會有寶寶在 10 ～ 15 分鐘內就把一瓶奶喝完，並且還想喝更多。這些寶寶通常會被稱為「飢餓寶寶」；事實上，他們只是吸吮能力比較強，可以在很短的時間就把一瓶奶喝完。吸吮不僅僅是一種填飽肚子的方式，對出生不久的寶寶來説，這還是他們與生俱來的樂趣之一。如果妳的寶寶每次喝奶速度都很快，而且喝完還想再喝，那麼或許可以考慮換個孔小一點的奶嘴試試。

✿ 在他喝完奶後，給一個一般的奶嘴也能滿足他「吸吮的需求」。別忘了親餵寶寶在媽媽親餵時通常會吸吮 40 分鐘，或更久的時間。如果瓶餵寶寶喝的速度很快，而且還發脾氣，那麼最初幾週可以考慮給他一般的奶嘴，幫助他度過這段吸吮期。如果妳不確定奶量是否足夠，可以和護理師討論他所需要的量。

❖ 成功的瓶餵

用奶瓶喝奶的寶寶如果被餵食的量比建議量多，體重很容易就會增加太快。每天多個幾十公克，應該不會造成問題，不過如果寶寶吃太多，每週固定多出 240 公克，那麼就會產生體重太重的問題，進入一個單靠嬰兒配方奶已經無法止飢的階段。如果這種情況發生在提供固體食物的月齡之前，就會真的造成問題。

為了要讓瓶餵成功，要仔細注意以下的指導原則：

💜 開始用奶瓶餵之前，先檢查卡住奶嘴的環和瓶身，要稍微有點鬆開才行；如果扭得太緊，配方奶就流不太出來。

💜 檢查配方奶的溫度是否合適，應該要微溫，不能熱。

💜 要避免發生常見的脹氣問題，請確定妳在開始餵寶寶之前，自己採取的坐姿很舒服，抱寶寶的姿勢也正確。

💜 有些很小的寶寶，吃到一半需要暫停休息。如果妳的寶寶就是這種情況，那麼妳可能要花一個小時，才能讓寶寶吃完一整餐，而妳必須接受這種情況。

💜 如果妳發現每次都要費點功夫叫醒寶寶來餵早上七點那一餐，而且他還不是很餓，那麼每天半夜那一餐的量要減少 10cc，直到他早上的喝奶情況改善，不要一下減太多，他才能撐到早上起來喝奶。

💜 如果妳發現減量後，他半夜得起來喝兩次奶，那麼我會建議妳還是維持他想喝的量，讓他撐到早上七點。早上這一餐即使喝少了也沒關係，把下次餵奶的時間稍微提前，並用午睡前的那餐來補足。

💜 在快速成長期，一定要遵守作息表的指導原則，看看要增加哪幾餐的量，這樣寶寶才不會在錯誤的餵奶時間減量或是甚至不喝。

瓶餵的過度餵食問題

　　和餵母乳的寶寶不同，餵配方奶的寶寶在新生兒階段最容易出現的問題就是餵太多。我相信，這是因為有些寶寶在喝奶瓶裝的嬰兒配方奶時速度太快了，與生俱來的吸吮需求沒有獲得滿足，所以當奶瓶從嘴裡被拿開時才會尖叫。很多媽媽把這種哭泣的情況解釋為沒吃飽，最後又給他一瓶配方奶。

　　過度餵奶的情況有可能早早就出現，導致寶寶每週的體重直線上升。如果讓問題繼續下去，寶寶就會進入一種單靠配方奶也無法讓胃口滿足的階段，但這時他年紀還太小，也還吃不了固體食物（四至六個月以下不可餵食副食品）。

　　雖說有些寶寶某幾餐多個 30 cc 很正常，不過如果寶寶每天多喝的量超過 150 cc，而且每週都會超過 240 cc，那就要非常注意了。當餵嬰兒配方奶的寶寶出現了特別愛「吸吮」的情況時，我發現在他喝完奶後，塞一個一般性奶嘴給他，滿足他的吸吮需求很有用。記得當妳擔心寶寶是否吃太多，那麼就有必要跟醫師討論。

六個月以下的寶寶不可以給水

　　很多年來關於寶寶夜間醒來問題，專家一直建議，如果是八到十二週的寶寶，在清晨兩、三點會習慣性的醒來，而且不是因為肚子餓，可以給他喝少量的冷開水（大約 30 cc）。我在舊版的書中則是建議，如果寶寶喝了水就乖乖回去再睡幾個小時，那麼就餵他喝。

　　最近對於給水的年齡說法改變了，最新的建議改成六個月之前的寶寶不要給水。如果妳家寶寶已經六個月以上，半夜會習慣性醒來，但是肚子不餓，那麼給他喝 30 cc 的冷開水沒關係，希望他喝了水後能夠再度入睡。

無論如何，如果寶寶在這個時候喝了水還無法安靜下來或儘快入睡，或是30～40分鐘後又醒過來，那麼就沒理由繼續給他喝水了。

如果妳好幾個晚上都給晚上不睡覺的寶寶水喝，那就等於變相鼓勵他晚上不好好睡覺也沒關係，這剛好跟妳真正想要的結果背道而馳。能夠很快喝完奶一覺睡天亮的寶寶，會比晚上醒來餵水、吃奶嘴，或安撫後才能再入睡的寶寶，容易達成晚上減少餵奶次數的目標。不過，仔細觀察寶寶白天的餵奶情況並加以改善很重要，這樣他才不會真的肚子餓到醒過來。

稀釋嬰兒配方奶的危險

多年以來，某些健康顧問之間一直流傳著一種習慣性作法──把半夜餵食所泡的嬰兒配方奶加以稀釋，這樣寶寶就能以最快速度停掉半夜喝奶的習慣。我並不建議用稀釋過的嬰兒配方奶來餵六個月以下的寶寶。如果寶寶的年齡已經超過六個月，而且半夜常常餵太多奶，將奶水稀釋這種作法也只能在諮詢過小兒科醫師或家庭醫師後才能採行。

稀釋奶水有可能產生危險，而且曾造成死亡的案例。如果妳覺得寶寶夜裡醒來不是因為真的肚子餓，而是出於習慣，那麼餵一點點量並抱起來安撫應該可以讓他很快又入睡到將近早上六、七點。

如果他在喝過一點點配方奶，也被安撫過了卻仍然不睡，那麼就應該餵他喝足量的配方奶，這樣他才會睡到早上六、七點。不要太限制他晚上喝的奶量，以免導致他五、六點又再度醒來。「滿意小寶寶」作息法應該會讓妳的新生寶寶在夜裡餵一次後，就能睡到將近早上七點。為了要讓寶寶達成這一點，在夜晚一定要喝足量的奶，如果沒喝飽，很可能會出現一大早就醒來的狀況。此外，在研究看要停掉哪幾次晚上的餵奶時，先檢查寶寶所攝取的配方奶量是否與他體重所建議的量接近。

哺乳 Q&A

Q 我的胸部很小，我很擔心自己無法產出足夠的乳汁，滿足寶寶的需求？

A
- 乳房大小和能產出多少母乳完全沒關係。每一個乳房，無論其形狀和大小，都有 15 ～ 20 條乳腺，每一條都有他專屬製造奶水的群聚細胞群。乳汁都是在這些細胞裡面製造出來的，透過寶寶吸吮就會排出。

- 在寶寶剛生下來不久，就一定要先把他放在母親胸前。大部分的寶寶一天最少需要餵八次，這樣才能刺激乳房，建立良好的母乳供應量。

- 哺餵時一定要確定寶寶把第一邊乳房中的奶水都吸完了，再換到第二邊乳房。這樣會讓身體產生一種訊號，促進乳房製造更多奶水，也確保寶寶能喝到很重要的後乳。

Q 朋友脹奶時痛不欲生，可以做什麼來幫助她紓解脹奶的疼痛嗎？

A
- 常把寶寶放在胸前，白天兩次餵奶的間隔不要超過三個小時，晚上的間隔不要超過四、五個小時。

- 洗個溫水澡，或在兩次餵奶中間，放一條溫熱的濕棉絨毛巾在乳房上幫助奶水流出。有需要的話，先用手把乳汁擠一點出來，這樣寶寶比較容易含上乳。

- 把濕棉絨毛巾放進冰箱冰涼，餵完乳後放在乳房上，有助血管收縮，減緩腫脹情況。

- 取高麗菜的幾片外葉，放到冰箱冰涼，於兩次餵乳之間放在胸罩裡面冷敷，可減緩不適。

- 穿適合哺乳的胸罩，才能好好支撐乳房。適合哺乳的胸罩應該是腋下部位不會感覺太緊，也不會把乳頭壓扁。

我許多朋友都因為太痛而不得不放棄用母乳哺育。

- 許多媽媽在初期會感到疼痛的主要原因，是因為寶寶的含乳姿勢不正確，變成咬乳頭末端，使媽媽疼痛不已，這種情形往往多過於乳頭龜裂、出血以及喝奶狀況不佳所引起的疼痛。同時也會形成寶寶在很短時間內必須再次餵奶的模式，使媽媽的乳頭反覆地被吸吮而造成更大傷害。

- 餵哺寶寶時，不能抱住他的肚子，應該要讓他的肚子對上妳的肚子。這樣一來，他的嘴巴就可以開到足以將媽媽整個乳頭及大部分乳暈都含進去。

- 除了一定要把寶寶擺在正確的位置之外，媽媽本身坐得舒服也很重要。理想的椅子椅背要直，且最好有扶手可以放一個靠枕，來支撐妳抱著寶寶的手臂。因為如果手臂懸空，要把寶寶放在正確的位置並好好的支撐寶寶就會困難得多，且姿勢和位置不正確，寶寶就容易拉扯乳房，對媽媽來說是很痛的。

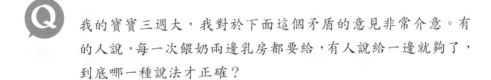

Q 我的寶寶三週大,我對於下面這個矛盾的意見非常介意。有的人說,每一次餵奶兩邊乳房都要給,有人說給一邊就夠了,到底哪一種說法才正確?

A • 讓寶寶帶領妳吧!如果他吃一邊,兩次餵乳之間隔三個小時、很滿足,每週體重都穩定上升,那麼吃一邊顯然就足夠了。請別忘記,所謂的間隔三小時,是從一次餵奶開始的時間,到下一次餵奶開始的時間。

• 如果寶寶兩個小時後就又再找奶喝了,或是他在夜裡醒來不只一次,那麼建議可以給他第二邊。妳會發現,他很可能只在妳出乳量最低的傍晚才需要吸第二邊的奶水。

• 無論妳家寶寶是吃一邊或兩邊的乳房,切記一邊的乳房務必要完全清空後,再給他第二邊。妳可以用大拇指和食指輕壓乳頭四周的區域來確認。

Q 我兩週大的寶寶醒來吵著要喝奶,但是在我乳房上停留 5 分鐘後又睡著。兩個小時後,他又要求要吃,搞得我筋疲力竭,非常吃不消,怎麼辦?

A • 要餵寶寶之前,一定要讓他完全清醒過來。將他從嬰兒床裡面抱出來,把兩隻腳從嬰兒長袍裡拉出來,讓冷空氣接觸他的皮膚,然後給他時間讓他自己醒過來,接著妳再開始哺餵。

• 餵寶寶時,讓他保持涼爽非常重要。不要讓他穿太多,室內溫度也不要太高。在妳身邊的地板上擺一張遊戲毯,他如果太睏,就將他放在遊戲毯上。必要的話,也可以把他的長袍拉高或脫掉,讓他能

伸展一下，譬如：踢踢腿。幾分鐘之後，他可能會抗議自己被放在地上，這時候再把他抱起來，讓他有幾分鐘停留在同一邊乳房上，這個過程通常必須重複兩到三次。第一邊乳房吸 20 分鐘左右，幫他拍拍嗝、換新的尿布，如果第一邊乳房還沒被他清空，把他放回第一邊，清空了則換到另一邊乳房。

• 可能的話，請另一半代勞最晚一次睡前的餵奶工作，瓶餵寶寶喝擠好的母乳。這樣妳起碼有半個晚上，能得到幾個小時不受干擾的睡眠。

餵奶時，媽媽有食物上的禁忌嗎？

• 妳應該和懷孕期一樣，繼續食用種類豐富又健康的餐食。此外，兩頓正餐之間應該加吃一點健康的小零食，以保持體力。

• 一定要攝取大量豐富的蛋白質，無論是家禽、瘦肉或魚類都可以。不管是不是嚴格的全素，素食者在豆子、豆莢類和穀物上的攝取一定要均衡。我曾發現，某些哺乳期間的媽媽，曾經有幾天蛋白質攝取不足的情況，而她們的寶寶在那段期間裡，暴躁不安的情況就明顯很多。

• 有些研究指出，奶類製品是某些寶寶出現腸絞痛的原因。如果妳發現寶寶有腸絞痛的情形，找寶寶的小兒科醫師討論一下奶製品的攝取狀況，會是比較明智的作法。

• 人工甜味和咖啡因應該要避免。別忘了，咖啡因不是只有咖啡裡面才有，茶、非酒精性飲料和巧克力裡面都有。我發現，這些食物會讓大多數的寶寶感到不舒服。

- 草莓、番茄、菇類、洋蔥和果汁如果大量食用，很多寶寶也會出現焦躁的情形。妳不需要把這些食物從飲食中完全排除，不過建議妳把寶寶出現任何肚子痛、腹瀉、脹氣和突然啼哭狀況之前的 12 ～ 16 個小時間飲食記錄保留起來。

- 當我在中東和遠東工作時，我觀察到哺乳期間的媽媽採取的飲食會比正常時間溫和得多，她們的飲食中沒有太過辛辣的食物。剛生產完的初期，避免攝取過度辛辣的食物或許是個明智的作法。

 我兒子目前十六週大，過去兩週以來，突然變得非常難餵。他還不到十一週就停了午夜那一次奶，而且不只是睡前最晚一次餵完奶後都不再吃了，連早上七點那一次他也興趣索然，只喝了大約 60 cc。之後，他就開始哭了，斷斷續續的，一直哭到我在早上十一點左右餵他。如果我在十一點之前餵他，那麼他午覺就睡不好，會在一個小時之後又醒來，想再喝奶。如果我那時候餵他，那麼下午的其他次餵奶都會被延誤了。如何調整？

- 要想讓妳的兒子對早上七點的餵哺興趣提高，可以試著把最晚那一次的量減少。雖然他這次需要餵的奶量較少，且這種情況可能還要一直持續到他離乳開始吃固體食物時，但還是必須試。

  妳可以嘗試把餵奶量慢慢減到 90 ～ 120cc 左右，看看他是否會提高早上七點的那次餵奶的興趣。如果這麼做能讓他在早上七點那次的進食狀況改善，那麼就持續把餵奶量減至 90 ～ 120cc。

- 如果把最晚一次餵奶減量，妳兒子開始在清晨早醒，我會建議妳調回最晚一次餵奶的量，並接受有一小段時間，他在早上所喝的奶量會比較少的情況。這麼做總比讓他早醒，夜裡又必須再餵來得好。

- 除非他早上七點那一次的餵食狀況能改善，否則妳還是必須提早到早上十一點之前餵他，而時間或許要提前到早上十點十五分左右。我建議妳在十一點十五分到十一點半之間補餵一點奶，確保他喝足了量，這樣午覺才能睡得好。

- 妳可能也會發現，當他經歷了一段快速成長期後，早上這一瓶奶喝的速度就會快得多，而且早上醒來的時間甚至可能會更早，為的是希望喝奶。如果發生這種狀況，我會建議妳把最晚一次的餵奶量調回原來的量，讓他多喝一點，這樣才能熬到早上七點。

這種作法可能必須持續一週左右，或許還可能得把奶量繼續提高到他離乳為止。不過，如果他早上那餐又開始不願意喝了，那麼妳只能再次把最晚一次的餵奶量減少。

Chapter **4**

瞭解嬰兒的睡眠

育兒過程中，最容易被誤解和感到疑惑的就是嬰兒的睡眠。一個錯誤的觀念就是──大家以為嬰兒一生下來除了吃就是睡。很多寶寶是這樣沒錯，但是英國許多嬰幼兒睡眠諮詢顧問都能證實，有很多新生寶寶不是那麼好吃好睡的。如果妳的新生兒或幼兒是屬於後者，緊張、易怒、很難被哄睡，也不必太擔心，這未必能反應寶寶未來的睡眠習慣。

我協助照料過的嬰兒，年齡在八到十二週的，大部分通常都是從晚上最晚一次餵奶後一直睡到早上六、七點。有些在該年齡前就能安睡一晚了，但也有些還是要在半夜起來餵奶好一段時間，由於我沒親自見過並了解妳的寶寶，所以無法給妳明確的答案，他什麼時候才能安睡一晚，因為影響這件事的因素很多。

出生後立刻建立固定的睡眠模式

舉例來說，如果寶寶是早產兒，或是妳在寶寶出生好幾週後才開始學著建立固定作息，那麼他顯然得花長一點的時間才能安睡一晚。有一件事情很重要不能忘記，在孩子剛出生的那一段期間，要努力建立其固定的睡眠模式──孩子在晚上餵完最晚一餐之後要能安靜下來並入睡、半夜只需醒來餵一次奶，且很快又入睡，直到早上六、七點。

養成固定作息為的就是要達成上述目標，而不會讓妳和寶寶造成太大的壓力。然而這種作法的目的，並不是藉著減少夜裡餵奶的機會，提早訓練寶寶一覺到天亮。根據本書提供的指導原則，妳可以依照寶寶的特別需求進行調整，當他身心都能做到時，晚上就能睡長、睡飽，要達到這個目標，最重要的就是要有耐心、要堅持，也需花一些時間才能將建議的作息建立起來。許多父母都曾經歷、長達幾個月晚上的無眠之苦就能免除，這個作息對成千上萬個寶寶和他們的父母有效，對妳肯定也有效！

● 白天餵奶，滿足寶寶的營養需求

如果妳想讓寶寶從很小就能一夜安睡，並確立長期、健康的睡眠模式，黃金規則就是要建立正確的睡眠聯想，而且從醫院返家後的第一天開始就要讓寶寶的餵奶時間變得有規律。最理想的方式是，寶寶對營養大部分的需求，白天就能以餵奶的方式滿足。如果妳讓寶寶因為白天睡太多，而錯過一餐，那麼他的胃口就會變得太小，在下一餐時無法多吃，那麼晚上就必須多次餵食。

許多育兒書籍以及醫院的護理人員都認為，應該依照新生兒生理需求餵食，也就是想吃就餵、次數及餵食時間長短不限。媽媽可能會被告知，要接受寶寶這種反覆無常的睡眠以及喝奶模式，這是正常的狀況，寶寶三個月大以後情況就會好轉了。

從我的第一本書出版之後，就接到幾千個幾乎被搞到發狂的父母的電話、電子郵件和信件，他們的寶寶年齡從三個月到三歲不等，而他們的共通點就是孩子有嚴重的睡眠和餵食問題。這種情形簡直就是持續打臉寶寶到了三個月以後，自己就會養成固定作息的理論，就算小寶寶真的出現了固定的作息，時間也不太可能可以和家中其他人配合得上。

有些專家同意某些寶寶的確能在三個月大之前就一覺到天亮，不過，他們並未強調引導寶寶達成這個目標的重要性。天真又疲倦不堪的媽媽相信，寶寶一到三個月就會出現奇蹟式的改善，不過，如果寶寶沒能學會日夜的差別、白天小睡和晚上長時間睡眠之間的不同，而且假如父母沒能學會如何訂定餵奶計畫，情況就不會發生，這些都是需要從寶寶出生的第一天就開始做起。如果妳希望寶寶晚上不要因為肚子餓而每幾個小時就醒來一次，那麼白天少量多餐是很必要的。

從我為新手父母提供諮詢開始，在產科病房就接到很多絕望的電話，媽媽訴求的內容幾乎沒有兩樣——寶寶一次餵奶的時間將近一個小時，而從晚上六點到早上五點之間，幾乎隔兩、三個小時就要餵一次奶，媽媽通常已經被搞到筋疲力竭，而且乳頭也開始產生龜裂的問題了。

當我再問寶寶白天的情況時，答案通常都很類似：「他白天表現不錯，吃完奶之後都可以睡上四小時或更久。」我一直覺得很困惑，這樣充滿矛盾的建議為什麼還要持續提供給新手媽媽。她們被告知，新生兒在一天二十四小時內，要餵的次數達八至十二次，而且白天兩餐之間，可以讓寶寶睡上好幾個小時。

令人難以置信的是，寶寶在早上六點到晚間六點間，只吃了四次或少於四次，那他晚上當然得不斷醒來把白天沒吃夠的分量補回來，這就是為什麼我反對寶寶要吃就餵的主要理由之一，這種作法沒考慮到許多寶寶剛出生不久，根本還不會主動要求要被餵食。

需求性哺餵法帶來的睡眠困擾

「需求性哺餵法」，也就是想吃就餵這個詞語被不斷的重複使用，使得媽媽們被誤導，認為在初生階段採用任何形式的固定作息，都是拒絕寶寶營養上需求的作法，且根據某些專家的理論，還包含了情感上的拒絕。我完全同意，舊式的四小時哺餵作息方式，無論是親自哺乳還是用奶瓶餵嬰兒配方奶，對新生兒來說都不是一件自然的事情，但我覺得「想吃就餵」這個詞使用得太鬆散了。

糟糕的是，晚上無法睡覺這種模式通常在媽媽和寶寶離開醫院以後就養成了。由於寶寶白天兩餐之間被允許睡得很久，所以整個晚上真的需要每隔兩、三小時左右不斷醒來喝奶；於是形成一種惡性循環——寶寶白天大多時間都在睡覺，因為他晚上多半是醒著的。這種類型的睡眠和餵食模式，許多專家都是鼓勵的，他們相信講到餵哺，主導的應該是寶寶，因此就有了「寶寶主導式餵食」、「需求性哺餵」，也就是「想吃就餵」的這種方式。

有些專家甚至還誇張到認為，把睡眠中的寶寶叫醒對寶寶是一種「傷害」，對我的意見採取非常敵視的看法；但是，我照顧過那麼多對雙胞胎

和早產兒，我在照顧這些寶寶時，仔細的觀察了他們，證實了上述的說法並不正確。而醫院的醫護人員也建立了一套餵奶的作息，由於身體小小的、不斷在睡覺的寶寶完全依賴少量多次的方式，所以他們根本不敢冒任何風險，把寶寶兩餐的間隔時間拉得太長。

這些經驗，讓我因此發展出「滿意小寶寶」作息法，和有些人士試圖要暗示的意見正好相反，我並不是要拒絕寶寶進食，而是要確保他們能吃飽，正如我之前提過的，我曾經照料過因為脫水幾乎喪命的寶寶，原因就是他們沒有主動表現需求所以沒被餵飽。於是這更讓我相信，和在固定時間被叫醒餵奶的方式相比，需求性哺餵法讓寶寶身上背負了太多的風險。

⭐ 頻繁哺餵引發的長期性睡眠困擾

由於母乳的分泌是建立在供需的基礎上──也就是說，乳房會製造出寶寶所需求的量，所以採取需求性哺餵的寶寶通常在幾週內，就會開始兩個小時餵哺一次，而且不只夜裡如此，白天也一樣。這是因為之前兩至三週的餵哺模式已經影響到母乳的分泌了──由於寶寶被餵哺的次數太頻繁，所以無可避免的常常餵著餵著就睡著了。對很多寶寶來說，這可能也會引發長期性的睡眠問題。

在經過幾個月因為寶寶兩至三個小時就得餵食，而夜裡無法安睡、白天筋疲力竭的父母，最後都得請他們的家庭醫師幫孩子轉介至嬰兒睡眠門診，或者也可能會買幾本教導寶寶如何一覺到天亮的書來研究。其實他們只是需要被告知，用的方式錯了，導致寶寶睡不好的真正理由是──讓其產生了錯誤的睡眠聯想，也就是睡前要餵奶、搖晃、輕拍撫慰等等。

寶寶要睡得好和餵奶情況是否良好，以及入睡的聯想關係非常密切。想讓寶寶擁有健康的睡眠習慣，重要的不僅僅是養成固定的餵食作息，還要了解小寶寶的睡眠節奏，這樣才能從小建立起正確的睡眠聯想。了解睡眠節奏，不僅可以幫助妳依照寶寶個人的需求來調整作息，偶爾無法嚴格遵守時，還能讓他們稍作調整。

認識寶寶的睡眠節奏

● **1～2週大**：大部分的專家都同意，新生兒在最初幾週裡，一天大約要睡十六個小時，這個睡眠長度會被切割成一系列長長短短的睡眠時段。在初期，睡眠和寶寶必須少量多餐的餵食需求有關。每次餵奶常得花足一個小時來喝奶、拍嗝和換尿片，再看看他在哪個時段能快速進入深眠的狀態，如果寶寶喝奶的狀況良好，那麼多數能一直睡到下次餵奶時間才醒來。因此，在一個二十四小時的時段裡，寶寶一天被餵六到八次，每次餵食時間大約花 45 分鐘到一個小時，所以算起來，寶寶一天可以睡上十六個小時。

● **3～4週大**：不過，在第三、四週之間，寶寶清醒時間較多了，他們在餵完奶後可能不會像之前馬上進入深眠，而這也通常是家長出錯，或養成錯誤睡眠聯想的開始。因為焦慮的家長相信，寶寶一吃飽就應該要直接睡著，所以開始以種種手法來哄寶寶入睡，像是餵奶、抱著搖晃，或是拿奶嘴引誘等等。其實這個時期正是寶寶出現明顯睡眠階段的開始，就和大人一樣，寶寶也會從淺眠轉換到像做夢一樣的睡眠階段，稱為快速動眼期（REM sleep）睡眠，然後才進入深層睡眠，他們的週期比大人的短得多，大約只持續 30～40 分鐘。

有些寶寶在進入淺眠期時只是動一動，不過，有些卻是完全醒來，如果寶寶這時候剛好要被餵奶，那麼就不會造成問題。不過如果寶寶才剛被餵完奶一個小時左右，而他還沒學會如何讓自己靜靜的安置下來，就易被家長持續以剛剛提及的手法協助入睡，無論是一或多種，都可能造成真正的問題。最新的研究顯示，所有在進入淺眠後就醒來的嬰兒人次，也大約與夜裡醒來的嬰兒人次相同。只有睡眠狀況糟糕的人才無法進入深層睡眠，因為他們已經習慣有助力才能入睡了，如果妳希望自己的寶寶早早就能養成良好的睡眠習慣，那麼避免錯誤的睡眠聯想就很重要了。我的作息表就是要協助寶寶能好好喝奶、不會太過疲倦，在入睡前也不會學到必須哄騙才能入睡的錯誤睡眠聯想。

建立良好的睡眠作息，減少半夜醒來

　　當寶寶的體重已經恢復到出生時體重，而且還在穩定的增加時，就可以考慮讓他固定在晚上六點半到七點之間睡覺；睡到晚上九點以後，接著在大約十點左右餵他，這個時間還可以慢慢往後推延到十點半。

● 晚上 7 點及 10 點，重點哺餵時間

　　也正是這個階段，他在夜裡睡覺的時間應該可以開始比白天長一點。晚上十點這餐吃得好，且在十一點到十一點半之間入睡，那麼他就可能睡到半夜兩、三點之間；如果半夜這餐吃得好，並在一個小時內再度入睡，應該就能睡到早上六、七點了。

　　不過，前提是——在餵晚上十點那餐時，他必須夠清醒，才能把整餐吃完。在寶寶初生階段，午夜後多久時間會清醒過來，得看晚上十點那餐有多清醒、吃了多少量，所以這一餐的哺餵，你可以多花一點時間來確保寶寶能在夜裡睡得更久。

　　養成良好的睡眠作息時間，讓寶寶在晚上七點到十點間能睡個好覺，是他多快能一覺到天亮的主要影響因素。在晚上六點餵奶，晚上七到十點之間睡個好覺的寶寶，醒來之後就能精神飽滿的把整餐奶喝完了。

● 建立白天的哺餵和睡眠模式

　　不過，要養成良好的睡眠作息時間，還有其他因素。最重要的就是必須把他在白天的餵哺和睡眠模式建立起來，這樣他在傍晚五點到六點十五分時肚子才會夠餓，能夠把整餐吃完且他白天清醒的時間也夠多，可以準備在晚上七點入睡。

　　我收到很多電話和電子郵件，都是來自於想在晚上讓寶寶入睡，卻發生問題的家長。當寶寶在晚上養成了吃吃停停的餵哺模式，那麼大多會形成一種連鎖反應，導致晚上十點那一餐餵奶時不夠餓；這樣一來，他在半夜一點，以及清晨四、五點就會被餓醒。

　　當寶寶被餵飽，而且傍晚六點半到七點之間能做好睡覺的準備時，才可能養成良好的睡眠作息。例如，如果妳讓寶寶下午睡得太久，就算他被餵飽，那麼傍晚七點也不太可能可以好好入睡，寶寶夜裡是否能深層睡眠的關鍵，與白天發生的事密切相關。

　　寶寶的體重如果穩定增加，就表示他長得不錯，因此每次餵奶時可以攝取的量應該會增加，而他在某幾餐之間的時間也應該能漸漸拉長。晚上七到十點間、最晚一次餵奶之後，以及半夜的幾次餵奶，間隔如果能拉長是最理想不過了。不過，這種情況不會自行發生，關鍵又回到作息養成最困難的部分──在根據他年齡建議的白天餵食時間裡把他叫醒。這其實就是個基本常識啊！寶寶白天如果能固定餵奶，那麼在他成長階段裡，因為白天攝取的量增加了，所以晚上應該就能少餵。

 處理半夜睡眠問題的提示：

盡量從早上七點開始一天的作息，並遵守我在作息中提供的建議，在餵奶時間要讓寶寶保持清醒，把奶喝完且白天兩餐的間隔要短。可以讓寶寶養成一個可以在晚上七點就安置好，準備入睡的睡眠作息。

別忘記，如果寶寶能在晚上七點之前被餵飽，並且一直好好睡到最晚一次餵奶的十點，那麼他在最晚一次喝奶後，睡眠時間拉長的可能性就高很多，而這個的前提是，他喝奶時必須清醒，才能喝完整餐的奶量。

幼小的新生兒很容易就累了，所以安排上床的睡眠作息不要晚於晚上六點，如果寶寶在白天小睡時間沒睡好，那麼這個時間還要更早。幫寶寶洗澡時，盡量讓周圍的一切保持安靜，洗好澡後避免有過多的目光接觸，或講太多話，這樣他才不會受到過多的刺激而無法入睡。

最晚那次的餵奶時間，一定要在安靜、燈光調暗的房間裡進行，這樣才能在寶寶進入深眠之前，很快的把他安置在自己的床上。要做到這一點未必容易，妳要付出很大的耐心，特別是身邊如果有許多善意的親友給妳壓力時。所有和我講過話的家長都表示，他們從孩子剛出生就付出努力，把這段困難的時間克服是很值得的，因為他們的寶寶開始能夠在夜裡愈睡愈久，直到能一覺睡到神奇的早上七點。

以下就是能確保妳家寶寶能在晚上七點安置好入睡的秘訣，因為睡得好，最晚一次餵哺才能吃得飽，夜裡睡覺的時間也就能拉到最長了：

建議

⚘ 在根據寶寶年齡建議的餵奶時間裡，盡可能讓他保持清醒。

⚘ 初生期間，有些寶寶可能在晚上六點半之前就需要被安置好上床睡覺了。

⚘ 如果妳的寶寶到了上床時間還靜不下來，檢查看看他是不是餓了。給他一些擠好的母乳，如果是瓶餵的寶寶，給他 30cc 左右的嬰兒配方奶試試看。

⚘ 餵寶寶時，盡量坐在靠近他床邊的椅子上，這樣把他從妳懷裡放到床上時，才不會引起太大的動靜。

⚘ 把寶寶餵飽之後，盡量讓他用直立的坐姿來拍嗝，而不要趴靠在妳肩膀上，因為這時已經是寶寶該入睡的時間，很容易一靠到妳的肩膀上就睡著，所以之後又被放到小床上，便立刻不高興。這是因為當妳把他平放在床上時，本來在他肚子上的壓力，以及靠在妳肩膀上感受到的舒適感立刻就不見了的關係。

如何避免寶寶一大清早醒來？

我一直相信小孩會不會在一大清早醒來，和他第一年的作息有絕對的關聯。為了避免發生太早醒來的問題，應該讓寶寶睡在很暗的房間裡，而且早上七點以前的所有餵哺都應該當成半夜的餵哺——餵哺時盡量保持安靜，不要和寶寶說話，也不要和寶寶有眼神的接觸，這樣寶寶應該就能再度入睡，一直睡到早上七點。

如果妳的寶寶不到兩個月，且在早上六點到六點半之間已經醒來，那麼就把他放到七點半；如果妳的寶寶已經滿兩個月，我會建議妳在七點十五分之前把他叫醒。在加總寶寶白天的建議總睡眠時數時，別忘了要把早上七點之後，或是晚上七點之前的都加回去。

我曾經用這種方法照顧過幾百個嬰兒，對於他們都產生顯著的效果。一旦寶寶能安睡一整晚，便幾乎沒有在早上七點以前醒來的案例，當然，有些寶寶會在清晨五、六點醒來，嘴巴咿咿呀呀的說話，或者低哼了一小段時間後又睡著。

在本書的第一版出版時，我曾經和幾千位曾經因為寶寶一大清早就醒來、造成麻煩的父母談過話，發現產生這種情況的還有另外一個原因——這些父母幾乎都有個共通處，他們沒有按照我的建議，讓寶寶自然醒來。大部分父母承認，當他們的寶寶從白天的睡眠中醒來，就會把他們抱起來，所以過了一段時間之後當寶寶大清早醒來，同樣期待爸媽來抱他也就不足為奇了。

⭐ 分段哺餵——將一餐分 2 次餵

大約在八到十二週大這段期間裡，大部分的寶寶白天睡醒來後不會馬上急著找吃的東西，這段期間正是鼓勵他們醒來後，在嬰兒床上躺一會兒的好時機。我相信採取這樣的作法，再配合以下列出的原則進行，妳的寶寶成為清晨鬧鈴的機會就會大大降低了。

建議

❀ 根據研究報告顯示，腦部的化學物質在黑暗之中，會讓腦部進行睡覺的準備。當寶寶六月大，可以在自己的嬰兒房睡覺時，請好好檢查窗簾是否會有光線從上面或旁邊滲透進來，也請檢查一下門的四週。如果寶寶還在淺睡期，即使是一絲絲的光線也足以讓他完全醒過來，因為滿六個月前，寶寶是睡在妳們房裡，所以花錢幫嬰兒房和妳的臥房加裝擋光的窗簾是值得的。

❀ 有些寶寶在未滿六個月大時，「莫羅氏反射」（Moro reflex）可能會很強烈，尤其在初生期間，這種反射動作更是非常明顯。莫羅氏反射是新生兒受到驚嚇時產生的反應，驚嚇原因通常是來自突發的噪音，或是被放下去時動作太粗魯或太快。這時他們的雙手會急遽的揮動，而雙腳則是快速的回縮。基於這個原因，莫羅氏反射也被稱為「驚嚇反射」。

因為有這種反應，所以我認為至莫羅氏反射完全消失為止用包巾把寶寶緊緊的裹住很重要。被單和毯子要以縱向平鋪在嬰兒上，寬度要覆滿嬰兒床的寬度，再用兩條捲起來的手巾塞進嬰兒床圍杆和床墊之間作為固定。如果寶寶躺在嬰兒床上還是碰到床緣，除了用剛剛所說的棉質床巾緊緊裹住之外，還可以配合一種超輕量，暖度不超過 0.5 托格（tog 是英國用以量度衣物、毯子及被褥保暖性的單位，0.5 托格適用於 24℃以上，溫暖高溫的時節或陽光普照的戶外）的睡袋一起使用。

❀ 不要想著減少半夜哺餵的分量，讓寶寶能撐過一晚。半夜那一餐的量要繼續讓他依照食量吃到飽，這樣他才能一覺睡到早上七點。只有當他已經固定一段時間都能睡到早上七點，而且醒來時拒絕好好吃早上這一餐，妳才要慢慢減少他在半夜那一次吃的量。

❀ 如果妳的寶寶在早上五、六點需要哺餵，那麼應該要以半夜的哺餵方式來處理 —— 餵奶的房間光線要昏暗，盡快讓寶寶喝完奶，不要有任何目光的接觸，也不要講話。除非真的很必要，否則不要在這時候換尿片，讓他根據需求盡量吃飽很重要，這樣他才能再睡到早上七點；但如果他又在早上六點半起來，那就不應該限制他這次的哺餵。

115

✿ 如果寶寶在早上的五、六點之間喝奶，那麼他顯然在早上八點左右還要追加一些量。由於稍早已經吃過，所以這頓追加的餐量可能很少，那麼他在下次餵哺時間到之前可能就已經餓了。

✿ 我發現，除非寶寶一直睡到將近早上七點起來，不然有時候就必須把一餐分兩次餵，分別是早上五、六點間，以及早上七點半到八點之間。接著在早上十點到十點半左右，以及十一點半和十二點之間再來一次分次餵食。不要認為這是開倒車，把餵哺分兩次進行的主要原因是要確保他能喝飽喝足，午覺才能好好安心入睡，把混亂的狀況調整回來。

✿ 當他再次能一覺睡到早上七點，妳就可以恢復早上那餐的餵哺，而另外一餐則在十一點左右開始，就算寶寶在午睡時間沒睡好也沒關係，或也可以在要睡午覺前補充一點奶量給他。

✿ 我建議不要停掉晚上十點的那一餐，直到寶寶開始吃固體食物為止，吃固體食物的時間可能在寶寶六、七個月大時。如果在寶寶快速成長期還沒開始吃固體食物，餵哺時應該增加奶量，以確保他不會因為肚子餓而提早醒來。

✿ 如果妳發現寶寶在餵晚上十點那餐時，完全拒吃或是只吃了一點點，然後一個小時又再度醒來，那麼或許可以停掉這一餐。不過，如果決定要停掉這一餐，那麼有幾週的時間，妳的寶寶在半夜和早上七點之間，可能得餵兩次。

舉例來說，如果他是半夜十二點被餵，那麼早上四、五點時，可能還會餓醒，必須起來再餵一次；因為寶寶午夜起來餵過一次，然後再睡六個小時不必醒的情況，是非常非常少見的。雖然我也曾照料過一些這樣的寶寶，不過，那肯定只是少數；當我們停掉晚上十點那一餐，之後他醒來所喝的奶量就不該受限制。

✿ 大部分的寶寶到了三、四個月大，應該可以把夜間睡覺的時間拉長到八、九個小時，時間從十點最晚那次餵完到清晨六、七點。因此，如果妳把晚上十點那餐停掉，那八～九個小時後，寶寶凌晨三、四點間醒來，也不是什麼不合理的事。

✿ 等到他開始吃固體食物，養成每日三餐的習慣，應該就能逐漸開始早睡，從晚上七點一直睡到第二天早上六、七點。

 新生寶寶一天得睡多少小時？

- 要視他的體重,以及是否早產。大部分的寶寶一天大約需要十六個小時左右,切割成一系列長長短短的時段。

- 寶寶如果比較小或是早產兒,那麼睡覺時間一般會比較長,在兩次餵哺之間也容易睡睡醒醒。

- 寶寶如果比較大,就能夠多清醒一個小時左右,以一天二十四小時來看,至少也能有一段較長睡眠時間,長度大概可以四到五小時。

- 到快滿一個月時,大部分餵哺得好、體重穩定增加的寶寶,從晚上十點的最晚一次餵奶後,大概都能睡上一段較長的時間,時間約有五到六個小時。

 怎麼做才能確保那段長的睡眠時段一定會出現在夜裡,而不是白天？

- 請遵守我提供的作息表,每天早上不要超過七點才開始哺餵,這樣晚上十一點之前才可能把所有餐次都餵完。

- 早上七點到晚上七點之間,盡量讓寶寶保持至少六到八個小時的清醒。

- 一定要讓寶寶盡量能保持兩個小時左右的清醒時間來進行互動交流。他在早上七點到晚上七點之間，總清醒的時間如果能達到八個小時，那麼夜裡就比較能夠睡個長覺了。

- 一定要把睡覺和清醒的時間分清楚。在最初的幾週，寶寶睡覺的區域一定要盡量保持安靜。

- 晚上七點到早上七點之間的餵哺都應該當成半夜的餵哺，不要過分刺激寶寶，避免講太多話或進行目光的接觸。

我很努力想遵照妳的作息表，可惜我家四週大的寶寶在餵奶之後，最多只能保持一個小時的清醒。我應該想辦法讓他清醒的時間變長嗎？

- 如果妳家寶寶餵奶的狀況不錯，體重也穩定的增加，夜裡兩次餵哺之間也睡得很好，只是白天清醒時段較短，那麼他只是那些需要較多睡眠寶寶中的一個。

- 如果他晚上十點那次餵奶的情況不錯，但夜裡醒來兩次以上，或是醒來後超過一個小時還不睡，那麼白天就多給他一點刺激。

- 除了晚上十點那次餵奶一定要保持安靜外，我的經驗告訴我，三個月以下的寶寶還需要在這次餵奶中保持至少 45 分鐘的清醒。我發現如果寶寶在這次喝奶的時段太愛睡，那麼他清晨兩、三點通常都會比較清醒，在清晨兩點到五點之間也較容易醒過來。

  雖然讓寶寶在這次餵食邊睡邊喝聽起來蠻誘人的，不過我還是認為花點精神，讓寶寶在這次餵食時間適度保持清醒會比較好，努力付出的回饋通常是—— 他們能夠一覺到天亮的時間點會提前許多。

● 依照我的作息表，讓寶寶在早上七點到晚上十一點之間養成固定的
餵哺和睡眠作息，那麼當寶寶的睡眠時間變短時，也會減在正確的
時段裡。

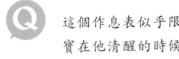

這個作息表似乎限制很多，如果我和我四個月大的寶
寶在他清醒的時候出門，他立刻就會在嬰兒推車裡睡
著了。這樣一來，他就睡太多了，怎麼調整？

● 不論妳的寶寶是否根據我的作息吃睡，在他出生後的前兩個月，由
於花在餵奶的時間多，限制的確會大些。

● 大部分的寶寶在滿兩個月之後，兩餐之間就能拉得比較長了，餵奶
的速度也會變快，這樣一來外出就會變得容易一點了。

● 在前兩個月中，如果妳把外出的時間和他睡覺的時間配合，那麼到
了八週以後，妳用車子或嬰兒推車帶他出門時，他保持清醒的時間
就能變長了。

我四個月大的寶寶突然開始在晚上九點醒來。如果我那時候
餵他，他夜裡就會醒兩次，分別是清晨一點和五點。我曾試
著想讓他撐到晚上十點半，但是他太累了，不能好好喝奶，
那就意味著，他最後還是會早醒？

● 寶寶在大約一個月左右，淺眠和深眠變得明確許多。我發現很多寶
寶在晚上九點左右會非常淺眠，所以務必要讓寶寶睡覺的周圍環境
盡可能保持安靜。

- 採取母乳親餵的寶寶在晚上六點那次餵哺之後，可能只需要補上一點擠好的母乳就可以了。

- 如果妳不得不在晚上九點餵他，那麼在餵完一邊的奶水或是 60cc 後，把晚上十點半那次的奶延後到十一點半餵。希望那時候他能把整餐奶吃完，並一直撐到清晨三點半。

- 另外一種作法則是分次哺餵——試著把一次分成兩次來餵。晚上九點半餵一次寶寶，讓他一直保持清醒，等到十點半再餵一次。

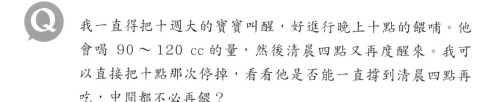

Q 我一直得把十週大的寶寶叫醒，好進行晚上十點的餵哺。他會喝 90 ～ 120 cc 的量，然後清晨四點又再度醒來。我可以直接把十點那次停掉，看看他是否能一直撐到清晨四點再吃，中間都不必再餵？

A
- 我不建議取消這次餵哺，因為如果妳取消，他很可能在凌晨一點和五點都會醒來，這樣實際上就是在夜裡醒來兩次了。

- 我一直都覺得，最好的作法就是讓寶寶一覺睡到早上七點，等到吃了固體食物後，大約在六個月大時，再停掉晚上十點那一次的餵哺。

- 為了鼓勵寶寶在十點那次最晚的餵哺時間裡多喝些奶，然後夜裡能久睡，把最晚一次餵哺分兩次來進行，可能是蠻值得一試的作法。為了讓這種方式順利進行，妳可以在晚上九點四十五左右開始把寶寶吵醒，當他完全清醒之後，在晚上十點前開始餵他。他想喝多少就讓他喝足，然後讓他在遊戲毯上好好玩一玩；到了十一點，妳就應該把他帶進臥房，幫他換尿布，之後再餵他一次。如果妳餵的是嬰兒配方奶，我會建議妳重新泡過再餵食。

Chapter **5**

建立寶寶的固定作息

寶寶出生後的第一年，滿意小寶寶作息表上的餵食和睡覺時間會有十次的改變，這是為了要確保每一個寶寶的需求都能獲得適當的滿足。在妳還沒讓寶寶嘗試建立這些作息之前，就要先仔細閱讀餵食和睡眠章節裡面提供的建議和資訊，以讓妳了解，如何善用這些作息，讓寶寶變得快樂又滿足，吃得飽睡得好。

在寶寶出生之後，請採取專為新生兒提供的建議，直到他的體重恢復到出生時的重量，並顯示出兩餐之間的間隔有拉長的跡象。然後，妳就可以進入第一套作息表了。慢慢地，當寶寶顯示出兩餐間隔拉長，保持清醒的時間也變長的跡象時，就可以前進到下一套作息表。不要擔心寶寶是否能適應他年齡的作息，只要選擇讓他感到快樂的作息，並持續觀察他是否滿足、兩餐之間的間隔有無拉長，或清醒時間是否更多，然後就可以再前進到下一套作息。

餵食原則：將奶量分配在白天

嬰兒在清醒的時候，很多時間都是花在餵食上的。為了避免他夜裡吃太多，養成良好的白天餵食模式是很重要的。正如之前解釋過，為了要讓媽媽有充足的母乳，我相信寶寶從一出生就必須以少量多餐的方式餵哺。滿意小寶寶作息法要成功，寶寶必須被叫醒餵奶，而不是讓兩餐之間相隔很久。

⭐ 初生時養成 3 小時餵哺的作息

我建議，在寶寶初生階段，必須養成三小時餵哺的作息方式，餵哺間隔時間的算法——從一次餵奶開始到下一次餵奶開始。當然了，如果新生寶寶在還沒到餵食時間就要求要吃，我得認為一定要餵。不過，如果這種情況在母奶哺餵已經一段時間了還這樣，那麼找出為什麼寶寶在兩餐之間不能再撐久一點就很重要了。

選擇作息表的提示：

如果妳的寶寶已經比較大了，且之前採取需求式餵食法以及睡眠模式，而妳想讓他改採固定式作息，那麼請妳先將所有作息表都看過，研究看看哪一種和妳寶寶現在的模式最接近，然後先暫時採取這套作息。當他在某些正確的時間上露出吃奶和被餵哺都很快樂的樣子，就可以進入下一套作息階段了。一步步、慢慢地採行這些不同的作息，直到他達到符合年齡該有的作息。

只有當寶寶的體重比出生時的重量增加一倍時，且還持續穩定的增加，我才會建議把兩餐之間的時間拉長；當把兩餐間隔時間拉長，寶寶也顯得很高興時才繼續拉長。若能早早就建立起固定的餵食時間，那麼妳的寶寶就絕對不至於需要利用啼哭來表示飢餓，因為妳已經提前滿足他喝奶的需求了。

● 將餵食、睡眠、社交時間分開

從一開始，就要將寶寶的餵食、睡眠和社交的時間分隔開來，這一點很重要。如果妳在餵奶時講太多話，或是過度刺激了他，那麼他在喝完全部的奶之前就會失去興趣了，接下來要讓孩子安穩入睡就不會太容易，甚至導致之後餵奶時經常餵著餵著就睡著了。長期來看，還可能會產生睡眠上的問題。因此，妳在餵奶的時候，也盡量不要講太久的電話。

在寶寶剛出生期間，應專心注意寶寶在乳房上的位置，確保他能順利的吸吮到母乳，妳可以找有經驗的母乳哺育顧問，來確定自己餵奶的姿勢是否正確。如果妳是坐在搖椅上餵奶，那麼餵的時候千萬不要搖晃，因為一搖，寶寶就會以為睡眠時間到了。他在喝奶的時候如果很睏，餵食情況就不會太好，很快就必須要再餵一次了；愛睡的寶寶也比較容易回奶，把吃下肚的奶水又吐一些出來。

滿意小寶寶作息法的目標，是確定當寶寶已經做好提高奶量的準備時，就要把增加的量分配到白天的幾次喝奶量中，以便配合他白天的睡眠作息。當寶寶的身體和心理都能配合，他最長的睡眠就會出現在夜裡，而不是白天。

睡眠原則：從出生即建立正確的聯想

寶寶的身心要健康發展，足夠的睡眠非常重要；睡眠的量不對，就會變得易怒、煩躁、沮喪。寶寶如果持續太過疲累，餵食的效率不好就會睡不好。

正如我之前提過，在寶寶初生期間有件很重要事情一定要記住 —— 月齡還很小的寶寶最多只能清醒兩個小時，然後就會變得很累。如果妳家寶寶清醒的時間超過兩個小時，他就會變得疲憊不堪，下一次休息睡覺的時間就要加長許多；這會產生連鎖反應，對之後的作息造成影響，導致傍晚和夜裡睡眠不佳。因此，好好制定適當的兩小時清醒時段很必要，這樣餵食和睡眠的計畫才能好好運作。

⭐ 愛睡型的寶寶

初生期間，有些寶寶在餵哺之後，只能清醒一個小時，這對需要睡眠的嬰兒來說相當正常，要確認妳家寶寶是不是一個「愛睡型」寶寶，可以看看他夜裡的睡眠情況。如果他白天裡，一次清醒只能撐一個小時，不過傍晚卻能睡得不錯，夜裡的餵食和睡眠也很快速，那麼他就屬於需要比較多睡眠的嬰兒；如果妳能給他機會，他自行保持清醒的時間自然會愈來愈多。

⭐ 維持白天 2 個小時的清醒時間

妳也可以試試這個辦法 —— 睡覺時間盡量把他放在安靜的房間裡；醒來的時間裡，就讓他待在明亮、有人往來、聲音比較嘈雜的環境裡，把休息和互動交流時間的環境製造出反差，以幫助他了解什麼時候該睡覺，什麼時候可以玩。

　　不過，如果他白天一次清醒只能維持一個小時，晚上醒來的時間卻能比較長，那就可能是他把白天和夜晚搞混了，可以鼓勵他白天多維持清醒。嬰兒是靠聯想學習的，所以從出生後第一天就開始學習正確的聯想很重要，這可以幫他分辨出餵食、玩耍、被抱和睡覺之間的不同。

　　妳也會發現，白天裡有些時段寶寶能開開心心的維持兩個小時的清醒，有些時段則可能一個小時就累了。這種情況在初生期間是非常正常的，這也是我之所以會說，嬰兒的清醒時間最多可以維持到兩個小時的原因——而不是他們必須保持兩個小時的清醒。遵循作息時間，再配合以下的原則，就能幫助妳養成寶寶健康的睡眠習慣：

建議

● 白天餵哺後，盡量讓他保持一小段時間的清醒，不要又直接睡著。

● 傍晚時不要讓他睡太久。

● 下午三點十五分以後，不要再餵他，不然會把他下次餵奶的時間往後拖延。

● 每天傍晚到晚上都要遵循作息。寶寶在放鬆和準備上床的作息時間不要有訪客。

● 不要讓他太累。洗澡、餵食和放鬆時間至少要有一個小時。

● 洗好澡後，不要太刺激他或是和他玩。

● 不要把他抱在懷中搖著入睡；在他進入深眠前，要試著讓他躺在自己的床上。

● 如果妳用奶嘴安撫他，記得把他放進小床裡時要拿走。

● 如果他在餵母乳或是瓶餵時睡著，在他被安置到小床前先輕輕叫醒他。

玩耍原則：醒來1小時、餵奶後

所有的寶寶都喜歡被抱、有人跟他講話並唱歌。研究還顯示，就算月齡非常小的寶寶也喜歡看簡單的書和有趣的玩具。為了讓寶寶能好好享受這些刺激，選擇適當的時間讓他們看很重要，最好的時間點大約在他們醒來後一個小時，餵過奶後；但是在他睡前 20 分鐘，絕對不可以過分刺激他。想想看，如果妳開始昏昏欲睡，有人卻走進房裡，想跟妳說說笑笑，感覺如何？我想，一般人應該不會太高興吧？所以請盡量尊重寶寶在睡前需要保持安靜的需求。

選擇要放進寶寶小床裡的玩具時，也必須特別注意，別忘記，睡覺之前就要把他床上所有的玩具和能拿走的東西都拿開。我發現，把玩具和書分成醒來組和放鬆組很有幫助。會發出聲音的床頭旋轉音樂，以及五顏六色的寶寶遊戲墊，外加黑白雙色布書等，都是能短時間引起寶寶興趣的好物品，在社交時間裡，畫著單一物件或臉孔的卡片和海報也很好。上述玩具只能在社交時段使用，而放鬆時間則要挑選兩至三種不一樣，刺激感比較低的玩具來用。

嬰兒能專注的時間非常短，在互動交流時段中，不斷的談話及觸弄對他來說太過刺激。所以最好能試著了解妳的寶寶，他能接受的刺激度如何？這一點很重要，即使是月齡很小的嬰兒，社交也應該盡量只占據他一小段時間，剩下的時間讓他們能自由活動。如果可以，把寶寶放在遊戲毯或床上，讓他們看著旋轉音樂鈴，這樣會比被抱著的時候，更容易自在的踢腿、活動。

摟抱原則：寶寶需要時

寶寶很喜歡被抱抱，然而抱他必須是在「他需要」而不是在「你需要」

的時候。寶寶的成長需要很多能量，所以不要過分逗弄他小小的身體讓他太過疲累。這一點很重要，所有的寶寶都需要被呵護，但他們不是玩具。

抱寶寶時，要把抱的類型區分開來，是玩耍時間的抱抱，還是要讓他放鬆下來準備入睡的抱抱。放鬆的抱抱應該是身體的親密接觸；但喝奶時則不要用這種抱法，以免喝到睡著。另外，在一個小時的清醒以及餵食之後，寶寶應該會喜歡花點時間來自己玩耍一下，如果妳在玩耍時間持續的抱他，那麼當他在小睡前需要抱抱時，反應及效果就沒那麼好了。放鬆時的抱抱，盡量不要講話，也不要有目光的接觸，因為這樣會過度刺激，讓他太過疲累，反而無法安靜下來。這個時候，只要好好享受兩人之間寧靜的牽繫和親密感就好。

建立寶寶第一年的餵奶模式

在最初的幾週，無論寶寶是餵母乳還是嬰兒配方奶，很少有人能遵循嚴格的四小時餵哺模式，而滿意小寶寶作息的目標，就是要確保所有寶寶個人的需求都能被照顧到。這正是我建議新生兒要三個小時餵食的原因——只有當他們的體重已經恢復到出生的體重，並穩定的增加後，兩餐間餵食的時間才可以拉長（參見第 123 頁）。

但如果還不到兩週大，寶寶就恢復了出生時的體重，而且已經超過 3.2 公斤，那麼應該就能接受某兩餐之間間隔三、四個小時的作法。不過前提是，他在作息所列的時間裡有吃完一整餐。

✪ 根據作息表設定餵奶時間

從初生期開始建立餵食模式，就可以做到有時三小時餵食一次，有時可延長到四小時才餵食。如果妳根據作息來建立餵奶時間，那麼四小時的時段應該要發生在早上十點至下午二點以及晚上七點至早上七點之間。這樣的

意思是，寶寶在晚上六點餵了之後，下次就是晚上十點；然後是半夜兩至三點，再來就是到早上五到七點了。

請別忘記，兩餐之間三小時的時段算法是從一餐開始餵哺時算起，到下次開始餵哺時為止。在早上七點開始餵食的寶寶，需要在早上十點開始他下一次的餵食；但是假如妳感覺寶寶在下一餐時間還沒到就真的餓了，正如之前說過的，就應該餵他——不過，應該探究為什麼寶寶在作息表所列的時間裡不能喝完整餐奶量的原因。如果妳餵的是母乳，那麼可能他需要多一點時間來吃第二邊的奶；如果妳採用奶瓶來餵，那麼某幾次的奶量可能需要增加。

在第二週和第四週之間，大多數寶寶的體重都能穩定的增加，而且在吃完一餐後就能夠稍微維持久一點，通常是四個半小時到五個小時之間。如果妳把寶寶的餵食模式建立好，就會在適當的時間自動反應出來，也就是晚上十一點到早上七點之間。

✪ 作息混亂時如何回到正軌

如果妳是採用想吃就餵的方式來養育寶寶，但是現在想改採固定式作息的方式，我會建議妳把比較早期的作息表拿來看一看，找出和寶寶現在需求式餵哺模式時間最相近的一套來施行。例如，九週大的寶寶可能需要從兩週到四週大的時間表開始進行，一旦寶寶愉快地配合作息時間，在七到十天內，就應該能按照接下來的兩套作息進行；而當他成長到十二週大時，應該就能適應他這個階段的餵食作息了。

雖然對他來說，要達成一覺到天亮所需耗費的時間會比較長，但重要的是，他喝過最晚一餐奶之後，半夜只需餵食一次，且睡眠時間也從最晚一次喝完奶後逐漸加長，這種情形會持續幾個星期的時間。等到寶寶在夜晚睡眠時間開始變長，一定要密切注意妳安排餵食時間的方式，因為有可能會出錯，特別是如果執行得太過嚴格。

　　請別忘記，滿意小寶寶作息的關鍵在於作息具有彈性，寶寶絕對不能因為時間還不到，被強迫要忍住不能喝奶，而讓身體無法承受。以下的餵食時間表摘錄自一個媽媽的日誌，她的寶寶五個月大了，兩餐之間大概四個小時左右。看到這個，妳就會知道，嚴格遵守四小時餵一次奶，要出錯有多簡單。

　　知道餵食模式一團混亂，當媽媽努力想在星期五晚上十一點把寶寶叫醒，讓一切重回正軌；結果卻失敗了，因為寶寶在晚上九點把一整餐的奶水都喝完了，所以他不餓。這樣一來，晚上十一點的喝奶狀況不佳，寶寶便在清晨兩點起來，且需要喝一整餐的奶，這時等於又重回夜裡餵奶的情況了。即使媽媽在九點時，故意用比較少量的奶水來安撫寶寶，但寶寶也不太可能吃得下更多；等到十點要再喚醒寶寶，他只睡了一個小時，要清醒過來好好喝奶是非常困難的。

　　如同我之前說過，要讓寶寶維持正確作息的方式，一定要在早晨七點叫他起床。如果他睡到早晨五、六點，那麼七、八點之間就要補充一些奶量。這樣的方式不僅能讓其他的餵食時間維持在正軌上，寶寶的睡眠也能相對正常，如此一來，他在晚上七點就可以準備上床睡覺了。

★★★★ 4 小時餵奶示範表

星期二	3am	7am	11am	3pm	7pm	11pm
星期三	3am	7am	11am	3pm	7pm	11pm
星期四	4am	8am	12pm	4pm	8pm	12am
星期五	5am	9am	1pm	5pm	9pm	11pm
星期六	2am	6am	10am	2pm	6pm	10pm
星期日	2am	6am	10am	2pm	6pm	10pm

了解各月齡餵奶的作息

　　接下來我們要以每一餐為單元，提供妳一些原則，讓寶寶一旦長到可以一覺到天亮的時候，馬上就可以進入狀況。以下的建議是要確保寶寶在身體能力已準備好時，可以儘早達成一覺到天亮，並讓他開始吃固體食物，為減少喝奶量做好準備。

🕐 早上 6～7 點的餵奶

寶寶第一個月大時

◇ 看看寶寶昨晚是幾點吃奶，他可能會在早上六、七點間醒來，但最遲不要睡超過七點。切記，要讓寶寶一覺到天亮的關鍵是——當寶寶已經成長到能吃下更多奶水時，要讓他在早上七點到晚上十一點之間，把每天的需求量都吃掉。

◇ 無論寶寶是喝母乳還是配方奶，讓寶寶保持最佳作息的方式就是早上七點要開始一天的作息。他如果能一覺到天亮，這一餐應該是他餓到飢腸轆轆的時候。

◇ 在快速成長期親餵母乳的寶寶餵哺的時間應該要加長，這樣他才能喝足所需增加的量。如果妳一直都有擠母乳，擠出的量可以減少 30cc，確保親餵時他的需求能立刻獲得滿足。如果妳沒有擠母奶，妳還是可以依照寶寶月齡對應的作息表來餵他，不過在他白天幾次小睡之前，需短暫哺餵把總奶量補起來。這樣做一週左右，妳分泌的母乳量就能增加了。要知道母乳量是否已經增加，看寶寶在小睡時睡得好不好就知道；如果量有增加，他對接下來的餵食興趣也不會太高。母乳分泌量增加了，妳就可以把哺餵次數逐漸減少，直到回歸原來的餵奶時間表。餵食配方奶的寶寶如果常常把一整瓶正常的奶量都喝光，就應該要增加 30cc 的量。

寶寶夜裡一旦能夠開始睡得比較久，且可以等到清晨五、六點間餵食，那麼他在早上七、八點那次哺餵，吃的量就少了；而下次餵奶時間未到可能就會提前肚子餓。出現這種情況時，除非等到他能一直睡到早上七點，不然就必須把早上十點半到十一點這餐提前到十點左右餵，並且在午睡之前再稍微補一點量，讓他能睡得好。

寶寶七個月大時

如果寶寶早餐已經能夠吃固體食物或麥片、水果或是小塊吐司，那麼不管原來餵的是母乳還是配方奶，都應該逐步減少奶水的供應量。妳可以把寶寶的奶水量分成兩半，一半直接喝，一半和著麥片吃。早晨的這一餐盡量先給他喝 150~180cc 的奶水後，再讓他吃固體食物。

如果妳還在餵母乳，那麼先給他一邊的奶水，然後再讓他吃固體食物，最後再給第二邊乳房的奶水。要注意的是，不要一下子就把固體食物的量增加太多，導致親餵的母乳量減少太多。

如果妳的寶寶還是得夜裡起來喝奶，那麼妳就得把所有午夜以後喝進去的奶水量算到早餐的奶量中。例如，如果妳在早上五點餵一次奶，七點又餵一次，妳可能就會注意到，等到吃固體食物時他就會興趣缺缺。因此我建議，如果他在早上五、六點，或是更早的時候餵了奶，那麼早上七點半時，就直接吃固體食物，吃完後再補上一點奶水。

寶寶一天至少還是需要 600cc 的奶量，這包括了加進去煮食以及倒在麥片上的奶水量。

寶寶洗完澡後一定要喝奶，這點很重要。要讓他把乳房裡的奶水喝光，或是餵 240cc 的配方奶。

寶寶十個月大時

如果妳的寶寶是用奶瓶喝奶，試著讓他改用吸嘴杯喝奶，且一定要在餐前持續提供奶水給他。等他喝了 150 ～ 180cc 的奶後，給他一些麥片，然後再把剩下的奶水給他。

◇ 一餐至少要喝 180 ～ 240cc 的奶水，這點很重要。奶水可分到吸嘴杯和早餐麥片裡。

◇ 如果妳還在親餵母乳，先給他一邊的母乳，接著吃固體食物，之後再給另外一邊乳房的奶水。

◇ 寶寶一天至少需要 500cc 的奶水，分成兩到三次來餵，這包括放進麥片裡煮或倒在食物中的奶水量。

🕐 早上 10 ～ 11 點的餵奶

寶寶第一個月大時

◇ 在最初幾週，大多數在早上六點到七點之間餵奶的寶寶，會在早上十點左右醒來找奶喝。即使妳的寶寶沒醒來，妳也應該叫醒他。記住，把寶寶叫起來吃奶，是要確定讓寶寶在這天能夠規律地進食，這樣一來，他在夜裡十一點到早上七點之間，只需要醒來吃一次奶即可。

◇ 寶寶在大約六週左右，早上七點吃過奶之後顯然可以撐得久一點了，所以十點那餐可以逐漸延後到十點半。如果寶寶在早上五、六點吃過奶，七點半到八點之間又補了一些，那麼早上十點那一餐可能還是得再餵，因為他七點可能吃得太少，最好在午睡之前再補一餐。

◇ 當寶寶能夠一覺到天亮或者在半夜只喝一點點奶時，他在早上七點喝的奶量會最多。如果他在這一餐有吃飽，應該可以撐到早上十一點再餵下一餐。無論如何，如果他還沒餓妳就餵他，他會吃很少，結果午睡就睡不好。這會產生連鎖反應，導致他接下來的每一餐和小睡時間都提早，結果他第二天一早可能還不到六點就會醒來了。

◇ 如果妳發現寶寶等不到十點半到十一點就肚子餓，那麼早一點餵他也沒關係。不過，我會建議在午睡前讓他補喝一點奶，確保他不會因為提早餵而提早醒。

◇ 這餐是快速成長期要增加食量的一餐。

寶寶六、七個月大時

》 寶寶吃了早餐後，妳可以把十點到十一點這餐往後挪，甚至延到中午十一點半到十二點之間，這樣就會在滿六個月底時形成一日三餐的模式。在這個階段，奶水的餵食可以開始用吸嘴杯裝來取代奶瓶。

》 重要的是要開始採取分層式餵食法，這樣寶寶可以慢慢的把喝奶量減少，提高固體食物的攝取量。寶寶開始離乳後，可以減少他在吃固體食物之前的奶水攝取量以提高固體食物的量，但還是要先餵他固體食物再喝奶。

》 有些寶寶就是會直接拒絕奶水減量，如果妳發現寶寶有這種情況，請參閱第 339 頁，看看應該如何處理這種問題。

寶寶七個月大時

》 當寶寶的固體食物比例均衡，意思是午餐也吸收到蛋白質了，那麼把原來這一餐的奶水改為水就很重要了。如果妳發現，寶寶這餐改喝水後午覺會提前醒來，那麼接下來的幾週，還是讓他在午睡前先喝一點奶，但兩點半那餐的奶量可能就要減少。這不會造成問題，只是代表他下午的固體食物時間要提前到四點四十五分。

》 大部分的固體食物都要在他喝奶或水之前給，這樣肚子才不會因此塞滿了水。

⏰ 下午 2.30 的餵奶

寶寶第一個月大時

》 在最初幾個月，這一餐可以少吃一些，這樣他在晚上五點至六點十五分時就會吃得較飽。但如果寶寶的午覺沒睡好，需要提早在兩點半哺餵則例外。另外，有時寶寶因為某些原因，早上十點那一餐進食狀況

很差，或是餵食的時間更早，那麼可根據需求增加這餐的量，讓他每天的總攝乳量能維持。

◇ 如果妳的寶寶很餓，吃這餐時都把奶瓶的奶都喝光，這時可以多給他一些，不過前提是下一餐也不能少吃。

◇ 對於必須媽媽親餵的寶寶來說，如果他到下次喝奶之前就很躁動，這一次可以讓他多花些時間喝。

寶寶八個月大時

◇ 當寶寶一天三餐都吃固體食物，而午餐的奶也換成了水時，那麼妳或許要增加這一餐，讓他把一日三餐所累積的需求奶量都在這餐喝掉。

◇ 如果他已經把每天晚上十點的最晚一餐奶水減量，那麼這一餐的奶量就要少一些，這樣才能把用在麥片和煮食的奶量給扣除，控制好一日的總奶量。

◇ 妳的寶寶一天至少還是需要 500 ～ 600cc 的奶量，這包括了加進去煮食以及倒在麥片上的奶水量。

寶寶九到十二個月大時

◇ 這個時期採用瓶餵的寶寶，應該要改用吸嘴杯來喝奶，這樣他喝的奶量自然就會減少。

◇ 如果情形不是上述的那樣，寶寶對於早晚兩次餵奶開始失去興趣，那麼妳可以直接減少這次的奶量。如果寶寶一天吃 500 ～ 600cc 的奶量，包括加進去煮食以及澆在麥片上的奶水量，外加均衡的整餐固體食物，那這一餐也可以停掉。

◇ 到了滿週歲時，寶寶需要的奶量是一天至少 350cc，包括了加進去煮食以及淋在麥片上的奶水量。

⏰ 晚上 6～7 點的餵奶

寶寶第一個月大時

◇ 如果妳希望寶寶在晚上七到十點之間能安穩地睡覺，那麼這一餐一定要吃得飽，很重要。

◇ 在下午三點十五分以後盡量不要餵奶，這樣到了六、七點時他已經很餓才會吃得好。否則會影響他在上床前的那次進食。

◇ 在最初幾週，這一餐可以在下午五點和六點十五分次吃，這樣寶寶在洗澡時才不會太躁動。當寶寶已經兩週都能一覺到天亮時，下午五點的餵奶就可以停了。我建議，除非等到上述情況發生，否則不要把分段哺餵停掉，若六點十五分那次餵的奶較多，會讓寶寶在十點的最晚一餐吃得更少，醒來的時間就會提早。我在照顧寶寶時，除非他們開始吃固體食物了，否則我會一直確定他們白天能喝到足量的奶水。

◇ 若取消下午五點這一餐，而寶寶在洗澡後吃了一整餐，那麼他十點的最晚一餐食量可能就會大為減少了，這樣會讓他提早醒來。

◇ 喝母奶的寶寶如果七點餵完後還無法安靜下來，那就再補一些擠好的母奶給他喝。每天的這個時候，媽媽的泌乳量可能很少。

寶寶四、五個月大時

◇ 如果妳的寶寶早早就開始吃固體食物，那麼應該讓他在吃固體食物前先喝奶。因為奶水仍是寶寶最重要的營養來源。

◇ 這個年紀的寶寶大多數會吃完一整餐的母乳或配方奶。在早上十一點餵食時，先把大部分的奶水給他，接著才給固體食物，最後再給他更多奶水。

◇ 寶寶開始離乳後，應該先逐漸減少他在吃固體食物之前的奶水攝取量，同時提高他的固體食物量，但是在固體食物吃完後，還是要再提

供奶水給他。在《滿意小寶寶離乳書》（The Contented Little Baby Book of Weaning）裡，有一個以兩個月為期的離乳法，裡面提供以天為單位的細節，告訴媽媽如何逐漸增加固體食物的量，並減少攝乳量。

◇ 為了要讓寶寶能在傍晚吃固體食物，我建議在下午五點讓寶寶吃少量的奶，接著才吃五點半的固體食物。妳可以把洗澡延後到大約六點二十五分，洗澡後再餵他剛剛餵奶剩下的奶量。如果寶寶吃的是配方奶，建議妳另外沖泡，以確保奶水的新鮮度。

◇ 餵母乳的寶寶五個月大時，如果正在離乳，有可能因為上床時吃的奶量不夠，而在晚上十點半之前就醒來。這時妳可以在寶寶洗完澡後，讓他補吃一點擠好的母乳或是嬰兒配方奶。還沒有進行離乳的寶寶就更需要在傍晚五點到六點十五分之間進行分次餵奶，直到他開始嘗試固體食物，不過十點最晚一次奶還是要餵。

寶寶六、七個月大時

◇ 大部分的寶寶會開始在下午五點吃點小點心，然後在洗好澡喝完整餐母乳或嬰兒配方奶。開始吃固體食物的習慣養成後，晚上十點的最晚一次餵奶就可以停了，妳會發現，如果妳餵的是母乳，寶寶會開始提早醒來。這時我建議，妳要確保寶寶晚上七點時能好好安靜入睡，並在上床時間再追加一次擠好的母乳，以確保他能一覺到天亮。

寶寶十到十二個月大時

◇ 寶寶十個月大時，就開始試著鼓勵他用吸嘴杯子來喝白天的配方奶，這樣到他滿一歲的時候，上床前的所有配方奶他也會願意用吸嘴杯來喝。

◇ 一歲的時候，用奶瓶餵奶的寶寶，所有的配方奶應該都要用吸嘴杯喝。如果過了這個年紀還繼續用奶瓶餵食，喝的奶量就會持續維持大量，降低他吃固體食物的胃口，這樣會讓他對固體食物挑剔。

🕐 夜裡 睡前最晚的一次餵奶

寶寶第一個月大時

› 我強烈建議，讓寶寶用奶瓶來喝這餐，無論這餐喝的是母乳還是配方奶，而且時間不要晚於出生後第二週。這樣也能讓另一半或是其他幫忙照顧的人，一起承擔餵食的責任並避免寶寶在後面階段，發生拒絕用奶瓶喝奶的問題。

› 三個月以下、完全喝母奶的寶寶，如果持續在半夜兩、三點醒來，應該是這一頓沒吃飽，可以給他補上一些擠好的母乳或配方奶。

› 如果妳選擇多補上一些擠好的母乳或配方奶，而不是在這一餐餵完整瓶奶，那麼在給他追加奶量前，要確定他把兩邊乳房中的乳汁都喝完。

› 喝配方奶的寶寶比較容易分辨出他這一頓吃得夠不夠。在快速成長期，如果妳總是增加白天那幾餐的奶量，這一頓他需要的量可能不會超過 180cc。不過有些一出生體重就超過 4.5 公斤的寶寶，會從某個階段開始，這一餐的奶量就增加到超過 180cc，這種情況會維持到他開始習慣吃固定食物時為止。

› 先參考第 88 頁計算寶寶每天需要多少量的配方奶，然後再參考第 90 頁裡的示範安排餵食時間。

寶寶三到四個月大時

› 如果寶寶已經兩個星期以上是一覺睡到早晨七點，那麼妳每隔三天就把這一餐提前 10 分鐘吃，一直提前到寶寶這一餐在晚上十點吃為止。

› 如果寶寶完全喝母奶，而且在最晚的一頓已經追加了擠出的母奶，但是在半夜還是早早醒來，那麼就可以和健康諮詢人員討論，把最晚這一頓母乳改成配方奶。配方奶消化的時間比較慢，可能可以幫助寶寶在夜裡睡得比較久，只是不保證絕對如此，所以仔細考慮看看，妳是

否介意在餵食時加入配方奶。大部分餵配方奶的寶寶每餐會吃 210 ～ 240cc，一天吃四到五次。

可是如果這個年齡喝配方奶的寶寶無法一覺到天亮，那麼這一餐就應該再多餵一些，即使因此會影響到他早餐的食量，這個時段也應該給他額外多喝 30cc 或 60cc。如果他早上的食量的確減少了，妳會發現，有一小段時間，妳必須把早上十一點的餵奶提前到十點，並在他午睡之前，讓他再多喝少量的奶。

有些三到四個月大的寶寶會直接拒絕吃這一餐。不過如果他正好處於快速成長期，且開始在早上四、五點左右醒來，醒來後 10 分鐘內無法再入睡，那麼妳就必須假設他是餓了，得餵他。

妳可以試著重新在讓他吃這最晚的一餐，或許讓他在晚上十一點半左右進行一次「夢中餵食」。不過如果妳的寶寶就是不吃這一餐，那麼妳就不得不接受得在半夜到早上七點這段期間再餵他一次的事，一直到他習慣吃固體食物為止。

如果妳的寶寶在夜裡要醒來兩次（即清晨兩點和五點各一次），或是無法一覺睡到清晨五點之後，那麼妳可以嘗試採用分段哺餵。這一餐，可在晚上九點四十五分先叫醒他，把所有的燈都點亮，透過換尿布，或是先在地毯上踢踢腿的方式讓他完全醒過來。然後在十點之前就先餵奶。餵完奶後試著幫他換尿片或跟他玩耍，讓他在晚上十一點之前保持清醒（在晚上九點四十五分時沒做的事項，都可以在這時進行）。然後在十一點，他精神要變差之前補餵。

 半夜醒來二次的改善方法：
請確定寶寶這一次餵奶時，可以醒來比較久，然後再分段哺餵，這樣一來，他半夜應該就只會醒來一次了。當這樣的作息被建立起來，寶寶晚上兩次餵食的時間能撐得比較久了，妳就可以慢慢再把整個餵食時間挪回晚上十點到十點半了。

寶寶四到八個月大時

◇ 這個年紀的寶寶，大多數在最晚一次餵奶後，都能一覺到天亮了，不過前提是——他們白天的喝奶時間要在早上六、七點到晚上十一點之間。

◇ 有些只用母奶親餵的寶寶到離乳之前，大概都只能睡到清晨五點左右。

◇ 當寶寶已經離乳，而且養成一日三餐固體食物的習慣，那麼最晚這次的奶量就會逐漸減少。根據開始固體食物的推薦年齡，滿六個月才開始嘗試固體食物的寶寶還是需要這一餐，直到第七個月。在這之前，寶寶白天如果奶量和固體食物攝取量都足夠，那麼你就可以慢慢的減少這一餐的量，一直減到完全停止。

⏰ 夜裡 深夜的餵奶

寶寶第一個月大時

◇ 新生兒在最初幾週的餵奶必須少量多餐，所以當他們醒來，就可以假設他們餓了並進行哺餵。

◇ 新生兒白天兩餐之間的間隔不可以超過三個小時，夜裡則是不可超過四個小時。時間是從一次開始餵食的時間算起，到下一次餵食開始為止。

◇ 當寶寶已經恢復到出生時的體重，且已超過 3.2 公斤時，應該要開始進入二到四週的作息表。前提是，他在晚上十點到十一點之間的餵食情況良好，可以一直睡到清晨兩點左右。

寶寶四到六週大時

◇ 大部分每週都能增加適當體重的寶寶，在夜裡的兩餐之間通常可以為時較長的時段。但是有以下前提：

- 寶寶在早上七點到晚上十一點的五次餵奶當中，已經把白天該攝取量的奶量喝足了。
- 寶寶在早上七點到晚上七點之間，不會睡超過四個半小時。

寶寶四到八週大時

◇ 如果寶寶每週都能增加適當體重，就算在最晚一餐進食情況良好，但半夜兩至三點之間還是會醒來的話，那麼建議參考第十六章，看看他夜裡無法睡得比較久的原因是什麼。深夜停餵法應該是個蠻值得一試的方法。

◇ 如果採用了深夜停餵法效果仍然不彰，那麼寶寶可能會在清晨五點醒來，這時可以給他完整的一餐，並在早上七、八點之間再追加一次，讓他當天其他時間的進食和睡眠模式保持正軌。

◇ 一週內，如果寶寶大多可以睡到早上接近五點，那麼他的睡眠時間也可以慢慢延長至早上七點。當妳的寶寶還在以七到八點間的追加奶取代完整的一餐時，他可能無法撐到早上十點四十五分到十一點才喝下一次的奶。妳在早上十點必須給他一半的奶量，然後在十點四十五分到十一點間再把剩餘的量給他。之後就是在午睡前精神要變差的那次追加，讓他不要太早從午睡中醒來。

◇ 另一個選擇是在晚上十一點半餵寶寶。如果這樣可以讓他夜裡睡得久一點就進行幾個晚上，然後再慢慢將他的餵奶時間調回正常時段，希望他能繼續睡得久一些。

寶寶三到四到個月大時

> 不管是母乳親餵還是用奶瓶餵配方奶，在夜間應該都能有一次撐得比較久的睡眠，不過前提是——他們白天的喝奶時間要在早上六、七點到晚上十一點之間。

> 寶寶在早上七點到晚上七點之間，每次睡眠的長度不能超過三個小時。除非他白天的睡眠時間減短，否則妳可能就得接受他早上七點以前就會醒來要喝奶。

> 有些餵母乳的寶寶如果最晚一餐吃的奶量不足，夜裡就真的要起來餵奶了。如果妳還沒有發生這種情況，那麼可以考慮在最晚的一餐追加一些擠好的母乳或配方奶，全部換成配方奶也可以。

> 不管妳是親餵或用瓶餵，如果寶寶的體重增加情況良好，而妳也相信，他是習慣性的醒來，那麼先試著給他 15～20 分鐘自己醒著的時間。有些寶寶自己喃喃自語、咕咕噥噥一陣子後，就會自己安靜下來，再次入睡。

> 這個年紀的寶寶，有些夜裡會醒來是因為他沒有蓋到被子。用第 45 頁上的方法把他包緊，或至 contentedbaby.com 參考裡面的影片。

寶寶四到五個月大時

> 如果寶寶已經五個月大了，但是夜裡還是會醒來，那麼可能就需要停在現在的這套作息，多把注意力放在餵奶的次數，以及白天的睡眠情況。不要失去信心，有些寶寶需要在夜裡被餵的時間就是比別人稍微長一點。不過，最重要的是，他可以很快地喝完並安靜下來入睡，然後在早上七點左右醒來。

> 再次跟妳保證，只要妳仔細留意他的睡眠次數和餵奶量，他一定可以很快就一覺到天亮的。如果妳覺得他已經開始出現離乳的跡象時，請和妳的醫師討論，讓他給妳建議，看看寶寶是否適合在滿六個月之前提前離乳。

以下的圖表可以告訴妳哪幾餐奶可以優先停掉。到了寶寶滿一歲之前，大多數的寶寶一天都只有喝三次奶，有些還把下午的那餐減掉。請記住，這個範例表只是一個指導性原則，在作息表中有許多細節，能告訴妳該如何對餵奶進行調整。

⭐ **寶寶第一年的餵奶時間表**

年齡		餵奶時間
2～4 週大	早上	2–3am、7am、10am、11–11.15am
	下午	2–2.30pm、5pm、6–6.15pm、10–10.30pm
4～6 週大	早上	3–4am、7am、10.30am、2–2.30pm
	下午	5pm、6–6.15pm、10–10.30pm
6～8 週大	早上	4–5am、7am、10.45am
	下午	2–2.30pm、5pm、6.15pm、10–10.30pm
8～12 週大	早上	5–6am、7am、10.45–11am
	下午	2–2.15pm、5pm、6.15pm、10–10.30pm
3～4 個月大	早上	7am、11am
	下午	2.15–2.30pm、5pm、6–6.15pm、10–10.30pm
4～6 個月大	早上	7am、11am
	下午	2–2.30pm、5pm、6.15–6.30pm、10pm
6～9 個月大	早上	7am
	下午	2.30pm、6.30pm
9～12 個月大	早上	7am
	下午	2.30pm、6.30–7pm

建立寶寶第一年白天的睡眠時間表

滿意小寶寶作息表的目標，是要確定餵食的時間能配合寶寶白天的睡眠需求。寶寶白天喝奶狀況不佳，睡眠就不會好；為了要讓寶寶一夜好眠，建立白天的睡眠時間很重要。白天睡太多，夜間就容易頻頻醒來；白天睡太少又會使他太累、焦躁不安的寶寶、很難安靜下來入睡，他只有完全筋疲力竭了，才能夠倒頭就睡。

在跟著作息表調整寶寶作息時，有一點很重要，不要忘記作息表只是一個指導原則，是用來幫助妳決定在寶寶必須小睡前，要保持多久的清醒時間。

當然了，如果妳的寶寶白天一次只能清醒一個小時，夜裡卻大開派對，幾個小時不睡，那就必須另外處理了。為了要避免夜裡一再醒來，妳一定得多加把勁，鼓勵他把白天清醒的時間拉長。

新生兒清醒時間提示：

大部分的寶寶在新生期間最多可以開心地保持兩個小時的清醒，然後才需要休息小睡。我不是指寶寶必須保持足足兩個小時的清醒時間，而是他們一次清醒的時間不要超過兩個小時，這樣才不會太累。相對地，如果妳發現寶寶在初生期，只能保持一個小時或一個半小時的清醒，那也不需要擔心，只要寶寶在夜裡睡得好，那麼他顯然只是一個需要比較多睡眠的寶寶而已。

◉ 白天小睡的重要性

　　嬰兒睡眠專家馬克‧魏斯布魯斯（Marc Weissbluth）對兩百個以上的兒童進行了深入的小睡模式研究。他表示，小睡是最健康的習慣之一，可以幫良好的整體睡眠奠定基礎，這也說明了為什麼小睡能讓寶寶從刺激中得到休息，能讓他把精力補足，以便進行接下來的活動。美國費爾里‧狄金生大學（Fairleigh Dickinson University）的心理學教授查爾斯‧謝斐爾博士（Charles Schaefer PhD）也支持這種說法，他表示「小睡撐起了一天，塑造了寶寶和媽媽的情緒，也提供媽媽放鬆一下，或是完成一些工作的機會。」

　　在照護兒童方面很頂尖的專家都同意，小睡對於嬰兒腦部的發育是非常必要的。嬰兒睡眠專家暨德州大學心理學及精神病學的副教授約翰‧賀門（John Herman）博士表示，「如果活動的規劃對睡眠有損，那就是個錯誤。父母應該按照睡眠和進食的時間來做規劃。」我實在再同意不過了。

　　到了三、四個月，大部分的寶寶夜晚大都睡十一到十二個小時（只是晚上十點要餵他喝睡前奶），而且白天的睡眠不能超過三到三個半小時，這個睡眠時間可拆成兩到三次。如果妳想要寶寶能從晚上七到七點半，睡到早上七到七點半，那麼好好安排這些小睡的時間很重要，要讓他在中午的小睡能時間最長，且早上和傍晚各有一次短短的小睡。

早上小睡時間的提示：

雖說讓寶寶拉長早上的小睡時間，下午小睡變短，作業上比較方便，不過，這樣可能會導致以下的問題：

當他自然而然的減少白天的睡眠時間，很可能會把傍晚的小睡時間減少，那麼白天最長的睡眠就會是早上的小睡了。到了傍晚，他會筋疲力竭，需要在晚上六點半前睡覺，這樣就會導致他早上六點就起床。如果妳安排讓他傍晚小睡一下，那麼就可能要面對他在晚上七點到七點半之間無法安靜睡覺的問題了。

寶寶的睡眠作息與 3 次白天小睡

如果妳想要寶寶在晚上能安穩地睡久一點，那麼妳必須在他初生階段的早上，養成一個良好的小睡習慣。我知道夜裡必須起來餵孩子有多辛苦，而早上七點就得把寶寶叫醒餵他聽起來也很荒謬，不過，事實是，如果妳在寶寶剛出生後的幾週內在這方面多下點功夫，讓他在早上七點就揭開一天序幕，那麼寶寶在夜裡開始能睡得比較長的時間點就能早一點出現，這總比每天早上讓他不拘時間、隨意起床來得好。當然了，我也很清楚，有些寶寶無論早上幾點醒來夜裡都能久睡，但是相信我，這是少數！

✪ 早上 的小睡

寶寶第一個月大

如果妳在早上七點鐘把寶寶叫醒，好好餵他吃一餐，那麼他再準備要睡之前，應該會清醒一到一個半小時，且應該可以睡到早上十點的餵食時間。如果妳發現寶寶早上八點到八點半之間睡著後，離十點還很長一段時前就醒來，那麼肚子餓應該是醒來的原因，建議妳在他早上小睡前，追加一點奶量餵他，確保他能一直睡到快十點。不過當他可以睡到早上十點，且必須叫喚才會醒的階段，那麼妳就可以逐漸減少追補的奶量，最後甚至乾脆停掉。

到了快滿月時，寶寶應該就能一直醒到早上八點半左右，然後再睡到十點。這是以他早上將近七點醒來的時間為基準，如果寶寶不是睡到早上七點，那麼請參考第114頁，看看如何處理一大清早醒來的問題。在這個階段，寶寶很可能還是早上六點就醒來，這時讓他儘快再度入睡是很必要的，這樣他一天的其他餵食和睡眠時間才能保持在軌道上。

寶寶四到八週大

在寶寶把適當的睡眠習慣建立起來之前，都要盡量讓他在安靜的房間內休息小睡。白天的睡眠作息一旦能好好建立起來，那麼這個小睡時間就可以選擇妳必須出門的時間，將他用嬰兒車一起推出去，不過要記得在九點四十五分前回家，這樣才能在早上十點之前把他叫醒。到了寶寶接近四週時，他清醒的時間可以愈來愈長了；到了八週時，目標是每一次都能清醒一個半小時到兩個小時左右。

應變時間提示：

建立作息時，很重要的一點是，萬一在二十四小時內，餵食或睡眠發生了任何問題，妳都有一套時間來開始並結束一天的作息。妳會發現，如果沒有這一項，妳會有好幾週，甚至幾個月，作息都會以天為單位，發生改變。

當然了，每個寶寶都不一樣，不過，在每天第一次醒來的這一次，鼓勵寶寶多清醒一些時間，對於他夜晚的睡眠肯定有幫助。如果妳家寶寶在早上七到九點間並沒有久醒的跡象，那麼妳要觀察兩件事：他夜裡幾點醒，以及他早上七點那次餵了多少奶。寶寶從早上七點醒來後，不能維持久醒的主要原因通常是因為：

🍼 他在六點醒來，而且無法很快再度入睡。如果情況是這樣，那麼請參考第 114 頁，看看如何讓寶寶睡到接近七點。

🍼 早上六點餵奶，會讓七、八點之間那次補餵吃得少。如果寶寶在早上六點就喝了奶，但是七、八點那次追加根本拒吃，或吃得很少，而早上的小睡也睡不好，那麼妳應該在早上小睡之前 15 分鐘再進行一次補餵。

寶寶八到十二週大

到了這個階段，大部分的寶寶都能維持將近兩個小時的清醒；但有一些需要更多睡眠的寶寶，不到兩個小時就準備睡覺了。不要把需要更多睡眠的寶寶，和生理時間需要調整的寶寶弄混，這一點很重要。需要更多睡眠的寶寶的特徵是：在早上九點之前就會睡著，然後一直睡到將近早上十點，或是被叫醒；且午覺也睡得好，晚上七點能安靜入睡，然後最晚一次餐餵完之後，又睡了較長的一次覺。

如果妳的寶寶已經八到十二週大，早上可以睡到快七點起床，且不到早上九點就又睡著，之後 30 ～ 40 分鐘後醒來，那麼他的午睡時間就會提前，這是連鎖反應。如果妳發現這種情況，我建議妳把寶寶早上的小睡分成兩次短的，讓他可以撐到快中午十二點再睡。

寶寶三到六個月大

如果妳的寶寶一直很好睡，總能一夜睡到早上快七點，那麼這個階段，妳就應該讓他從早上九點之後，開始建立 45 分鐘小睡的習慣。我偶爾也會讓一些這個月齡的孩子減少小睡的時間，然後在九點半叫醒他們；有些則是讓他們在將近早上十一點半時進入另一次睡眠，這樣午餐時間才可以保持在正軌上。不過，也有些寶寶我也得讓他們在早上十一點十五分左右就入睡，或是將早上的小睡分兩次進行。

我一向喜歡把小睡分次，這表示可以讓寶寶在接近下午十二點／十二點半時午睡。我發現，這個階段的寶寶和初生期寶寶不同，在十一點十五分左右把他們放下來睡，代表他們會在一點半到兩點之間醒，也就是下午的小睡會分次。

 將小睡分次的提示：
我個人覺得讓寶寶早上分次睡，比下午分次睡要容易，因為寶寶滿三個月以後，傍晚要睡著比較困難。無論妳採取哪種方式處理早上小睡的問題，別忘記，這個階段的問題不會永遠持續下去，寶寶到了六到九個月之間，大多會自動把早上的小睡時間縮短。

分次小睡的方法：

♥ **早上**

如果寶寶早上的小睡在 9.30am 醒來，那麼在 8.30 ～ 8.45am 之間就要提前讓他躺下，但是只能讓他睡 20 ～ 30 分鐘。然後再設定目標，讓他在 10.30 ～ 11am 之間進行另外一次的小睡，時間 10 ～ 15 分鐘。這樣應該可以讓他撐到近 12 ～ 12.30pm 的午睡，那時候妳就可以採取正常的作息了。

♥ **下午**

如果寶寶 1.30 ～ 2pm 的午覺早早就醒來，而且無法撐到 4.30pm 進行傍晚的小睡，那麼就讓他在 2.30 ～ 3pm 左右再小小睡一下，時間不要超過 10 ～ 15 分鐘，之後再 4.30 ～ 5pm 之間再來一次小睡，這樣他還是能在 7pm 再安置下來睡覺的。

進行分次小睡，很重要的不要忘記，白天的睡眠總時間不要超過。

寶寶六到九個月大

如果寶寶夜間睡眠持續到將近早上七點，那麼妳可能得注意，他早上九點那一次不會太快睡著。

就算他沒露出早上小睡想要晚點睡的跡象，我還是真心建議妳讓他晚一點睡，慢慢把他早上保持清醒的時間拉長幾分鐘，直到他可以在早上九點半入睡。這樣妳就能把午睡時間推到下午十二點半到兩點半，繼而幫助妳把傍晚那次小睡一起取消（如果妳還沒這樣做的話）。如果妳沒把早上小睡的時間縮短，午睡的時間就有減少的風險，這當然就意味著他傍晚的小睡會持續，一直到他能愉快撐到上床時間為止。

就我的經驗來看，大多數的寶寶開始抗拒白天晚些睡會導致小睡不睡，使上床安置的時間提早，這樣的後果就是一大清早就醒來。寶寶一旦養成了清早醒來的習慣，要把早上的小睡往後推就難了，因此妳在進行調整時，

一定要早一步考慮到寶寶的需求，並事先將問題排除。請參考第 114 頁上的意見和資訊，了解如何避免讓寶寶在一大清早就醒來。

寶寶九到十二個月大

有些寶寶甚至會把早上小睡時間減少，只睡 15 ～ 20 分鐘或甚至不睡了，但有些寶寶早上還是會繼續小睡，把這習慣維持到第二年。當寶寶必須花很長的時間來安置哄睡時，而且本來 30 ～ 45 分鐘的小睡，睡 10 ～ 15 分鐘就醒了，這就表示他已經做好停止這次小睡的準備了。其他暗示妳可以把這次小睡的時間減少，或停止的跡象還包括：他在午間、晚上或清晨睡覺時會醒來，而之前他都睡得很好。如果寶寶對這次的早上小睡很抗拒，而且兩、三週下來，都能高興的撐到午睡時間，那麼這次早上的小睡就可以停掉了。

 停掉早上小睡的方法：

- ♥ 不過把白天的兩次小睡變成一個還是需要一點技巧的，因為把早上的小睡停掉，通常會讓寶寶把午睡時間提前，而且可能提前太多。午睡提前就意味著醒來的時間也會提前，這樣換來的結果就是寶寶被抱上床睡覺時會太累，所以很快就進入深層睡眠；或是為了不讓他太累，所以就被提前送上床。

- ♥ 這兩種情況，不管是那一種，都會導致清晨早醒，而寶寶很快就會養成早醒的習慣，然後就會變得很累，父母就不能減少早上小睡的時間，甚至得把早上小睡的時間拉長，他才能一直撐到午睡。在這個停止早上小睡的轉變期，很多父母沒有發現，他們得讓午睡晚一點開始，這樣才能把時間稍微減少，直到早上的小睡完全取消。當早上的小睡被成功取消後，午睡就可以依照正常的時間開始及結束。

- ♥ 如果妳的寶寶已經超過九個月大了，而且有早醒的跡象，沒做好早上小睡和午睡減短的準備（這些都是改變睡眠需求已經相當急迫的跡象），我會建議你採取下列的訣竅，以避免早醒成為問題。

避免寶寶清晨早醒的提示：

- 把早上小睡時間從 9.30am 逐漸往後挪，直到接近 9.45 ～ 10am。當寶寶能撐到這時候，就逐漸把小睡時間減到 15 分鐘。接著把午睡時間推延到 12.45 pm 左右開始，且這次睡眠時間不要超過兩個小時。

- 如果寶寶在 9.45 ～ 10am 一副不想睡覺的樣子，不要想著要把早上的小睡省掉，因為這樣做會讓午睡時間提早太多，導致他晚上上床時不是太累就是太早。

- 要一直嘗試把寶寶早上小睡的時間往後延，延到將近 11am，然後讓他睡個 5 ～ 10 分鐘。當他以這樣短短的小睡，能一直撐到 12.45 ～ 1pm 的午睡時間時，這個小睡就可以停了，然後讓他在 12.15 ～ 12.30pm 開始午睡，並睡到兩個小時。

- 如果妳發現寶寶太累了，不能好好吃午餐，那麼就要把這一次的午餐稍微提前，直到他的生理時鐘能適應新的小睡作息。我發現，當他們吃過午餐後，精神通常會提振，能一直撐到 12.15 ～ 12.30pm。

　　有一點相當重要，請妳不要忘記，如果妳不想讓寶寶一大清早就醒來，那麼不要滿足於他的睡眠習慣。如果妳已經享受了將近一整年很不錯的作息，那麼妳可能會認為妳家寶寶天生就好睡，以後也不會出什麼差錯。即使如此，妳還是要比寶寶提前一步，研究他下一階段的睡眠需求，一步步減少他白天睡覺的時間，這才是避免他發生清晨早醒這種可怕事情的最好辦法。

❂ 中午 長時間的午睡

　　午睡應該要是白天睡最久的一次。寶寶養成良好的午睡習慣後，妳就能確保他在享受下午的活動時不會太累，且上床的時間也會放鬆又愉快。最新的研究顯示，中午到下午兩點間睡的午覺不僅會比晚一點睡深層，起來時精神也會比較好，因為這時正是寶寶警覺性自然下降的時間。

寶寶如果在太累的情況下上床，清晨早醒的機會就會高許多，因此，要確定他從下午小睡醒來到晚上上床的時間不要太長。在寶寶出生後的最初幾個月，這種情況不太會發生，因為大多數的寶寶一天要小睡三次，但是若把白天的第三次小睡縮短，而午睡時間又變短，那麼就很可能會成為問題。因此，在安排並建立寶寶小睡時間時，要把這一點考慮進去。

寶寶第一個月

無論寶寶在早上小睡時已經睡了多久，我都會建議妳在十點之前把他叫醒，讓他保持正常的餵食和睡眠時間。這個月齡的寶寶清醒時間，很少能超過一個到一個半小時，所以妳應該把午睡的時間設定在早上十一點半到下午兩點之間，不過有些非常愛睡覺的寶寶可能在早上十一點十五分之前就得睡了，如果寶寶因為某些原因早上的小睡時間很短，那麼午睡可以讓他睡到兩個半小時。

不過寶寶初生期間，午睡有時候會出錯而提早醒來，發生這種狀況時，我建議媽媽應該餵寶寶喝奶，並當作夜間的餵食，盡量試著讓寶寶再度入睡，否則他就無法愉快地撐到下午四點。

我發現最好的處理方式，是讓他在下午兩點到兩點半的餵奶後，短短的小睡 15 ～ 30 分鐘，然後在下午四點半的時候再睡 30 分鐘。這樣一來，他應該就不會太累或暴躁不安，時程表能夠回歸正軌，而他在晚上七點也能安穩地入睡了。

寶寶四到八週大

寶寶在兩餐之間維持清醒的時間，應該開始有變長的跡象，可能可以在早上七點到快九點之間保持清醒。如果寶寶早上的小睡時間能超過一個小時，但是午睡時間卻不好好睡覺，又或是睡了一個小時就醒，那麼除了在睡前給他追加一些奶水外，早上的小睡時間太久可能是個原因。

發生這種情況時，寶寶下午往往就會睡睡醒醒，變得暴躁不安。我建議把寶寶早上小睡的時間縮短一些，方法是把早上小睡時間分次睡，分別睡 30 和 15 分鐘，時間要維持兩、三週。這樣一來，寶寶早上的睡眠時間就能減少 30 ～ 45 分鐘，而午睡應該就能睡得比較好了。

這個年紀的寶寶，飢餓通常是他們午睡睡不久的原因，因此我建議在他們午睡之前再補喝一些奶水，降低因為肚子餓醒來的機會。在寶寶第二個月裡，我也會建議妳開始注意，寶寶被放上床時是有睏意但還清醒著？並且是否知道自己要上床了？

寶寶八到十二週大

寶寶被安置入睡後 30 ～ 40 分鐘後就會開始醒來，並且拒絕再度被安置入睡。我會建議妳餵他喝一些奶，並試著讓他再度入睡，不過，也必須看看，他在上床時是不是太睏了。在這個年齡，讓他學會自己安靜下來睡覺很重要，否則他的睡眠模式會變成只睡幾次短短的 30 ～ 40 分鐘，而不是一次較長的兩個小時或兩個半小時。

如果妳的寶寶一直習慣被包巾完全裹住，不喜歡手露在外面，那麼我會建議妳採取折衷辦法，半包裹就好，也就是只把一隻手包裹在襁褓裡，這樣在以後解除襁褓時，寶寶會比較容易適應。

寶寶三到六個月大

我建議妳慢慢把早上小睡的時間逐漸減到不超過 45 分鐘。三到六個月之間的寶寶，每次醒來的時間應該要能清醒接近兩個小時，這意味著他的午睡時間會接近中午十二點。

有時候午覺睡得好好的寶寶會突然醒來，或是比一般醒來時間提早。如果寶寶是在四到六個月之間發生這種狀況，那麼他可能真的餓了，我建議

妳再次恢復在早上十點半左右的餵食，這樣在午睡之前還能追加一次分量較多的餵食。

寶寶六個月以後

大概從寶寶六個月左右起，我會建議慢慢把早上小睡的時間從九點挪到九點半，這樣午睡時間就能移到接近中午十二點半。

當寶寶開始吃固體食物變成一日三餐，再加上早上十一點的餵奶量逐漸減少，以完全的固體餐食取代後，妳的目標會變成希望他在接近中午十二點時吃固體食物的午餐，這樣早餐和午餐之間才有充裕的時間間隔，能讓他好好吃固體食物。

如果他的午睡時間不足兩個小時，檢查他早上七點到中午十二點之間的小睡情況，盡量不要超過 30 分鐘。如果他要很久才願意睡覺，而且不到九點四十五分左右不睡，妳還是要在早上十點之前把他叫醒。

雖說不是很常見，不過有些六到十二個月之間的寶寶，的確需要把早上的小睡時間縮短至 15 ～ 20 分鐘，這樣午睡時間才能睡得久。如果妳覺得寶寶有出現需要減少或取消這次小睡的跡象，請參考第 149 頁，了解如何縮短或取消早上的小睡。

寶寶九到十二個月大

如果寶寶小睡前安靜不下來，或是一到一個半小時左右就醒來，那麼妳可能得進一步再縮短他早上小睡的時間，或甚至乾脆取消。

⭐ 傍晚 短時間的小睡

這是白天三次小睡之中最短的一次，也是寶寶要取消小睡時第一個可取消的時段。讓寶寶學習在不是自己的床上睡覺是很必要的，這樣妳才有外出走走的自由。

寶寶第一個月

如果寶寶午覺睡得好，而且在下午兩點到兩點十五分左右醒來，那麼他應該在三點半到四點左右就準備要進行傍晚的小睡了。有些很愛睡覺的寶寶無法撐到三點半到四點，所以會在三點到三點半時就睡著；如果發生這種情況，我會傾向讓他小睡一下，然後再把他吵醒，短短小睡一下，然後下午五點讓他再次小睡。雖然一直睡到五點很誘人，不過如果妳持續這麼做，到了他兩、三週大時，妳可能就會遇上晚間無法讓他安穩入睡的問題了，因為他傍晚睡太多了。

寶寶四到八週大

寶寶進入第二個月，如果午睡睡得好，那麼他在下午兩點到兩點半的餵奶之後，應該就能保持比較久的清醒時間，一直到下午快四點十五分才需要再次小睡。如果他無法撐到四點十五分，那麼建議妳讓他小睡兩至三次，總時數在一個小時左右，但不要讓他睡超過一個小時。

舉例來說，讓他在三點半睡著，直到下午四點半醒來，睡一個小時；如果不想讓他太累的話，下午六點十五分再次小睡。

但如果妳讓他睡到下午五點，那麼在晚上七點讓他靜下來睡覺就很難，因為他傍晚睡太多了。把目標設定在下午二到五點之間，不要放任他睡超過一個小時，就算妳把小睡分次也一樣。

寶寶八到十二週大

夜間睡眠情況好，而且遵循正確小睡時間的寶寶，這時候會開始減少傍晚的小睡時間，而且應該會撐到下午四點半才準備開始傍晚的小睡。有些寶寶在下午四、五點之間會睡睡醒醒，不過其他的寶寶大多會開始有較長的清醒時間，不會睡著。

寶寶三個月以上

其他兩次小睡睡得好的大多數寶寶，會逐漸把這次傍晚小睡的時間縮短，直到只剩下 10 ～ 15 分鐘。出現這種情況時，把這次的小睡時間推到下午四點半到四點四十五分左右很重要。如果他把這次的時間縮短，或是提早睡，那麼可能出現的風險就是寶寶提早入睡或是變得太累，真正該上床時間卻靜不下來。

如果妳家寶寶在這個階段還沒有出現傍晚小睡縮短的跡象，我會建議妳每隔幾天，逐漸鼓勵他多維持幾分鐘的清醒，直到他能真的停止這次小睡。我相當確定，在三、四個月大時取消傍晚小睡的寶寶，能夠安睡一晚的可能性通常會高很多。

很顯然地，如果妳的寶寶午睡沒睡好，那麼傍晚這次小睡就必須保留，直到小睡的問題解決。

開始吃固體食物的調整作息

★ 出生到六個月大

這些年來，我試過很多不同的作息表，而無一例外的是，我發現把作息設定在早上七點到晚上七點之間，新生兒和小嬰兒最快樂，這很適合他

們天生的睡眠節奏以及少量多餐的需求。我呼籲父母親在盡可能的範圍裡，試著守住原來的作息。寶寶一旦到白天只需要餵食四次奶，且白天所需睡眠也減少的階段，那麼就可以在不影響適當的睡眠量和餵食次數的自然需求情況下，改變作息。

到了寶寶六個月大時，安排他們的作息時，要注意到以下這幾點：

💜 在剛出生的幾週裡，要避免夜裡醒來一次以上，所以午夜之前，一定要餵至少五次。這樣的情況只有妳在早上六點或七點，就開始寶寶一天的作息才做得到。

💜 剛出生的幾週裡，如果採用早上八點到晚上八點的作息，就代表妳在午夜到清晨七點之間會餵兩次的奶。採用早上八點到晚上八點的作息，對於月齡很小的寶寶會產生的另一個問題是 —— 無論午夜是否有餵一次，他都會在清晨六、七點之間醒來，之後也需要讓他再次入睡。

⭐ 六個月以上

從六個月開始，當妳的寶寶已經開始吃固體食物，而妳也把他晚上的最晚一餐停掉後，要調整作息時間就會比較容易了。如果妳的寶寶一直以來都睡到早上快七點，那麼就可以改到七點半或八點開始一天的作息，並將其餘的作息時間往前推，這樣的話寶寶晚上顯然會需要晚一點睡。

如果妳希望寶寶早上能睡得晚一點，可試試以下幾點：

💜 把早上的小睡時間縮短，這樣寶寶在中午十二點到十二點半就準備可以睡覺了。

💜 午睡時間不可以超過兩個小時，傍晚也不要小睡。

適應托嬰中心的調整作息

寶寶在很多不同的階段都可以進托嬰中心，不過以下的作息適用於六個月左右的寶寶。

✪ 睡眠調整方式

在寶寶出生後的最初幾週，無論他在托嬰中心睡得多好，回來時都可能很累。他需要調適的部分──遇到的新環境和人，對他來說都是很多的。雖然妳很想讓他維持原來的上床時間，但是在開始托嬰之後的最初幾週裡，妳還是需要把上床時間稍微調早，直到他更適應為止。

由於他未必每天都會去托嬰中心，所以妳可以根據他白天發生的事情來調整他的上床時間。當他在家或是週末時，如果現在的作息比較適合妳，就保留下來；當他必須習慣托嬰中心時，或許就回歸到他一般的作息，但是午覺時間稍微調短一點。

有些寶寶在托嬰中心時，午覺一直無法睡得久，大概只能睡一個小時或甚至更短；直到寶寶適應白天午覺較短的狀況之前，初期可能會是個問題。如果妳家寶寶有這種情況，妳可能得告訴托嬰中心，可以的話讓寶寶早上的小睡時間能稍微拉長一點；而午覺時間雖然比較短，卻能晚一點睡，這樣就能幫助他撐到上床時間之前都不會太累。托嬰中心也可能必須把白天的睡覺模式分成早上、下午兩次均等的長度，正好與早上小睡短，午睡長的作法相反。不過當寶寶白天在家時，妳沒什麼理由不讓他調回正常的作息，即早上小睡時間短，午睡時間長。

我發現，大多數的寶寶實際上都能適應在托嬰中心，以及在家的兩套不同作息時間。

如果妳家寶寶早上小睡時間睡不久，所以分兩次短時間來睡，那麼另一個選擇就是接他回家時，在車上多繞個 10 分鐘，看他是否會在車中小瞇

一下。雖說這種作法對於只想把他載回家的妳來說真的很不方便，不過，這種作法如果能讓寶寶一直撐到上床時都還不太累，就值得了。請記住，這種作法只能持續到寶寶學會適應托嬰中心為時較短的小睡時間，以及他從午睡後醒來維持較長的清醒時間為止。有一件事很重要，必須記住，那就是<u>白天睡覺的總時數不要超過他年齡建議的總數</u>。

✪ 餵食調整方式

大多數的托嬰中心都在早上十一點半左右讓寶寶吃午餐，下午三點半左右讓他們喝下午點，所以如果妳家寶寶午餐和下午點時間都吃得好，那麼妳就不能預期他回家之後還能吃下一頓完整的正餐。

不過，妳也別奢望他能從下午三點半到四點進食後就一直撐到早上，不再吃一點固體食物。因此，他回家後，妳仍必須給他一些小點心，才能讓他一直高高興興的撐到上床時間。但是請注意，也別給太多，以免影響他睡前的奶水攝取量，導致他喝不下。

有些托嬰中心在下午三點給的是小點心，而不是一頓完整的下午點，妳也可以詢問托嬰中心，是否願意至少在寶寶進托嬰中心的最初幾週採行在家時的餵法；如果不願意，等寶寶回家妳就得自己衡量一下托嬰中心給的固體食物分量。因為妳還是希望寶寶能攝取到足夠的奶水量，所以我會建議，固體食物提供的時間不要晚過下午五點四十五分，量也不要太多，以免影響他睡前的餵奶。

這一餐對他的年紀而言，還是很重要的。因為寶寶會累，時間也有限，所以我建議妳提供讓他能很快吃完的固體食物，一小碗加了醬汁的麵食、蔬菜濃湯配麵包、小披薩切塊，或是迷你三明治都是又快又簡單的選擇。對於在這個時間已經很疲憊，又很挑剔的寶寶來說，有時候一碗麥片的效果也不錯。

白天外出的調整作息

出去呼吸新鮮空氣、見朋友或到一些刺激有趣的地方走走，對妳和寶寶都很重要。當妳正在轉換成父母這種極具挑戰性的身分時，拜訪親友對妳來說可能是一條救命索，因為親友可以提供妳不少重要的訊息和幫助。我這邊提供的作息調整法，目的是幫妳在享受與寶寶相處之餘，還能找到一些自由。以下的方法可以讓妳在不損及寶寶睡眠的狀況下，調整他的作息。

想當然爾，我會告訴妳盡量遵守作息，但是我也了解，當妳計畫要外出一天時，作息是很難遵守的。如果只是計畫短暫時間外出，像是到公園散散步，或是和朋友喝杯咖啡，只要把外出時間安排在寶寶睡覺時，就可以簡單的守住作息了。不過請注意，如果寶寶還太小，只要嬰兒車一動，寶寶通常就會睡著，所以就算預先安排也沒用。對於月齡很小的寶寶，我會建議把外出時間和他睡覺的時間重疊，以免白天睡太多。

如果路程比較長，就必須稍微改變作息了。不過，別擔心，這樣做並不會讓之前在養成寶寶作息上付出的心血付之一炬！

下面的建議應該有幫助，不過，請別忘記，這些只是指導性原則，妳的寶寶妳最了解，所以如果需要做進一步的調整，就放手去做。

◎ 外出午餐的小睡時間管理

如果妳有一個嬰兒或幼齡小童，午睡時間可以很容易的在自己的手推車中打發過去，我當然會建議繼續維持這作法。這樣做的好處是，妳不需要對作息進行太多改變，而且寶寶還能遵循原來一般的睡眠和餵食時間。很多寶寶在手推車中的睡眠時間不會超過 45 分鐘。如果妳家寶寶也有這種情況，可以試試下面的調整方式：

建議

❀ 早上的小睡，讓他一次性的睡，睡一個半小時（他應該會想睡那麼久）。
如此一來，他應該就能開心地撐到午餐以後，這時妳就可以讓他在自
己的手推車或車子裡再睡 45 ～ 60 分鐘。如果寶寶早上小睡的時間沒
能超過 30 ～ 40 分鐘也別擔心，只要他能接受午睡時間可能只有 30 ～
40 分鐘那就沒問題了。午睡前，即使他還沒到餵食時間，無論如何，
都需要讓他進食。我相信妳一定不希望為了堅持維持平常作息，而讓
寶寶在餐廳或朋友家中哭鬧不休。所以如果他在下午一點左右吃了一
半的量，那麼他在手推車中再次小睡之前，大概下午兩點到兩點半之
間，妳仍必須補餵一次。他這次的睡眠時間應該也不會超過 45 分鐘，
所以傍晚必定還會需要再短短的小睡。在妳白天外出時，請記住，就
算他得小睡三次，每次 30 ～ 45 分鐘 ，那也不是什麼大災難。

❀ 如果妳想要去的地點，車程超過一個小時，那麼妳可以讓寶寶在車裡
進行早上的小睡。試著在寶寶平時睡下來的 10 分鐘之前離家，好確定
他在車中不會太累或是胡亂吵鬧。之後，他可以在自己的外出小床上
午睡。看他的年齡，以及在車上是否能好好保持清醒，妳可以稍微縮
短他的午睡時間，讓他在回程的車上再睡一下，以免影響到他白天的
總睡覺時數。

❀ 如果計畫出錯，他在下午五、六點之間睡著了，那也別擔心 —— 這只
是意味著他無法在晚上七點睡下。只要留心，看看他是否累了，並在晚
上七點半到八點之間，他睏的時間安置他就好。就算他睡著的時間比
較晚，第二天還是依照平常的作息進行。

⬢ 在朋友家的晚上作息

　　如果妳在朋友家待上一整天，那麼保持和家裡類似的晚間作息是個好
方法。跟朋友說明妳家寶寶的作息，問他是否方便讓妳在他家幫寶寶洗澡。
這意味著妳的寶寶可以正常喝奶，並在晚上七點換上他的睡衣、睡袋，進車
裡睡覺，讓妳一路開車回家。如果白天的活動沒讓他太累，換個地方幫他洗

澡，他可能也會很喜歡呢！一到家，運氣好的話，妳可以直接把還在睡覺中的寶寶抱進他的嬰兒床裡；如果他還沒有安頓下來，讓他補喝一些奶水，這樣會讓他早上的喝奶量減少，不過，別擔心他的奶量，一旦回歸正常作息，他的攝取量就可以再度調整回來。

不管什麼原因，假如妳無法在外面幫寶寶洗澡，那也別擔心，只要確定讓他次日早上起來好好洗一洗就行。

⭐ 新鮮的空氣和運動

不管妳外出的地點是哪裡，一定要試著讓寶寶呼吸一些新鮮空氣並運動。如果妳一整天都在外面拜訪親戚或朋友，那麼寶寶還是要有機會在遊戲毯上小踢一輪；但把寶寶帶到室外繞一圈，呼吸新鮮空氣也是很重要的。新鮮空氣可以讓寶寶睡得更好，所以就算寶寶是在車裡睡覺，只要有新鮮空氣和運動，他應該就能在上床時間之前好好的安置下來。帶年齡幼小的寶寶出門時，盡量不要讓他在太多人的懷中轉來轉去，或多數時間停留在別人懷抱裡。我很確定親友都喜歡抱著孩子又哄又搖，所以請跟他們解釋，妳家寶寶有多喜歡自己踢一踢小腿！

⭐ 次日的作息

有些寶寶天生就比較喜歡和人交流，有些則覺得忙著交流太累人。屬於後者的寶寶出去一天下來，可能會比喜歡社交的寶寶更累。如果妳的寶寶在忙碌的一天之後，顯得疲憊不堪的樣子，一定要確定第二天的行程是平靜、可以預期的，讓他能恢復安全感，免得太累。這一點，讓寶寶引導妳去做吧！請記住，隔天在家安安靜靜過一天，或只是到公園稍微散一下步，對妳而言似乎很無聊，但對於需要固定作息、用他自己的步調發展社交技巧的寶寶來說，是很大的舒適來源。

提示：

計畫外出時，有一點很重要不要忘記，那就是當寶寶的作息稍微有些
跟不上時，也不要焦急或煩惱。我一直都知道，當寶寶感到滿足時，
也就適應了。

為晚上的外出調整作息

一想到要在晚上帶寶寶出門，妳可能會心生怯意，特別是妳已經付出
很多心血，努力想讓他養成良好的作息時。不過這在遠東、中東地區和義大
利卻沒什麼，晚上帶寶寶出去參加家族聚會是很平常的事情，就我個人的經
驗，我知道必要時要適應作息也是能辦得到的。妳愈早學會，以後在接受偶
爾會有的晚上邀請，也能愈有自信。

作為一個新手父母，妳需要來自親友的支持。為了增加並建立這些關
係，不要造成誤解是很重要的，因為其他人一開始並不了解妳對寶寶作息時
間的顧慮，如果妳把所有的邀請都拒絕，他們可能會覺得被忽視，重要的關
鍵是要妥協。雖說有時候，妳會決定把一些很吸引人的邀約拒絕，不過有些
邀請，可能還是會比確保寶寶晚上七點在他的嬰兒床睡覺重要。

根據寶寶的月齡，有兩種可能的方式可以讓妳帶著寶寶一起赴宴。如
果寶寶年紀已經超過六個月，而且養成了良好的作息，那麼可先詢問妳們
是否能提早抵達對方的家，在他們家讓寶寶依照固定的時間上床、洗澡。透
過這種方式可以在其他客人還沒到達之前，把寶寶的小床放到臥房中，然
後將寶寶安置在旅行用的小床裡。不過，如果寶寶無法像平常一樣被安置，
不管原因為何──或許他感覺到自己並不在他平常習慣的環境中──那也
別擔心或是心生焦慮，接受這種情況，以及如果寶寶還小，也可以試著採取
下面的建議：

建議

❀ 如果晚上赴約的地點，無法讓妳進行晚間的作息，例如，聚會的地點在餐廳，那麼妳還是可以接受邀約，只要妳有這個認知，並了解當晚寶寶的作息必須改變即可。

❀ 為了讓妳可以帶寶寶順利赴約，最重要的關鍵在於聚會期間，要把寶寶的餵食和睡眠以白天的方式來處理，而不要用晚上或夜間的方式，且上床和洗澡時間也不要依照平時的作息來實施。

❀ 在採用我的指導性原則後，希望妳能開始擁有接受邀請的自信，並學習如何適應這些作息，請放心，寶寶依舊會是個滿足的孩子，而妳也會是一個滿足又放鬆的家長！

❂ 讓滿足寶寶成功社交的指導原則

🦆 在活動當天的下午，帶寶寶出門散步。一直以來，我都知道新鮮的空氣有助於讓寶寶情緒更安穩——也會讓你充滿精力，為即將到來的夜晚做好準備。

🦆 如果寶寶已經開始吃固體食物了，跟平常一樣餵他下午點心，或把時間稍微提前，讓妳有時間準備。

🦆 在妳離開派對場合時，他平時上床之前吃什麼，現在就給他什麼。不過，要把這餐當成白天的餐來進行。不要讓寶寶接收現在是上床時間的訊息，這一點非常重要。

🦆 記住要多準備一套衣物、一件毯子、一些寶寶喜歡的玩具，而且如果妳的寶寶吃的是配方奶，也要把能餵兩次的所有物品都準備齊全。

🦆 一到會場，妳的朋友一定會非常熱情的跟妳家的新生寶寶打招呼，但盡量讓他待在自己的手推車或汽車安全座椅中，這樣可以避免他被太多人抱來抱去，或讓太多人哄他。

🦆 向親友解釋,通常在這個時間,寶寶已經睡著了,所以妳希望他不要受到太多刺激,因為這可能會導致他非常沮喪,而妳也將被迫必須提早離該聚會。

🦆 如果妳的寶寶在車上有短暫的小睡,可能就能恢復精力,再次高高興興的保持兩個小時的清醒,才會需要再次睡覺。如果他在車上沒睡,就必須多加注意,在他變得太累之前哄他小睡。讓他入睡前,要補餵一點奶水,餵的時候盡量找個安靜的地點;餵食之後,將他安置在自己的手推車裡,並放在派對安靜的角落。把寶寶放進嬰兒車時,要用摺疊的毯子把他蓋好,就如同在自己的小床上一樣。

🦆 當寶寶意識到自己不在他平時的環境中時,妳需要稍微晃動手推車,幫助他安靜入睡。當寶寶睏的時候,選擇一至兩個值得信賴的朋友,輪流和妳們夫妻一起當「嬰兒車巡邏員」,時間每隔 15 分鐘一次;這樣妳就可以和朋友好好相處聊天,不必老是擔心寶寶。

🦆 關於寶寶能睡多久,要抱持著實際的想法。如果他能好好的睡上兩、三個小時那就太好了,不過他可能只會睡 30 ～ 40 分鐘。當出現這種情況,妳可以試著再把他安置回嬰兒推車中,輕輕搖晃搖晃。如果這樣做也不管用,就以白天短時間小睡的方式來處理這次睡覺,接受他可能會再多醒一至兩個小時左右。如果他變得暴躁易怒,妳必須再補餵一點奶水,然後再抱抱他。

　　一旦回到了家,妳要如何安置他就得看他在活動期間有多清醒,以及到家之前是否有睡著,是否又重新精神起來了。如果他在車上睡著,而且還維持睡意濃厚的狀態,我建議妳快速的幫他換一下尿片,穿上晚上的睡衣,然後安置他入睡,他雖然昏睡中不過卻知道他要回到自己的小床了。如果他精神又好過來,而且似乎相當清醒,就按照他正常的上床和洗澡作息,這樣對正常安置他睡覺應該有幫助。

有一點很重要，那就是不要擔心，不管在活動場合上發生什麼事情，只要回到家中的環境裡，妳的小寶貝應該就能重新拾起他的作息，不會出現太大的問題。我不是建議妳帶寶寶出去夜夜笙歌，但是我相信，新手父母還是可以適時出去享受一下，保持與朋友之間的聯繫，不要因此覺得是寶寶把他們綁在家裡而心生怨氣。

為假期調整作息

家長最常問我的問題，其中一個就是假期時要如何維持寶寶的作息。想要好好的玩一玩、舒緩一下，卻還要擔心寶寶午覺或是晚上七點的上床時間，實在令人完全放鬆不起來。渡假時，除非妳很幸運，有個幫手可以全時段幫助妳，否則我會建議調整寶寶的作息，讓妳能外出並在中午和晚上都能好好享受美食餐飲。

我合作過的很多客戶都經常旅行，他們的行程常常還包括了長時數的飛行以及好幾個小時的時差。當他們旅行時，我總是建議他們把寶寶的作息從早上七點到晚上七點，改到早上九點、十點到晚上九點、十點。這樣一來，早上的小睡通常會發生在早上十一點到中午十二點之間，意思是，寶寶在下午一至兩點左右與妳們一起上餐廳吃午餐時，也是精神奕奕的。年紀非常小，還只能喝奶的寶寶就算是坐在推車裡，看著餐廳中人聲鼎沸的情況，通常也都會很開心；大一點的寶寶則會喜歡和父母一起坐著吃東西。

我想，這樣總比要讓妳們的午餐配合寶寶的午睡時間容易得多，後者可能會導致寶寶太累，午覺也睡不好。一般來說，午覺的時間通常會比平時晚許多，而且在外出時，寶寶可以在手推車裡面睡覺。雖然許多寶寶午餐後在手推車裡睡不滿兩個小時，但是這應該不會造成什麼問題，因為寶寶

在傍晚還是可以再睡個回籠覺，所以看寶寶採取的是哪個作息，他可以在晚上六、七點時，因為吃了晚餐又再度恢復精神。妳會發現，如果寶寶還不到六個月，那麼他在晚餐期間，或是從餐廳回家的路上，很可能會在手推車裡打瞌睡；然後在妳回到旅館或民宿時又立刻醒來。發生這種情況時，我習慣讓寶寶稍微玩一下，然後進行正常的洗澡和上床作息。

我對於寶寶會很晚上床並未感到壓力，因為我知道他早上會睡得比較遲。但有時候，寶寶在我回到旅館時會睏到不行、搖都搖不醒，這時我通常會迅速幫他換上睡衣、餵他喝奶，然後安置他睡覺。

不過，我發現如果我能讓寶寶很快的洗個澡，並縮短上床的作息，寶寶會睡得更好，我相信這些動作給了寶寶一個「現在要上床囉」的訊號，讓他做好準備，夜裡才能好好的、長長的睡上一覺。有時候，寶寶會在早上七、八點左右醒來。出現這種情況時，我只是會很快的餵一次奶，並將他安置回去睡覺，一直睡到早上九點、十點。

❂ 幫助寶寶適應不同的時差

因為還未滿週歲的寶寶一天要小睡兩到三次，所以我不相信他們會產生我們大人有的時差反應。當父母要進行長途飛行時，我會建議儘量訂晚間的班機，這樣寶寶可能可以睡掉大部分的飛行時間。有時候無法夜間飛行，父母不得不選擇白天的航班，那麼有一點就很重要了，那就是不要太擔心旅行期間非得維持寶寶平時的作息不可，當寶寶想睡時，也別設法讓他撐著不睡。

旅行時，我傾向於讓寶寶採取想睡就睡的作法，只是，如果是長途飛機，我會在飛機著陸至少一個小時之前，把他叫醒，確定他可以好好吃一頓餐、喝一些奶。無論妳們是到世界哪裡旅行，也不管時差如何，要讓寶寶不在夜裡一醒好幾個小時，最關鍵的作法是──不到當地時間的晚上九點、十點，別讓他們上床睡覺。

看妳到達目的地的時間是幾點，我會建議在白天調整寶寶的睡眠，這
樣他們在晚上六、七點之間就可以準備睡一到兩個小時。妳還是應該在下午
五到七點之間讓他醒來，進行下午點、遊戲、洗澡等作息，然後在晚上大約
九點、十點之間餵奶、講故事。有時候，寶寶在頭一、兩天會在夜裡醒來，
處理這種情況最好的方法就是餵他喝一些奶，然後盡可能讓他再次入睡。接
下來的那天，我都會在早上九點到十點之間把寶寶叫醒，讓他開始進行調整
後的假日作息。

旅行返家後，第一個晚上我也會採取相同的作法，將他們白天的作息
用傍晚的小睡延長，以便將上床的時間往後推，之後再經過三天左右，就可
以一天一天慢慢把上床時間提前一點，直到恢復早上七點到晚上七點的正常
作息。

提示：
最主要的就是，一到當地就要調整成當地的時間。而且除了第一晚讓
寶寶晚點上床外，別去想時差的問題。下面是一個旅行計畫的範例，
告訴妳如何進行作息的調整。

● 辛苦的長途飛行旅行

下午		
4.40pm	離家前先稍微餵寶寶喝奶，或是給他小點心。這個時間還不足以讓他在離家前能進行一頓正常的午點，因為時差的關係，妳會希望他午點能稍後再好好吃或喝。
5.30pm	出發前往機場。希望他去機場的路上能睡個小覺。妳必須鼓勵他睡這次，因為這樣他到 7.30pm 吃東西時才不會太累而吃不下。
6.30pm	抵達機場。

下午	7–7.30pm	讓他在這段時間,好好吃一頓午點,喝一點水或一點奶皆可。但把他整頓的奶水保留到起飛後再餵。
	8.30pm	登機。
	9.05pm	飛機起飛(12 小時的航行)。如果寶寶在等機的時候睡著,我不會把他叫醒餵奶,因為我很確定,他上了機一定會醒來,那時就可以餵一整餐了。如果他在飛行的任何時間內醒來,且安靜不下來,需要的話,再餵他喝一點奶或小點心。
早上		飛機著陸之前至少一個小時左右要把他叫醒,這樣妳才能在下機之前,讓他好好吃一頓奶或早餐。
	8.55am	飛機著陸。
	(當地時間)	
	9.45am	換車坐到旅館(45 分鐘)。希望他在前往旅館的路上能夠小睡,如果沒有,那就哄他在抵達之後小睡一下,大約 30 ～ 40 分鐘。如果他在飛機上醒的時間很多,那麼讓他再睡幾個小時,不過,我很懷疑孩子有沒有辦法睡那麼長,試著思考當地的時間,而不是妳原本出發地的時間。
	10.30am	到達旅館。如果他稍早在車上小睡了,那麼妳應該幾乎可以讓他擁有和原來很相近的作息時間。因此,他在接近中午時可以吃午餐,接著準備睡個長一點的小睡。如果他早上的小睡睡很久,那麼他在中午一點左右就會睡不久。無論他稍早做了什麼,我都會試著讓他在下午兩點半醒來餵食,這樣他的作息就能跟當地時間接軌了。

下午

5.00pm 如果寶寶已經開始吃固體食物，我會在這個時間左右給他，外加一點點水或一點奶。

6-6.30pm **這點很重要**：妳要讓他小睡一至一個半小時左右。無論他看起來累還是不累，我在晚上這個時段絕對不會讓他上床，因為這意味著他三更半夜很可能會醒過來。另一個替代的方法是—— 我建議用手推車把他推出去外面逛逛，他可以在推車裡小睡。

7-7.30pm 一旦小睡了一個半小時後，妳就可以把他叫醒，餵他吃小點心，讓他保持兩個小時左右的清醒。在醒了一個小時之後，妳就可以開始準備讓他上床和洗澡了。注意他流露出來的疲憊狀態，再來決定什麼時候開始洗澡。洗完澡後，他需要喝一頓完整的奶，然後在九點半上床。如果他在夜裡醒來，趕快餵他喝奶，讓他再次入睡，把這次的奶量算到早餐的量裡。如果他已經開始吃固體食物，早餐就直接吃固體食物，之後再補喝一點奶水。

提示 接下來的一天，叫醒他的時間不要晚於當地時間的早上八點，並調整一下作息，讓他早上小睡的時間可以大幅縮短，這樣才能根據當地的時間，回到正常的作息，妳也會發現，他在大約晚上七點半前就準備要上床了。但如果妳想讓他的作息挪到早上九點到晚上九點，那就讓他睡到將近早上九點。

週歲之前所需的睡眠時間指南

★ ★ ★ 寶寶週歲之前所需要的睡眠時間表

月齡	0～1	1～2	2～3	3～4	4～6	6～9	9～12
白天的睡眠 早上7～晚上7							
夜晚的睡眠 晚上7～早上7							
每天睡眠總時數（小時）	15.5～16	15	14.5	14.5	15	14.5～15	14～14.5
小睡總時數（小時）	5～5.5	4～4.5	3.5	3	3	2.5～3	2～2.5

重要的建議

搖籃曲信託基金會和英國衛生部最新的建議，為了降低嬰兒猝死的風險，寶寶滿六個月大之前，都應該和妳睡在同一個房間，無論是白天、晚上還是夜裡。他們建議，嬰兒最安全的睡覺地方是有欄杆的嬰兒床或是睡籃，而且寶寶睡著的時候應該要經常去查看。床上只放床單是最安全的作法，玩具或小紗布巾這一類東西都不要放。

他們也表示，寶寶年紀如果很小，在家時車上的安全座椅並不是理想的睡覺地方，只有在長程開車，寶寶被小心照看時，才能放在安全座椅上，而且開車時還要經常停下來讓寶寶呼吸新鮮空氣並餵食。

● 滿六個月後可安置在自己房間

也請妳記住，這些建議都只適用於滿六個月前的寶寶，之後無論是白天小睡，或是晚上睡覺，妳都可以開始把寶寶安置在他自己的房間了。在寶寶六個月之前，上床時間必須放到洗澡之後，這樣上床之前的其他作息才能都留在妳們的房中進行，而那個房間則是寶寶晚上被安置來睡覺的地方。

妳們必須讓自己的房間保持安靜，將氣氛複製得和寶寶自己的嬰兒房一樣。當然一般家庭不太可能在客廳也放個嬰兒床，所以搖籃曲信託基金會建議，放一台可以打平的嬰兒推車，上面加適合的墊子也是一個可以接受的選擇（在本書裡，寶寶所有六個月之前的作息中，如果有提到寶寶睡覺的「床」，指的就是這種可以打平的嬰兒推車或是一般的嬰兒床）。

準備讓寶寶睡覺時，無論是放在推車或是嬰兒床上，遵循的原則都必須是一樣的。寶寶放在推車中時，腳要朝底部，而且所有的被單和毯子都要緊緊的包覆折緊，這樣才不會鬆脫。請參見第 45 頁或是 contentedbaby.com 上的睡眠影片，了解如何正確的鋪設寶寶的床。

　　搖籃曲信託基金相信，無論是白天或晚上，當寶寶睡著時，父母都可能會有短暫離開房間的時候，只要不要離開太久，還是可以接受的。如果妳對於這個意見有任何顧慮，可以跟妳的家庭醫師討論，這一點很重要。

　　雖說，新的指導原則意味著要讓寶寶養成固定的作息，需要的時間比較久，不過請不要洩氣，寶寶最後一定會養成很好的睡眠作息，而且一覺到天亮。

Chapter **6**

1 到 2 週的作息表

開始建立作息表

以下的檢查事項可以幫助妳了解，寶寶是否已經做好準備，從三個小時一次的餵食，進入一到二週的作息時間：

跡象

✿ 寶寶已經恢復到出生時的體重了。

✿ 兩餐之間間隔三個小時，期間他還蠻開心的。三小時的算法是從一次開始餵食的時間算起，到下次開始餵食為止。這意味著，如果一次餵食的時間大概要花一小時，那兩次餵食之間只隔兩小時。

✿ 寶寶在某些時段的餵食時流露出可以多等一會兒的跡象 —— 也就是，在進行某些時間的餵食之前，妳得先把他叫醒。

✿ 在某幾次餵食之後，可以愉快地保持短時間的清醒。

如果妳家寶寶上面的跡象全都有，那麼妳就可以自信滿滿的開始施行這一到二週的作息表了。這一到二週的作息和之前的三個小時餵食法沒有太大區別，只是會開始建立適當的小睡時間，特別是午睡時間。這也是妳開始施行適當上床作息的時候，在夜間上床之前至洗澡後的時段，可以睡一個比較長的覺。

妳的寶寶在白天的某些時段，還是需要三小時餵一次，但是在這一到兩週的作息中，在早上十點到十一點十五分之間有一次的分段哺餵，目的是為了幫寶寶養成午睡的習慣。這個作息也包括了在下午五點到六點十五分之間的一次分段哺餵，這次是為了讓寶寶在晚上七到十點間能夠睡得比較久。

在進入各個不同時期的作息之前，有一點很重要請記住，寶寶的餵食和睡眠未必能同時進入下一期的作息裡。有些寶寶在某些階段會需要某個時期的餵食作息，而睡眠卻可能是另一個時期的。

● 建立早產兒的作息

如果妳的寶寶是早產兒，妳或許會發現，在他離開醫院時，可能已經養成了固定的餵食作息，這是因為早產兒兩次餵食之間不能間隔太久。我通常會發現，早產寶寶是依照時鐘三個小時餵一次的，而父母也被告知，在寶寶體重到達 2.7 ～ 3.2 公斤之前，都要維持這種作法。

在到達這個點時，父母也被告知，寶寶在最後一次餵奶之後，要睡一次比較長的覺，妳可以和家庭醫師商量，看看什麼時候可以不必在夜裡把寶寶搖醒餵奶，這一點很重要。我建議，妳要一直持續一到二週的作息，直到寶寶出現餵食後可以保持比較久清醒時間與警覺性的跡象；當寶寶可以愉快地保持將近一小時的清醒時間時，妳就可以進入二到四週的作息了。

另一個寶寶在白天餵奶後可以保持更長清醒時間的跡象是──他在夜裡餵奶之後開始變得很清醒。我發現，對早產兒來說最重要的事情是──不要以太快的速度減少他們的餵食次數，要用足夠的奶量把他們餵得飽飽的，讓他們每週增加的體重，比足月寶寶的被建議體重預期增加量還多。這意味著，到了三、四個月時，他們的體重就能和足月寶寶相近了，那時就可以開始遵循他們年齡的該有作息了。

● 建立稍大寶寶的作息

如果妳想讓一個大一點的寶寶開始養成固定作息，那麼先把與他月齡相近的作息表都看一看，選擇一個和他現在最相近的來著手。妳可能會發現，妳必須選一個比他年齡小好幾週的作息來開始；這個不是問題，因為他一旦養成了固定作息，夜間的睡眠狀況就會改善，妳也就能很迅速的幫他施行適合他年齡的作息了。

如果妳的寶寶之前用的是「想吃就餵」的方式，而且一直是要又搖又晃才能入睡，或是他已經養成了錯誤的睡眠聯想，那麼妳會發現，他會抗拒作息表上的睡眠時間，而且他也不習慣自己靜下來睡覺。如果發生這種情況，我建議妳採用第 346 頁上的助眠法。這是一種能幫助他養成睡覺時間自行入眠的溫和方法。

 作息——1 到 2 週

 作息表

🍼 餵奶時間	
	7am
早上	10am
	11 - 11.15am
下午	2 - 2.30pm
傍晚	5pm
晚上	6 - 6.15pm
	10 - 11.15pm

🥛 7am 到 7pm 間的小睡時間	
早上	8.15 - 8.30 - 10am
中午	11.30am - 2 - 2.30pm
傍晚	3.30 - 5pm

👩 擠奶時間	
	7.30am
早上	
	10.45am

每日白天最多睡眠總時數	
總時數	5 ～ 6 個小時

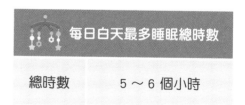

🕐 早上

7am

- 寶寶應該在七點之前被叫醒、換尿片,並餵奶。

- 他需要 20 ～ 30 分鐘才能吃完一邊飽滿的乳房,至於妳擠過 90cc 奶的一邊乳房,要給他 10 ～ 15 分鐘吸吮。

- 如果他餵奶時的時間在早上五點或六點,擠過 90cc 奶的第二邊乳房要給他留 15 ～ 20 分鐘吸吮 。

- 早上八點以後就別餵寶寶了,不然他下一餐時間就會被延後。

- 他可以維持最多一個半小時的清醒時間。

- 當寶寶在遊戲墊上自己踢腿玩耍的時候,妳自己一定要吃一些早餐,時間不要晚於早上八點。

8.15am

- 在這之前,寶寶應該就有點睏意了。就算他沒露出想睡覺的樣子,也一定累了,所以檢查一下尿片,並開始讓他放鬆下來。

- 幫寶寶清洗並穿上衣服時,小屁屁和身體有皺褶的地方記得要全部塗上乳霜。

8.15 ～ 8.30am

- 當他昏昏欲睡時,把他安置到他自己的床上,要把他用襁褓包巾完全包裹好,時間不要晚於早上八點半。

- 清洗所有的奶瓶和擠奶器材,並加以消毒。

- 解開寶寶的襁褓包巾,這樣他才能自然醒來。

- 準備好要穿的衣服。

10am

- 不管之前寶寶睡了多久,現在一定完全清醒了。

- 從上次最後餵過的乳房開始餵起，要給他 20 ～ 30 分鐘的時間，而且媽媽自己要喝一大杯的水。

- 在妳準備擠奶的器材時，讓他自己躺在遊戲墊上好好的踢一踢腿。

10.45am

- 從第二邊的乳房擠 60cc 的奶水。

11 ～ 11.15am

- 這個時間之前，寶寶應該開始有點睏了。就算他沒露出想睡覺的樣子也一定累了，所以幫他換一下尿片，讓他開始放鬆下來。

- 從上次最後餵過的乳房開始餵起，要給他 15 ～ 20 分鐘的時間。

- 當他昏昏欲睡時，把他安置到自己的小床上，用襁褓包巾以全包覆的方式將他完全包裹起來，時間不要晚於早上十一點半。

- 如果他在 10 分鐘之內還是靜不下來，再給他另外一邊飽滿的乳房，餵 10 分鐘。這次餵奶不要講話，也不要有目光的接觸。

11.30am ～ 2pm

- 從寶寶最後睡著的時間算起，他需要的小睡時間總數不超過兩個半小時到三個小時。

- 如果他睡不到 45 分鐘就醒來，檢查一下他的襁褓，但是不要有太多的言語或目光接觸以免過度刺激他。

- 給他 10 分鐘左右，讓他自己再度安靜下來。如果還是安靜不下來，可以餵他下午兩點到兩點半一半的奶量，然後讓他再度入睡，直到下午兩點半。

🕐 中午

12 點

- 清洗並消毒擠奶器材，然後妳就可以去吃午餐，並在下次餵奶之前休息一下。

🕐 下午

2 ～ 2.30pm

- 無論寶寶之前睡了多久，下午兩點半之前一定要叫醒餵奶。

- 解開寶寶的襁褓包裹，讓他自然醒來，然後幫他換尿片。

- 從上次最後餵過的乳房開始餵起，給他 20 ～ 30 分鐘的時間。如果他還餓，再餵他另一邊的乳房 10 ～ 15 分鐘，這期間媽媽自己要喝一大杯水。

- 下午三點十五分以後盡量別餵寶寶，不然下一餐的時間可能會延後。

- 靠近下午三點半左右要盡量保持完全清醒，這一點非常重要，這樣他在晚上七點才能好好的入睡。如果他早上精神很好，現在應該會比較想睡，建議不要讓他穿太多，因為太溫暖會讓他昏昏欲睡。

3.30pm

- 幫寶寶換尿布。

- 寶寶需要小睡，時間可以到一個半小時。這是適合帶他出去散步的時間，可以確保他能擁有不錯的小睡，且睡醒後還能讓他精神一振，準備進行接下來的餵奶和洗澡。

- 如果妳想要寶寶晚上七點能睡得好，下午五點以後不要讓他睡覺。

5pm

- 寶寶在下午五點之前一定要完全清醒並餵奶。

- 從上次最後餵過的乳房開始餵起，要給他 20 ～ 30 分鐘的時間，這期間媽媽自己要喝一大杯水。

- 在餵他喝奶的時候不能讓他打瞌睡，這一點非常重要，另一邊的乳房要等到他洗完澡後再餵他吃。

5.45pm

- 如果寶寶白天一直很清醒，且下午三點半到五點的小睡沒有睡好，那麼這個時間他可能需要開始洗澡了。下次的餵奶時間也要提前，這樣他在六點半之前才能上床睡覺。

- 當妳在準備他洗澡和上床的物品時，解開尿布讓寶寶好好踢一踢腿。

- 寶寶開始洗澡的時間不要晚於下午五點四十五分，妳可以在下午六點到六點十五分之間幫他按摩、穿衣服。

🕐 晚上

6 ～ 6.15pm

- 餵寶寶喝奶的時間絕對不要晚於晚上六點十五分；餵奶時要在安靜、光線昏暗的房間進行，小心不要有過多的言語和目光接觸以免過度刺激他。

- 如果他下午五點沒有吃完第一邊乳房，用那邊乳房再餵他吃 5 ～ 10 分鐘 ，然後再換到第二邊乳房。給他 15 ～ 20 分鐘吃第二邊乳房。

- 從寶寶最後一次醒來算起，讓他在兩小時內上床睡覺是非常重要的，有些寶寶需要在傍晚六點半之前就上床。

6.30 ～ 7pm

- 寶寶睏的時候，把他安置在自己的床上，用襁褓包巾完全包裹好，時間不要晚於晚上七點。

- 如果寶寶無法安靜下來，再給他飽滿那邊的乳房，讓他吃 10 分鐘，同時不要有過多的言語和目光接觸以免過度刺激他。

8pm

- 在下次餵奶之前必須妳好好的吃一餐、好好休息,這一點非常重要。

9.45pm

- 把燈完全打開,並將襁褓解開,這樣寶寶才能自然醒來。在下次餵奶之前至少給他 10 分鐘,確定他已經完全醒並能好好喝奶。

- 把要換尿布的東西準備好,外加一條備用的抽拉用襯墊床單、棉紗布,以及包裹襁褓用的包毯,以備半夜不時之需。

10pm

- 從上次最後餵過的乳房開始餵起,給他 20 ～ 30 分鐘的時間,或是讓他喝掉奶瓶中的大部分的母奶,並幫他換尿布、重新包裹好。

- 把燈光調暗,不要講話或有目光接觸,給寶寶 15 ～ 30 分鐘把第二邊乳房或是奶瓶剩下的奶水喝完。

- 在這個階段,讓寶寶清醒一整小時是很重要的。

⏰ 深夜

- 在這週以母乳親餵的寶寶,在夜裡兩次哺乳的時間不可以間隔太長。

- 出生時體重少於 3.2 公斤的寶寶在半夜兩點半左右應該要被叫醒餵奶一次,而體重介於 3.2 ～ 3.6 公斤的寶寶被叫醒的時間不要晚於清晨三點半。

- 體重多於 3.6 公斤喝嬰兒配方奶或是出生時體重超過 3.6 公斤,同時白天喝奶狀況也不錯的寶寶,可以稍微間隔久一點,但不能超過五小時。

- 如果妳對寶寶夜裡兩餐之間能撐多久,心有疑慮的話,可諮詢家庭醫師,請他提供意見。

1～2週期間作息上的調整

☀ 睡眠：清醒時間不超過 2 小時

依照寶寶在最晚一餐之後睡了多久，妳可以從下列選項中選擇一種：

◉ 建議

❀ 如果妳家寶寶吃得好，也安置得好，一直睡到清晨兩點過後；接著夜裡的餵食情況又好，再次睡到將近清晨六點，那麼遵循作息，並讓他在最晚一餐餵食後醒一小時也沒關係。

❀ 如果妳的寶寶吃得好，安置也好，在最晚一餐吃了之後還清醒了一小時，但是清晨兩點之前就醒了，而且清晨六點前又醒來一次，那麼我建議把最晚的一餐分段哺餵，嘗試減少一夜醒來兩次的情況。要建立這種分次餵食的習慣，最起碼要花一週的時間，如果沒看到立竿見影的效果也別心急。

為了讓分段哺餵發揮良好的效果，妳應該在晚上九點四十五分左右開始把寶寶叫醒，在十點前開始餵食。這次餵食的量，看他想喝多少就給多少，然後讓他在遊戲毯上好好踢一踢腿；到了將近晚上十一點時，把他帶到臥房換尿布，接著再餵他前次剩餘的奶，但如果他喝的是配方奶，我建議分成兩瓶來泡。

大部分的寶寶在初生期間都可以愉快地保持兩個小時的清醒後，才需要小睡。但並不代表，他們這整整兩小時裡都得保持清醒，只是如果不想他們太過疲憊，不要讓他們保持清醒的時間超過兩個小時。

如果妳發現寶寶在出生後不久的期間內只能保持一個小時，或一個半小時的清醒，但他在夜裡睡得不錯，那麼就不需要擔心了，他顯然只是一個需要比較多睡眠的寶寶罷了！隨著年齡漸漸增長，他保持清醒的時間就會開始變長。

✪ 餵食：把寶寶餵飽

當妳的寶寶會在半夜醒來，那麼將他餵飽就真的太重要了，這樣他才能一直睡到清晨六、七點。妳不應該限制他這個階段喝的奶量，否則可能會讓他在清晨五點醒來喝奶。在這階段，妳的目標是要把寶寶餵得飽飽的，讓他在晚上十一點及早上六、七點之間，只需要餵一次就好。

◖ 建議

看他在夜裡吃奶的時間是幾點，他可能會在早上六、七點之間醒來，不過，無論如何，七點一定要把他叫醒。如果他是早上六點就醒，代表妳現在就要把他早上大部分的奶量都給他（和夜間餵食一樣要保持安靜），然後在早上七、八點之間再補餵一次。他在早上小睡之前，可能還須再追補一次奶水。

在這個作息中，我建議妳在早上十一點到十一點十五分，或是午睡之前，再追補一次奶水，這樣寶寶應該就不會睡到一半餓醒。不過，如果他在下午兩點之前醒來，我會認為是肚子餓，應該再餵他一次，並試著讓他重新入睡，睡到約下午兩點半。如果他還是無法靜下來睡覺，就讓他醒著吧！不過在下午兩點半及四點到四點半左右，都要短短的小睡。

進入 2 ～ 4 週的作息

到了第二週的結束之前，妳就可以進入二到四週的作息了。

以下的跡象可以讓妳知道寶寶，是否已經做好進入二到四週作息的準備了：

跡象

❀ 寶寶的體重應該要超過 3.2 公斤，恢復到出生時的體重，且體重還在穩定的增加中。

❀ 他小睡時刻都睡得很好，而且妳經常得把他從小睡之中喊醒餵奶。

❀ 他喝奶時效率比之前更好，一邊的乳房通常在 25 ～ 30 分鐘之內就吃完了。

❀ 寶寶開始露出更警醒的跡象，也可以比較輕易就維持一個半小時的清醒時間。

如果妳發現把寶寶兩次餵食的時間拉長，他還蠻愉快的，只是所需的睡眠時間比二到四週作息中建議的還多，那麼妳可以遵循二到四週作息餵食的時間，但是繼續遵循一到二週的睡眠時間，直到寶寶顯示所需睡眠已經減少的跡象。

請記住，一個需要較多睡眠的寶寶夜裡睡得好，白天也會睡得好。如果妳的寶寶白天睡得好，但是半夜開始容易醒來，那麼可能是他白天需要保持更多清醒時間的跡象。每天的數次小睡時，安置時間都晚 1 ～ 2 分鐘，就能把他清醒的時間逐漸延長，而不會讓他變得太累。

Chapter **7**

2 到 4 週的作息表

作息——2～4週（快速成長期）

 作息表

餵奶時間		7am 到 7pm 間的小睡時間	
	7am		
早上	10am	早上	8.30 - 10am
	11.30 - 11.45am		
下午	2 - 2.30pm	中午 下午	11.30am - 12 點 - 2pm
傍晚	5pm		2 - 2.30pm
晚上	6 - 6.15pm	傍晚	4 - 5pm
	10 - 10.30pm		

擠奶時間		每日白天最多睡眠總時數	
	7.30am		
早上		總時數	5 個小時
	10.30am		
晚上	9.30pm		

早上

7am

- 寶寶應該在七點之前被叫醒、換尿片，並餵奶。

- 如果他在清晨五點以前喝過奶，那麼他需要 15 ～ 25 分鐘才能吃完一邊飽滿的乳房；至於妳擠過 90cc 奶的那邊乳房，要留 10 ～ 15 分鐘給他喝。

- 如果他餵奶時間在早上五點或六點，擠過 90cc 奶的第二邊乳房留 15 ～ 20 分鐘給他吃 。

- 早上八點以後就別餵寶寶了，不然他下一餐就會被延後。

- 他可以維持最多兩個小時的清醒時間。

- 當寶寶在遊戲墊上自己踢腿玩耍的時候，媽媽自己要試著吃些麥片、吐司、喝一些飲品，時間不要晚於早上八點。

- 幫寶寶清洗並穿上衣服時，身體有皺褶的地方和乾燥的肌膚，記得要全部塗上乳霜。

8.30am

- 在這之前，寶寶應該會有點睏意。就算他沒露出想睡覺的樣子，也一定累了，應該開始讓他放鬆下來。

- 當他昏昏欲睡時，把他安置到他自己的床上，用襁褓包巾以全包覆的方式將他包裹好，時間不要晚於早上九點。他需要一個不要多於一個半小時的小睡。

- 清洗所有的奶瓶和擠奶器材，並加以消毒。

9.45am

- 解開寶寶的襁褓包裹，這樣他才能自然醒來。

- 準備好要幫寶寶從頭臉擦拭到屁屁的物品，以及要穿的衣服。

10am

- 不管之前寶寶睡了多久，現在一定完全清醒了。
- 從上次最後餵過的乳房開始餵起，要給他 20 ～ 25 分鐘的時間，且媽媽自己要喝一大杯的水。

10.30am

- 在妳從第二邊乳房擠 60cc 母奶的同時，讓他自己躺在遊戲墊上好好的踢一踢腿。
- 如果寶寶在之前兩個小時內都很清醒，他在早上十一點十五分之前應該會開始感到疲累，需要在十一點半之前小睡。
- 在他要小睡之前，給他 15 分鐘吸吮妳上次擠過奶的乳房。

11.45am

- 無論寶寶之前做了什麼，現在應該已經放鬆下來要小睡了。
- 檢查抽拉用襯墊床單，並幫他換尿布。
- 當他昏昏欲睡時，把他安置到他自己的床上，用襁褓包巾將他完全包裹起來，時間不要晚於中午十二點。

🕐 中午

11.30am ╱ 12 noon ～ 2pm

- 從寶寶最後睡著的時間算起，他需要的小睡總時數不超過兩個半小時。
- 如果他之前睡了一個半小時了，這次小睡只要讓他睡兩個小時就好。
- 如果他睡了 30 ～ 45 分鐘就醒來，檢查一下他的襁褓，但是不要用太多的言語或目光接觸以免過度刺激他。

- 給他 10 分鐘左右，讓他自己再度安靜下來。如果還是無法安靜下來，就餵他原先下午兩點到兩點半一半的奶量，然後讓他再度入睡，一直睡到下午兩點半。如果他還是無法再度入睡，就讓他起來，將午覺分次睡（參見第 148 頁），這樣才能維持到晚上七點的上床時間。

12 點～ 12.30pm

- 清洗並消毒擠奶器材，然後妳就可以吃午餐，並在下次餵奶之前休息一下。

下午

2pm ～ 2.30pm

- 無論寶寶之前睡了多久，下午兩點半之前一定要叫醒他餵奶。

- 解開寶寶的襁褓包裹，讓他自然醒來，幫他換尿片。

- 從上次最後餵過的乳房開始餵起，給他 20 ～ 25 分鐘。如果他還餓，再餵他另一邊的乳房 10 ～ 15 分鐘，期間媽媽自己也要喝一大杯的水。

- 下午三點十五分以後盡量別餵寶寶，不然下一餐的時間可能會延後。

- 如果他的午睡被中斷，且沒能再度入睡，這次餵奶之後就需要小睡 20 分鐘；然後在下午四點半左右再一次準備小睡。這樣把小睡分次進行，可以確定他下午不會睡太多，導致晚上七點的上床時間無法好好安靜入睡。

- 如果他的午睡時間睡得很好，那麼讓他一直保持完全的清醒直到下午四點左右，這樣他在晚上七點才能好好入睡。但如果他早上清醒時間很長，現在應該會想睡，記得不要讓他穿太多，因為太溫暖會讓他昏昏欲睡。

- 讓他自己躺在遊戲墊上好好的踢一踢腿。

3.45 ～ 4pm

- 幫寶寶換尿布。

- 這是個帶寶寶出去散步的好時間，如此可確保他小睡時刻可以睡得不錯，而且睡醒時還能讓他精神一振，準備進行接下來的餵奶和洗澡。

- 如果妳想要寶寶晚上七點能睡得好，下午五點以後不要讓他睡覺。

5pm

- 寶寶在下午五點之前一定要完全清醒並餵奶。

- 從上次最後餵過的乳房開始餵起，要給他 20 分鐘的時間，期間媽媽自己要喝一大杯的水。

- 另一邊的乳房要等到他洗完澡後再餵他吃，這一點非常重要。

5.45pm

- 如果寶寶白天時間一直很清醒，而且下午四、五點間的小睡並沒有睡好，那麼這個時間他可能需要開始洗澡了，而且下次的餵奶時間也要提前。

- 當妳在準備他洗澡和上床的東西時，讓寶寶不穿尿布，好好踢一踢腿。

- 寶寶開始洗澡的時間不要晚於晚上六點，妳可以在下午六點到六點十五分之間幫他按摩穿衣服。

晚上

6 ～ 6.15pm

- 餵寶寶喝奶的時間絕對不要晚於下午六點十五分；餵奶時要在安靜、光線昏暗的房間進行，小心不要用過多的言語和目光接觸過度刺激他。

- 如果他下午五點沒有吸完第一邊乳房，再餵他吃 5 ～ 10 分鐘，然後再換到第二邊乳房，並給他 15 ～ 20 分鐘吸吮第二邊乳房。

- 從寶寶最後一次醒來算起，讓他在兩個小時內上床睡覺。

6.30 ～ 7pm

- 寶寶睏的時候，把他安置在自己的床上，用襁褓包巾完全包裹好，時間不要晚於晚上七點。

- 如果寶寶無法好好的安靜下來，再給他吸吮飽滿乳房那邊約 10 ～ 15 分鐘，記得不要有過多的言語和目光接觸。

8pm

- 妳自己在下次餵奶或擠奶之前必須好好的吃一餐、好好休息，這一點非常重要。

9.30pm

- 如果妳最晚這次的餵奶決定以奶瓶取代親餵，現在就可以從兩邊乳房擠奶出來。

10 ～ 10.30pm

- 把燈完全打開，並將襁褓解開，這樣寶寶才能自然醒來。在下次餵奶之前至少給他 10 分鐘，確定他已經完全醒了並能好好喝奶。

- 把要換尿布的物品準備好，外加一條備用的抽拉用襯墊床單、棉紗布，以及包裹襁褓用的包毯，以備半夜不時之需。

- 從上次最後餵過的乳房開始餵起，給他 20 ～ 30 分鐘的時間，或是讓他喝掉奶瓶中的大部分母奶，幫他換尿布，重新將他包裹好。

- 把燈光調暗，不要講話或目光接觸，給寶寶 20 分鐘把第二邊乳房或是奶瓶剩下的奶水喝完。

- 在這個階段，讓寶寶清醒一整個小時是很重要的。

⏰ 深夜

- 如果寶寶在半夜兩點到四點醒來，那麼讓他吃飽、能一直睡到早上七點很重要。如果他在吸完一邊乳房後就睡著，而清晨五點又醒來，那麼下次試著讓他稍微醒久一點，把兩邊乳房都吸一吸是值得一試的作法。

- 如果他在清晨四、五點間醒來，給他一邊的乳房，然後早上七點再給他另外一邊飽滿的乳房。

- 如果他在早上六點醒來，給他一邊的乳房，然後早上七點半再給他擠過奶的第二邊乳房。

- 把燈光調暗，不要講話或有目光接觸，以免過度刺激他。除非絕對必要，或是他太睏了，無法好好完整餵奶，才需要幫他換尿布。

2～4 週期間作息上的調整

　　二到四週的作息通常會和寶寶第一次快速成長期撞期。很多寶寶在快速成長期間會變得有點挑剔，或是安靜不下來，所以如果妳的伴侶已經銷假回去上班了，還是請他下班儘量提早回家，這樣在寶寶上床時間，他才可以幫點忙。

　　大多數的寶寶在下午五點左右會變得有點暴躁不安，這對所有的媽媽來說，或許是一天之中挑戰性最高的時間，所以如果這個時段問題較多，妳也不要覺得自己失敗了。

⭐ 睡眠：吸奶時需維持清醒

到三、四週之前，寶寶應該開始出現能較長時間保持清醒的跡象了，請務必多鼓勵他在白天維持清醒，這樣夜裡睡覺才不會受到影響。在寶寶吸奶時一定要確定他是完全清醒的，這一點非常重要，因為這個年齡的寶寶如果有抗拒睡眠，或是小睡時間睡不好的情況，主要原因常是當他們靠在媽媽乳房上吸奶時睡意濃厚，而沒有喝到足夠的奶量。

建議

🌼 到了四週前，寶寶早上的小睡時間不要超過一個小時，這樣才能確保他在午覺時能睡得好。要設定目標，讓他早上能維持較長的清醒時間，直到九點放鬆下來小睡。如果妳發現，他在早上八點半就想睡覺，而早上九點十五分到九點半之間就醒來，那麼對於當天白天其他的時間來說，就會產生不良循環，請參考 148 頁，看看如何分次小睡，讓午睡的作息能回歸正軌。

🌼 下午的小睡總時數不應該超過一個小時，這個小睡有時候會被分次，在下午四、五點之間。寶寶四週大之前，早上和傍晚的小睡，包巾就應該開始採半包覆式了，從腋下包裹即可。

🌼 四週大寶寶的淺眠情況也會變得比較明顯：正常來說是每 45 分鐘就醒，不過也有些寶寶是每隔 30 分鐘醒來，但如果餵奶的時間還沒到，只要給寶寶機會，大多數的寶寶都還是能自己安靜下來再度入睡。勿採取太匆促的作法，或搖晃的方式來協助寶寶入睡，可能會引起長期的睡眠聯想問題──在夜裡寶寶出現淺眠狀況時，即使他半夜不再需要餵奶了，妳還是得爬起來好幾次，幫忙他再度入睡。

🌼 如果妳發現安置寶寶入睡已經變成一件麻煩事了，那我會建議妳有幾天，在他每次小睡前先讓他補喝一些奶水，以免肚子餓成為他不睡的原因。如果之後他就能好好安靜下來，而且也睡得好，那麼肚子餓或許就是真正的原因了。

🌼 如果妳採取親餵，那麼可能要連續幾天都讓他補喝一些母乳，這樣應該有助提升泌乳量，即可逐漸減少親餵時間。但在這個時間點，如果妳不想他小睡時間難以入睡的問題故態復萌，妳就必須鼓勵他在原來的餵奶時間多喝奶。

❀ 瓶餵的寶寶可以試著在小睡之前多喝 30 〜 60cc 的奶量，等他們能再次好好安置下來後，補喝的時間應該就能慢慢和原來的喝奶時間靠近，直到兩者出現在一小時以內，而他喝的奶量也在增加中為止。

◑ **餵食：減少擠奶**

　　大部分的寶寶在第三週左右會經歷一個快速成長期。當妳的寶寶也經歷快速成長期時，要把妳早上七點半所擠的奶量減少 30cc，而且在第四週結束之前，把早上十點半所擠的奶量再減少 30cc。這樣才能確保妳的寶寶在親餵時能立刻喝到他所需要的增額奶量。

▶ 建議

❀ 如果妳一直都沒有擠奶，那麼妳在較長的一段時間裡都必須增加親餵的次數，寶寶才能攝取到所需要的量。在這段期間內，妳要試著多休息，這樣寶寶提高奶量的需求才不會對妳造成影響，讓妳筋疲力竭或使泌乳量減少。

❀ 如果妳覺得傍晚泌乳量少是一個問題，那麼可以用第 327 頁的方法試試看，這個方式可以在不失去睡眠作息的情況下，提高妳的泌乳量。當妳的泌乳量提高後，就可以採用適合寶寶年齡的作息了。繼續把上午的餵奶量分次，並在寶寶午睡之前補餵一些奶量，應該就能幫助他午覺睡得好。

❀ 如果妳是採用親餵的方式，而且決定一天要有一次用奶瓶餵他，那麼現在開始嘗試。如果妳開始瓶餵的時間超過這個年紀，那麼很可能寶寶會拒絕使用奶瓶，當妳返回工作崗位之後會引起極大的麻煩。

❀ 如果妳最晚的那一次餵奶用瓶餵，那麼建議妳在晚上九點半到十點進行擠奶，盡可能多擠出一些奶水，因為這樣有助於提升泌乳量。這些奶水可以用於最晚的那次餵奶，或是冷凍起來，在妳需要把寶寶托給保母時使用。用奶瓶餵寶寶喝最晚那次的奶，除了可以讓爸爸有機會參與，妳還能早點上床休息，獲取額外的睡眠。

✿ 如果妳希望親餵的時間要超過六週，那麼除非妳的醫師告知，否則每一次哺餵都不要給寶寶喝配方奶。

✿ 在快速成長期，用奶瓶餵的寶寶應該優先增加早上七點及十點的量。有些瓶餵寶寶的奶嘴，已經可以從新生兒適用的尺寸，進階到下一個尺寸了。

✿ 親餵的寶寶體重增加不足，通常是因為泌乳量不足，或是餵奶姿勢不對造成；這兩者通常都伴隨發生。所以用第 327 頁的方法提高泌乳量，應該是蠻值得的嘗試。我也會建議妳找泌乳顧問協助，看看寶寶仕乳房上的位置是否正確。如果妳的寶寶喝的是配方奶，而體重增加卻不理想，請把他使用的新生兒圓孔奶嘴洞換大一點試試。當妳對於寶寶體重增加量不足有任何疑慮，請找家庭醫師商量。

✿ 如果妳發現寶寶在清晨兩點和五點還是都會醒來，我建議妳把最晚的餵奶分段哺餵。在晚上九點四十五分先把他叫醒，這樣他在十點就能非常清醒了。把大部分的奶量都在這次餵給他，並讓他保持比一個小時更長的清醒時間；到晚上十一點十五分，他的尿布該換了，而當妳進行少量奶水的補餵時，請把燈光調暗。在經過分段哺餵，與這次保持稍長清醒時間後，他睡到清晨三點後的可能性就提高了，但前提是，他並未從自己的襁褓中脫離出來。

✿ 當寶寶四週大時，應該會出現兩次餵奶時間相隔稍久一點的跡象，這時妳應該就可以讓他進入到下一個階段 —— 四到六週的餵食作息了，不過，前提是他體重增加的情況必須穩定。體重增加量不足的寶寶應該要停留在二到四週的作息，直到體重增加的情況有所改善。

✿ 就我的經驗，在最初幾個月中，體重一週固定增加 170 ～ 226 公克的寶寶通常會比較滿足，睡眠情況也比一週體重增加少於 140 公克的寶寶要好。當我在提這一點時，有考慮到一些非常努力長大，但是一週的體重增加卻只有 110 ～ 140 公克，卻非常開心，也很滿足的寶寶。無論如何，如果妳發現自己的寶寶在兩次餵食之間持續暴躁不安、夜裡睡不好，而每週增加的體重也少於 170 公克，那麼或許是他攝取的奶量不足，最好諮詢兒科醫師。

Chapter **8**

4 到 6 週的作息表

作息——4 到 6 週

★ ★ ★ ★ 作息表

🍼 餵奶時間	
☀️ 早上	7am
	10.30am
⛅ 下午	2 - 2.30pm
傍晚	5pm
🌙 晚上	10 - 10.30pm

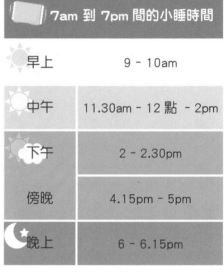

📖 7am 到 7pm 間的小睡時間	
☀️ 早上	9 - 10am
☀️ 中午	11.30am - 12 點 - 2pm
⛅ 下午	2 - 2.30pm
傍晚	4.15pm - 5pm
🌙 晚上	6 - 6.15pm

👩 擠奶時間	
☀️ 早上	7.30am
	10.30am
🌙 晚上	9.30pm

🎐 每日白天最多睡眠總時數	
總時數	4 ～ 3/4 個小時

🕐 早上

7am

- 寶寶應該在七點之前被叫醒、換尿片,並餵奶。
- 如果他在清晨五點以前餵過奶,那麼他需要 15～25 分鐘才能吸完一邊飽滿的乳房。但如果他還餓,給他妳擠過 60cc 奶的那邊乳房,讓他吸 10～15 分鐘。
- 如果他餵奶時的時間在早上五點或六點,給他 15～20 分鐘來吸擠過 60cc 奶的第二邊乳房。
- 早上八點以後就別餵寶寶了,不然他下一餐時間就會被延後。
- 他可以維持最多兩個小時的清醒時間。
- 當寶寶在遊戲墊上自己踢腿玩耍的時候,媽媽自己要吃一些早餐,時間不要晚於早上八點。
- 幫寶寶清洗並穿上衣服時,身體有皺褶的地方和乾燥的肌膚記得要全部塗上乳霜。

8.45～9 am

- 在這之前,寶寶應該就會有點睏意。就算他沒露出想睡覺的樣子,也一定累了,所以檢查一下尿片和抽拉用襯墊床單,並開始讓他放鬆下來。
- 當他昏昏欲睡時,把他安置到他自己的床上,用襁褓包巾以全包覆或半包覆的方式將寶寶包裹好,時間不要晚於早上九點。他需要不多於一個小時的小睡。
- 清洗所有的奶瓶和擠奶器材,並加以消毒。

9.45am

- 解開寶寶的襁褓包裹,這樣他才能自然醒來。
- 準備好要幫寶寶從頭臉擦拭到屁屁的物品,以及要穿的衣服。

10am

- 不管之前寶寶睡了多久，現在一定完全清醒了。

 10.30am

- 從上次最後餵過的乳房開始餵起，要給他 20 ～ 25 分鐘的時間，且媽媽自己要喝一大杯的水。

- 在妳從第二邊乳房擠 30cc 母奶的同時，讓他自己躺在遊戲墊上好好的踢一踢腿，之後給他 10 ～ 15 分鐘的時間吸這邊的乳房。

 11.30am

- 如果寶寶在之前兩個小時內都很清醒，他在早上十一點半之前應該會開始感到疲累，需要在早上十一點四十五分之前被放到床上。

 11.45am

- 無論寶寶之前做了什麼，現在應該已經放鬆下來要小睡了。

- 檢查抽拉用襯墊床單，並幫他換尿布。

- 當他昏昏欲睡時，把他安置到他自己的床上，用襁褓包巾將他完全包裹起來，時間不要晚於中午十二點。

 中午

 12 點～ 2 ～ 2.30pm

- 從寶寶最後睡著的時間算起，他需要的小睡時間總數不超過兩個半小時。

- 如果他之前睡了一個半小時了，這次小睡只要讓他睡兩個小時就好。

- 如果他睡了 45 分鐘就醒來，檢查一下他的包巾，但是不要有太多的言語或目光接觸。

- 給他 10 ～ 20 分鐘左右，讓他自己再度安靜下來。如果還是無法安靜下來，把下午兩點要餵的奶水拿一半餵他，然後再讓他重新入睡，一直睡到下午兩點。

- 如果他還是無法再度入睡，妳要讓他在下次餵食之後小睡，這樣他才能愉快地維持到下午的小睡時間。

- 若無法入睡就讓他起來，將午覺分次睡（參見第 148 頁）。

- 清洗並消毒擠奶器材，然後妳就可以吃午餐，並在下次餵奶之前休息一下。

 下午

2 ～ 2.30pm

- 無論寶寶之前睡了多久，下午兩點半之前一定要叫醒他餵奶。

- 解開寶寶的襁褓包巾，讓他自然醒來，並幫他換尿片。

- 從上次最後餵過的乳房開始餵起，給他 20 ～ 25 分鐘的時間。如果他還餓，再餵他另一邊乳房 10 ～ 15 分鐘，期間媽媽自己要喝一大杯水。

- 下午三點十五分以後盡量別餵寶寶，不然下一餐的時間可能會延後。

- 讓他一直保持完全清醒直到下午四點十五分左右，如此一來他在晚上七點才能好好入睡。如果他早上很清醒，現在應該會比較想睡，不要讓他穿太多，以免太溫暖會讓他昏昏欲睡。

- 讓他自己躺在遊戲墊上好好的踢一踢腿。

4 ～ 4.15pm

- 幫寶寶換尿布。

- 這是帶寶寶出去散步的好時間，可確保他的小睡睡得不錯，而且還能讓他之後精神一振，準備進行接下來的餵奶和洗澡。他可以開始減少斷斷續續小睡的時間。

- 如果妳想要寶寶晚上七點能睡得好，下午五點以後不要讓他睡覺。

5pm

- 寶寶在下午五點之前一定要完全清醒並餵奶。

- 從上次最後餵過的乳房開始餵起，要給他 20 分鐘，期間媽媽自己要喝一大杯水。

- 另一邊的乳房要等到他洗完澡後再餵他吃，這一點非常重要。

5.45pm

- 如果寶寶白天一直很清醒，或是下午四點十五分到五點間的小睡沒有睡好，那麼這時他可能需要開始洗澡了，而下次的餵奶時間也要提前。

- 當妳在準備洗澡和上床的物品時，讓寶寶不穿尿布，好好踢一踢腿。

⏰ 晚上

6pm

- 寶寶開始洗澡的時間不要晚於下午六點，妳可以在下午六點到六點十五分之間幫他按摩後再穿上衣服。

6.15pm

- 餵寶寶喝奶的時間絕對不要晚於下午六點十五分；餵奶時要在安靜、光線昏暗的房間進行，小心不要有過多的言語和目光接觸。

- 如果他下午五點沒有吸完第一邊乳房，再餵他吃 5 ～ 10 分鐘 ，然後再換到第二邊乳房，給他 20 ～ 25 分鐘吸吮第二邊飽滿的乳房。
- 從寶寶最後一次醒來算起，讓他在兩個小時左右上床睡覺是非常重要的。

7pm

- 寶寶睏的時候，把他安置在自己的床上，用襁褓包巾完全包裹好，時間不要晚於晚上七點。
- 如果寶寶無法好好的安靜下來，給他 10 分鐘吸比較飽滿的乳房。同時不要有過多的言語和目光接觸。

8pm

- 妳自己在下次餵奶或擠奶之前必須好好的吃一餐、好好休息。

9.30pm

- 如果妳最晚這次餵奶決定以瓶餵，現在可以從兩邊乳房擠奶。

10 ～ 10.30pm

- 把燈打開，並將襁褓解開，讓寶寶自然醒來。在下次餵奶前至少給他 10 分鐘 ，確定他已經完全醒了，並能好好喝奶。
- 把要換尿布的東西準備好，外加一條備用的抽拉用襯墊床單、棉紗布，以及包裹襁褓用的包毯，以備半夜不時之需。
- 從上次餵過的乳房開始餵起，給他 20 分鐘，或是讓他喝掉奶瓶中大部分的母奶，然後幫他換尿布，重新將他包裹好。
- 把燈光調暗，不要講話或有目光接觸，給寶寶 20 分鐘把第二邊乳房或是奶瓶剩下的奶水喝完。
- 在這個時段，讓寶寶清醒一整個小時是很重要的。

🕐 **深夜**

- 如果寶寶在半夜四點之前醒來，那麼餵他吃完整的一餐。

- 如果他在清晨四、五點間醒來，給他一邊的乳房，然後早上七點再給他另外一邊較為飽滿的乳房。

- 如果他在早上六點醒來，給他一邊的乳房，然後早上七點半再給他擠過奶的第二邊乳房。

- 把燈光調暗，不要講話或有目光接觸，以免過度刺激他。除非絕對必要，或是他太睏了，無法好好完整餵奶，那麼才幫他換尿布。

4～6 週期間作息上的調整

⭐ 睡眠：深夜停餵

　　我照顧過的大多數嬰兒，在出生六週之前，夜裡睡的時間都長多了，而且很多都能睡到將近早上七點。一直努力想讓寶寶夜裡能久睡的父母經常問我，我是如何做到這一點的？我的回答向來一樣，遵循作息表，一切就自然而然發生了，寶寶在夜裡睡的時間會開始愈來愈長；瀏覽我網站的論壇會發現，對大部分的父母而言似乎都是真的。

　　看看過去幾年的數千條留言也能清楚的知道，許多不到六週的寶寶在夜裡無法久睡，都是因為他們在白天睡太久，已經超過我建議他們年齡應該有的白天睡眠時數；這些寶寶的父母相信，他們的寶寶愛睡覺，所以白天需要的睡眠時間比較長。我的確相信，有些寶寶就是需要比較多的睡眠，根據我個人的經驗，真的需要更長時間來睡覺的寶寶，在夜裡也會睡得比較久。

建議

❀ 如果妳的寶寶夜裡的睡眠沒有變長的跡象，妳或許要更注意他白天的睡眠，並逐漸開始減少他在白天的睡眠時間。每三、四天，把他白天第一次的小睡時間延後幾分鐘，避免他出現太過疲憊，安靜不下來的情況，這樣也能減少他現行的白天睡眠總時數。

❀ 我建議，從早上七點到晚上七點的白天小睡時間應該減到四個半小時左右：早上的小睡不要超過一個小時，而下午四點十五分到五點之間的小睡則不要超過 30 分鐘。有些寶寶從早上八點半開始就有打瞌睡的傾向，然後一直睡到快十點；這樣會導致白天的睡眠過多而影響夜裡或是午睡的時間。

❀ 如果妳發現寶寶在早上八點半左右就睡著了，我會建議妳將小睡時間分次進行，這樣可以讓寶寶愉快地撐過早上時間，一直到午睡時間，也能降低他白天睡太多的機會。要施行早上小睡分次時，我會建議妳早上九點把寶寶叫醒 20 ～ 30 分鐘之後，讓他在十點半到十一點之間小睡 10 ～ 15 分鐘。他在早上十一點前應該要完全清醒，這樣會讓他把早上的睡眠時間保持在一個小時以下，10 ～ 15 分鐘的小睡，應該不至於影響到他的午睡時間。

❀ 寶寶快要滿六週大時，早上九點和下午七點的小睡，妳應該開始讓他採用半包覆式的襁褓包裹（包在腋下）法。嬰兒睡眠猝死的高峰出現在二到四個月之間，而太熱被認為是主因。

❀ 當妳以半包覆的方式幫寶寶包裹時，把他用被單牢牢的塞住是很重要的。如果他在作息表建議的時間之前醒來，檢查看看他的被單是不是被踢掉了。這個年紀的寶寶通常比較好動，這也是他夜裡容易早醒的一個原因。

❀ 現在要安置寶寶睡覺所需的時間應該比較短了。輕搖他的時間應該要逐漸減少，這是一個讓他在較為清醒時，習慣放鬆的好時機。嬰兒音樂夜燈通常可以放一段音樂，並在天花板上投射 10 分鐘左右的影像，幫助寶寶自己安靜下來。

❀ 另一個可以幫助寶寶夜裡睡得久的作法是──讓他在早上六、七點到晚上十一點半之間，把一天大部分的奶量喝掉。而他的體重是否有穩定增加，關乎這件事是否能做得好。

❀ 當寶寶已經一連幾晚能在夜裡久睡卻又突然恢復再次早醒的情況，那麼試試把半夜的奶水停掉。在最晚的一次餵奶後幾個小時的時間被稱為「深夜停餵時段」，如果寶寶在這個時間裡醒來，一開始先給他幾分鐘時間看看能否自行安靜下來再次入睡；如果這方法沒用，那麼就應該採用非餵食的方式來讓他安靜下來。

❀ 我的方式是把他抱起來安撫搖晃，一定要注意，這個動作能少做就一定要少做，抱起來搖晃的目的只為了安撫寶寶，讓他知道妳在身邊。這種方式可以教導寶寶最重要的睡眠技巧之一：在經歷過非快速動眼睡眠期（non～REM sleep）後，如何再度入睡。如果他還是無法安靜下來睡覺，妳顯然就得餵他喝奶了。

❀ 也可以採用「深夜停餵法」來讓年齡較大，卻養成半夜都要醒來的寶寶能夠睡得比較久些。在開始採用這種方式之前，一定要仔細閱讀下面各點，確定妳的寶寶真的能夠在夜裡有較久的睡眠時段。

⭐ ✦ ✦ 深夜停餵檢查清單

☑ 絕對不可以用於月齡太小的嬰兒或是體重沒有增加的寶寶。

☑ 只能用於體重有穩定增加中的寶寶，而妳也確定最晚一次的餵奶量，已經足以幫助他在夜裡睡得比較長了。

☑ 寶寶是否能減少在晚間的餵奶，主要觀察他的體重是否在有正常增加，且他夜裡的餵食量本就很少，可以睡到早上將近七點。

☑ 目地是為了逐漸延長寶寶從最晚一次餵食後的支撐時間，而不是一次就把夜裡的餵食取消。如果寶寶一連三、四夜都能顯示出睡眠時間較長的跡象，那麼就可以採取「深夜停餵法」。不過，我不斷重申，如果寶寶夜裡無法很快安置、靜下來睡覺，那麼絕對不要使用這種方法。如果三、四個晚上下來，這方法還是無法發揮效果，妳就應該放棄，繼續在夜裡餵寶寶。如果妳持續用這個方式，而寶寶還是靜不下來，無法很快再入睡，那麼這可能是因為妳已經製造出睡眠聯想問題了，那未來很多週，寶寶夜裡仍會持續無法靜下來入睡。

❂ 餵奶：減少夜間奶量

　　如果妳的寶寶在夜裡三、四點都要餵奶，那麼妳每天早上七點就必須把他叫醒，至少十天。當他開始露出對早上這餐餵食興趣降低的樣子時，把他在夜裡喝的奶量減少，這樣就會產生連鎖反應，讓寶寶在白天多喝奶、夜裡少喝，事實上，半夜那一次餵奶還可能可以一併停掉。當寶寶開始不到七點，早早就餓醒時，夜裡減的量不要太多，也不要太快，否則原先要讓他從晚上十一點睡到清晨六、七點的目的就達不到了。

建議

✿ 寶寶在出生六週左右，會經歷一個快速成長期。而妳必須把一早第一次擠奶的量減少 30cc，同時停掉早上另外一次擠奶。如果妳的寶寶在清晨三、四點之間起床，而且被餵得飽飽的，可以一直睡到早上七點，被叫醒後又再被好好的餵了一次，那麼在早上七點以後，他應該就能開心地撐上一段較長的時間。

✿ 可以漸漸開始把早上十點的餵奶往後延到將近十點半。唯一的例外是寶寶在早上將近五點醒，而早上七、八點之間又被補餵了一次。如果他只在七點半被補餵了一次，那麼他應該撐不早上十點半，所以就繼續在早上十點餵他（午覺之前再補餵一次），直到他能在接近早上七點時才醒來餵食。

✿ 在快速成長期，寶寶某些時段的餵食，在乳房上停留的時間可能必須久一點，特別是如果妳擠奶的時間並不在建議的時間時，讓寶寶多些時間吸奶很重要，而且如果需要，還要額外追加次數，這樣感覺起來好像在作息表上走回頭路，然而白天額外增加的餵奶只是短暫的，有助於避掉寶寶開始在清晨早醒，或是夜裡常醒的問題，這問題的起因則是寶寶在白天、在上床前或是晚餵時沒吃飽。

✿ 在快速成長期，用奶瓶餵的寶寶應該優先增加早上七點、十點半以及下午六點十五分所餵的奶量。不過，不要一下就把下午六點十五分那次的奶量提高太多，導致睡前那一次哺餵時胃口不佳、吃不下。有些寶寶連睡前那一餐的量都必須增加。

✿ 如果寶寶可以愉快地等到早上十點半才喝奶，而且在這段快速成長期午睡中會醒，或是比平常早醒，那麼在他午睡前可以補喝一點奶水試試看。如果這樣進行了一週，而午睡時間也沒被干擾，就可以慢慢把補加的奶量逐漸減少，直到完全取消，而寶寶也能回歸到早上十點半餵完整一餐的模式。不過，妳應該還是會發現，寶寶在午睡前如果不追加一些奶量，就比較不容易安置下來，所以也沒什麼道理不繼續讓他喝。在這階段最重要的是，妳的寶寶在午覺時間要睡得好。

✿ 如果寶寶在清晨三點之前就醒來，請參考第 114 頁，看看如何進行分段哺餵，這樣對於讓他夜間能有較長時間的睡眠應該有幫助。

Chapter **9**

6 到 8 週的作息表

作息——6～8週（快速成長期）

 作息表

餵奶時間	
☀ 早上	7am
	10.45am
⛅ 下午	2 - 2.30pm
傍晚	5pm
🌙 晚上	10 - 10.30pm

7am 到 7pm 間的小睡時間	
☀ 早上	9 - 9.45am
☀ 中午	11.45am - 12 點 - 2pm
⛅ 下午	2 - 2.30pm
傍晚	4.30 - 5pm
🌙 晚上	6.15pm

擠奶時間	
☀ 早上	7.30am
🌙 晚上	9.30pm

每日白天最多睡眠總時數	
總時數	4 個小時

🕐 早上

➤ 7am

- 寶寶應該在七點之前被叫醒、換尿片，並餵奶。

- 如果他在清晨五點以前餵過奶，那麼他需要 15 ～ 20 分鐘才能吃完一邊飽滿的乳房。如果他還餓，妳再讓他吸妳擠過 30 ～ 60cc 奶的那邊乳房 10 ～ 15 分鐘。

- 如果他在早上六點餵奶，給他 15 ～ 20 分鐘並從上次擠過 30 ～ 60cc 奶的第二邊乳房吸起。

- 早上八點以後就別餵寶寶了，以免他下一餐時間就會被延後。

- 他可以維持最多兩個小時的清醒時間。

- 當寶寶在遊戲墊上自己踢腿玩耍的時候，媽媽自己要吃一些早餐，時間不要晚於早上八點。

- 幫寶寶清洗並穿上衣服時，身體有皺褶的地方和乾燥的肌膚記得要全部塗上乳霜。

📖 8.50am

- 檢查寶寶的尿布，並讓他開始放鬆下來。

📖 9am

- 把寶寶安置到他自己的床上，用襁褓包巾以半包覆的方式將他包裹起來，時間不要晚於早上九點，他需要不多於 45 分鐘的小睡。

- 沖洗所有的奶瓶和擠奶器材，並加以消毒。

🐑 9.45am

- 解開寶寶的襁褓包裹，這樣他才能自然醒來。

10am

- 不管之前寶寶睡了多久，現在一定完全清醒了。

- 如果寶寶在早上七點吃過了完整的一餐，他應該至少能撐到早上十點四十五分再吃下一餐。如果他餵奶的時間比較早，之後七、八點之間又補喝了一些，那麼這一餐可能需要稍微提前。

- 讓寶寶自己躺在遊戲墊上好好的踢一踢腿。

 10.45am

- 從上次最後餵過的乳房開始餵起，要給他 20 ～ 25 分鐘的時間，而且媽媽自己要喝一大杯水。

 11.30am

- 如果寶寶在之前兩個小時內都很清醒，他在早上十一點半之前應該會開始感到疲累，需要在十一點四十五分之前被放到床上。

 11.45am

- 無論寶寶之前做了什麼，現在應該已經放鬆下來要小睡了。

- 檢查抽拉用襯墊床單，並幫他換尿布。

- 當他昏昏欲睡時，把他放到自己的床上，用襁褓包巾將他以全包覆或半包覆式包裹起來，時間不要晚於中午十二點。

 中午

 12 點～ 2 ～ 2.30pm

- 從寶寶最後睡著的時間算起，他需要的小睡時間不超過兩個半小時。

- 如果他睡了 45 分鐘就醒來，檢查一下他的襁褓，但是絕對不要有太多的言語或目光接觸。

- 給他 10 ～ 20 分鐘左右，讓他自己再度安靜下來。如果寶寶還是無法安定下來，把下午兩點要餵的奶水拿一半餵他，讓他再度入睡，一直睡到下午兩點。

- 如果他還是無法再度入睡，妳要讓他在下次餵食之後小瞇一下，這樣他才能愉快地維持到傍晚的小睡時間。

- 如果妳之前還沒有清洗並消毒擠奶器材，現在進行。然後妳就可以吃午餐，並在下次餵奶之前休息一下。

🕐 下午

2 ～ 2.30pm

- 無論寶寶之前睡了多久，下午兩點半之前一定要叫醒他餵奶。

- 解開寶寶的襁褓包裹，讓他自然醒來，並幫他換尿片。

- 從上次最後餵過的乳房開始餵起，給他 15 ～ 20 分鐘。如果他還餓，再餵他另一邊乳房 10 ～ 15 分鐘，期間媽媽自己要喝一大杯水。

- 下午三點十五分以後盡量別餵寶寶，不然下一餐的時間可能會延後。

- 如果他的午睡被中斷，而且沒能再度入睡，那這次餵奶之後、短時間內就需要再小睡 20 分鐘。之後，在下午四點半左右他要再準備小睡一次。把小睡分次進行，可以確保他下午不會睡太多，導致晚上七點的上床時間無法好好安靜入睡。

- 讓他一直保持完全清醒直到下午四點半左右非常重要，這樣他在晚上七點才能好好入睡。如果他早上的精神一直很好，現在應該會比較想睡，記得不要讓他穿太多，因為太溫暖會讓他昏昏欲睡。

- 讓他自己躺在遊戲墊上好好地踢一踢腿。

4.15 ～ 4.30pm

- 幫寶寶換尿布。

- 這是帶寶寶出去散步的好時間，可以確保他的小睡時刻可以睡得不錯，而且醒來後還能精神一振，準備進行接下來的餵奶和洗澡。

- 如果妳想要寶寶晚上七點能睡得好，下午五點以後不要讓他睡覺。

5pm

- 寶寶在下午五點之前一定要完全清醒並餵奶。

- 從上次最後餵過的乳房開始餵起，給他 20 分鐘，期間媽媽自己要喝一大杯水。

- 另一邊的乳房要等到他洗完澡後再餵他，這一點非常重要。

5.45pm

- 如果寶寶白天時一直很清醒，而且下午四點半到五點之間的小睡並沒有睡好，那麼他可能需要開始洗澡了，而下次的餵奶時間也要提前。

- 當妳在準備他洗澡和上床的東西時，讓寶寶不穿尿布，好好踢一踢腿。

🕐 晚上

6pm

- 寶寶開始洗澡的時間不要晚於晚上六點，妳可以在下午六點十五分之前幫他按摩並穿上衣服。

 6.15pm

- 寶寶喝奶的時間絕對不要晚於下午六點十五分；餵奶時要在安靜、光線昏暗的房間進行，小心不要用過多的言語和目光接觸以免過度刺激他。

- 如果他下午五點沒有吸完第一邊乳房，那麼就用那邊乳房再餵他吃 5 ～ 10 分鐘，然後再換到第二邊乳房。

- 從寶寶最後一次醒來算起，讓他在兩個小時左右再次上床睡覺是非常重要的。

6.45 ～ 7pm

- 把寶寶放到自己的床上，用襁褓包巾以半包覆式包裹好，時間不要晚於晚上七點。

8pm

- 妳自己在下次餵奶之前必須好好的吃一餐、好好休息。

9.30pm

- 如果妳最晚這次餵奶決定以奶瓶取代親餵，現在可以從兩邊乳房擠奶。

10 ～ 10.30pm

- 把燈完全打開，並將襁褓解開，這樣寶寶才能自然醒來。在下次餵奶之前至少給他 10 分鐘，確定他已經完全醒了並能好好喝奶。

- 把要換尿布的東西準備好，外加一條備用的抽拉用襯墊床單、棉紗布，以及包裹襁褓用的包毯，以備半夜不時之需。

- 從上次最後餵過的乳房開始餵起，給他 20 分鐘或是讓他喝掉奶瓶中的大部分的奶水，幫他換尿布，重新將他包裹好。

- 把燈光調暗，不要講話或有目光接觸，給寶寶 20 分鐘把第二邊乳房或是奶瓶剩下的奶水喝完。

- 讓寶寶清醒一整個小時是很重要的。

深夜

- 寶寶現在在夜裡應該可以開始睡得比較久了。如果妳發現寶寶還是會在清晨三點之前醒來，而且餵奶也無法讓他安靜下來，那麼可能就得檢查他白天的餵食和睡眠情況了。

- 首先，要試著增加最晚那次的餵奶量。如果他拒絕在最晚的那次餵食多喝些奶，我建議妳試著在幾個晚上都分段哺餵，這樣可以鼓勵他睡得久一些。如果妳在晚上九點四十五分把寶寶叫醒，給他的奶量就和他在晚上十點時喝的一樣多，那麼就讓他一直保持清醒，然後在十一點十五分再補餵一次。讓寶寶保持較長時間的清醒，並讓他攝取額外的奶量的雙重作法，通常可以幫助他夜裡睡得久一點。妳可能得試個幾個晚上，看看是否有效，如果過了幾晚，情況依然沒有改善，那麼最好回頭讓寶寶在最晚一次的餵奶後只清醒較短的時間。

- 有些寶寶每夜同一個時間醒來，是出於習慣而非飢餓。如果屬於這種情況，妳可以試試「深夜停餵法」（參見第 334 頁），然後用摟抱和奶嘴來安撫他。如果他在 20 分鐘以內就安靜下來，然後再睡一個小時左右，妳就再試一段時間，看是否能終止夜裡醒來的習慣。不過，如果寶寶在夜裡又第二次醒來，妳開始餵他並抱抱他，給他奶嘴，就有可能會讓他養成夜裡醒兩次的習慣。因為在他第二次醒來後餵他，會讓他在第一次醒來時不喝奶，且失去了夜晚醒來後自我安置的能力。比較明確的作法是——如果第一次醒來時，他在 20 鐘內仍無法安靜入睡，那麼最好還是餵他，因為妳最不想發生的事，應該是寶寶夜裡醒來很久都不睡。

- 如果寶寶在早上四、五點間醒來，給他一邊乳房，然後早上七點再給他另外一邊較為飽滿的乳房。對於餵配方奶的寶寶，我會建議七點時給他正常餵奶量的一半，然後將剩下的另外一半再多加 30cc，在早上七點半到八點之間進行補餵。

- 如果寶寶在早上六點間醒來，給他一邊乳房，然後早上七點半擠過奶後再給他第二邊。對於餵配方奶的寶寶，最好給他正常的奶量，讓他想喝多少就喝多少，然後在早上七點半到八點之間再進行一次補餵。

- 把燈光調暗，不要講話或有目光接觸，以免過度刺激他。除非絕對必要，或是他太睏了無法好好完整餵奶，才幫他換尿布。

✪ 睡眠：午睡時間的調整

　　大多數體重超過 4 公斤的寶寶在夜裡應該都能睡得比較久，不過前提是他在白天也就是從早上六、七點到晚上十一點之間已經獲得一日所需的大部分營養了。在早上七點到晚上七點之間，他的睡眠總數不要超過四個小時。

　　如果他已經連續好幾天都能持續睡比較久，那麼在最晚的一次餵奶後，試著不要再餵奶。早上的小睡不要超過 45 分鐘；午睡時間則應該在二個小時十五分到兩個半小時之間，不要再長了。而傍晚的小睡最多不要超過 30 分鐘，他在這次小睡期間可以斷斷續續小瞇，有些寶寶則是連這次小睡都可以取消；但如果他無法一直保持清醒到晚上七點，那麼這次的小睡不要取消。

　　如果妳想讓他夜裡能一覺到早上七點，那麼讓他在晚上快七點上床睡覺是很重要的。在寶寶六到八週大之間，一定要確定他早上的小睡不要超過 45 分鐘，這個時間一旦過長，就會使午睡時間變短。如果妳發現寶寶在午餐時間比較靜不下來，除了在睡前讓他補喝一點奶之外，我會建議把這次小睡縮減到 30 分鐘，就算這意味著把午覺時間稍微提前也沒關係。

✪ 午覺

　　從寶寶出生六到八週以後，如果早上睡足了 45 分鐘，那麼午睡時間應該在兩小時十五分之後把他叫醒。如果他早上小睡的時間因為某種原因比預期短很多，那麼妳可以讓他睡到兩個半小時。

> **◗ 建議**

🌼 大約在滿八週大左右，寶寶午睡的時間有時可能會出點狀況：妳會發現寶寶在入睡後 30 ～ 40 分鐘就醒，而且無法再被安置下來。這是因為寶寶已經從淺眠狀態進入一種會作夢的睡眠狀態（稱為快速動眼期），然後再進入深層睡眠。有些寶寶在進入淺眠時，只是騷動一下，但是有些寶寶則會完全醒來；如果妳的寶寶還沒學會如何讓自己安靜下來，一直需要別人的幫助才能再入睡，那麼就會產生一些真正的問題。

🌼 如果他在午覺時間醒來（而妳已經在睡前補奶了），那麼給他 10 ～ 20 分鐘，看看他是否能自己安靜下來。如果他無法再度入睡，或是他變得很難過的樣子，那麼直接把下午兩點要餵他的奶直接餵他（跟夜裡的餵奶一樣保持安靜），然後再將他送回床上。如果做了這個舉動，他還是靜不下來，那麼下午就乾脆讓他起來別睡了。

🌼 很明顯的，如果他的午覺時間縮短，那麼他下午一點到四點間就無法愉快地撐過去。我發現處理這種情況最好的方式是讓他在下午兩點到兩點半餵奶之後小睡一下，然後下午四點半以後再次小睡。這樣他應該就不會因為太累變得暴躁不安，作息也能回到正軌，而晚上七點就能好好睡覺了。

🌼 他在早上的小睡和晚上七點的睡眠都應該採半包覆式的襁褓包裹法。到了滿八週之前，最晚的餵奶以及夜裡也一樣。

⭐ 餵食：增加泌乳量

在快速成長期，如果妳還持續在擠奶，那麼可以把擠奶量減少 30cc，這樣才能確保寶寶的需求在親餵時能被立即滿足。

> **◗ 建議**

🌼 如果妳已經不擠奶了，那麼妳還是可以遵守寶寶年齡相對應作息表的餵奶時間，不過，妳必須在他白天小睡之前，稍微讓他吸一下奶，如果這個舉動能持續一週左右，妳的泌乳量應該會提高。泌乳量是否提

高，可以從寶寶小睡時是否睡得較好看得出來，而且他下一次的餵食，興趣也不會那麼高。泌乳量提高後，妳就可以逐漸減少他追加的吸奶時間，直到妳回歸原來的餵奶時間表。

餵嬰兒配方奶的寶寶，如果一直把整瓶奶喝光，那麼妳應該把他的喝奶量增加 30cc，時間就從早上的餵奶開始。至於最晚一次餵奶應該在其他時間的餵奶量都已經增加，但他晚上還是無法睡得比較久時才提高。有些寶寶在這個階段必須改用中等流量的圓孔奶嘴。

六到八週之間的寶寶，如果體重有穩定的增加，而且超過 4 公斤，夜裡的睡眠時間從最晚一次餵奶之後，應該可以撐五到六個小時左右，不過前提是，他白天的喝奶狀況必須良好，而且睡眠時間不超過建議的時數。

如果妳的寶寶還是在凌晨兩、三點之間醒來，除了好好餵他一分足量的奶之外，我會建議，如果妳還沒開始採分次哺餵，那就在晚上十點及十一點十五分時分次餵奶，多吃的奶量以及多醒的時間，通常已經足以讓寶寶在夜裡睡得比較久。這個作法要能生效，最重要的要在不超過晚上九點四十五分之前開始把寶寶叫醒，這樣寶寶才能在晚上十點之前完全清醒，接受餵奶。這次餵奶，他想喝多少就喝多少，然後讓他好好的在遊戲墊上踢踢腿，在晚上十一點左右，妳應該把他送進房間裡，幫他換尿片然後再餵一次奶。如果寶寶餵的是配方奶，我會建議妳第二次餵的時候重泡，奶水才新鮮。

如果妳的寶寶還是在夜裡醒來，檢查一下他是不是把被子踢掉了，因為這是這年紀寶寶夜裡醒來的另一個原因。參考第 26 頁，看如何用被單將寶寶牢牢的包覆塞好。如果他還是會醒，妳應該試著用摟抱或奶嘴來安撫他。

如果寶寶拒絕被安撫，那麼妳只好餵他，但是建議最好參考第四章和第十六章，查看他夜裡無法久睡的可能原因。

如果他被安撫後入睡，早上五點左右有可能會再次醒來，這時妳就可以餵他吃完整的一餐了，之後在早上七點半到八點之間再補餵一次，使他在當天剩下的時間，餵奶和睡眠模式都回歸正軌。

持續增加白天的餵奶而不是夜裡的。大部分的寶寶在早上七點的餵食之後，都可以愉快地等上較長的時間，所以盡量把這餐推到早上十點四十五分餵。

✿如果寶寶在早上七、八點之間只有補餵，而不是喝一頓完整的餐，那
　麼他撐不到早上十點四十五分到十一點再喝下一餐。妳可能需要在十
　點到十點十五分就給他一半的量，然後在他午覺要睡之前再補餵一次
　以確保他不會過早從午覺中醒來。

✿如果妳的寶寶再度提早醒來，等 10 分鐘左右再靠近他。如果他自己無
　法再度安靜入睡，試著用摟抱或奶嘴來安撫；如果他還是無法很快的
　安靜下來，那麼妳可以嘗試餵他下午兩點到兩點半那餐一半的奶量，
　然後試著讓他再入睡。

✿如果還是沒用，那麼乾脆讓他醒著比較容易些，接著在餵他喝完下午
　兩點到兩點半剩下的奶量之後，讓他小睡，這樣他才能愉快地撐到傍
　晚的小睡。

Chapter **10**

８到 12 週的作息表

作息──8～12 週

 作息表

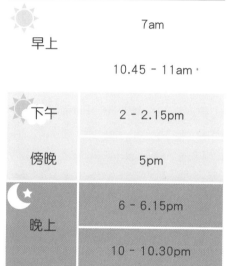 餵奶時間	
早上	7am
	10.45 - 11am
下午	2 - 2.15pm
傍晚	5pm
晚上	6 - 6.15pm
	10 - 10.30pm

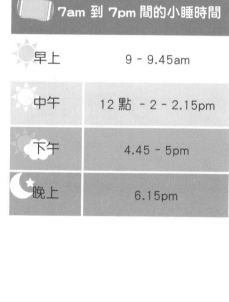 7am 到 7pm 間的小睡時間	
早上	9 - 9.45am
中午	12 點 - 2 - 2.15pm
下午	4.45 - 5pm
晚上	6.15pm

 擠奶時間	
晚上	9.30pm

 每日白天最多睡眠總時數	
總時數	3-1/2 個小時

🕐 早上

↖ 7am

- 寶寶應該在七點之前被叫醒、換尿片，並餵奶。
- 先給他 20 分鐘從第一邊乳房吸奶；然後再給他 10 ～ 15 分鐘吸另一邊乳房。
- 早上七點四十五分以後就別餵寶寶了，不然他下一餐時間就會被延後。
- 他可以維持最多兩個小時的清醒時間。
- 當寶寶在遊戲墊上自己踢腿玩耍的時候，媽媽自己要吃一些早餐，時間不要晚於早上八點。
- 幫寶寶清洗並穿上衣服時，身體有皺褶的地方和乾燥的肌膚記得要全部塗上乳霜。

8.50am

- 檢查寶寶的尿布，並讓他開始放鬆下來。

9am

- 把寶寶安置到他自己的床上，用襁褓包巾以半包覆的方式將他包裹起來，時間不要晚於早上九點。他需要不超過 45 分鐘的小睡。
- 沖洗所有的奶瓶和擠奶器材，並加以消毒。

9.45am

- 解開寶寶的襁褓包裹，這樣他才能自然醒來。

10am

- 不管之前寶寶睡了多久，現在一定完全清醒了。
- 讓寶寶自己躺在遊戲墊上好好的踢一踢腿。

10.45 ～ 11am

- 從上次最後餵過的乳房開始餵起，要給他 20 分鐘的時間，然後再餵他第二邊的乳房，給他 10 ～ 15 分鐘，且媽媽自己要喝一大杯水。

 11.45am

- 無論寶寶之前做了什麼，現在應該已經放鬆下來要小睡了。

- 檢查抽拉用襯墊床單，並幫他換尿布。

- 把寶寶安置到他自己的床上，用襁褓包巾將他以半包覆式包裹起來，時間不要晚於中午十二點。

🕐 中午

 12 點～ 2 / 2.15pm

- 從寶寶最後睡著的時間算起，他的小睡時間不超過兩小時十五分。

- 如果他睡了 45 分鐘就醒來，給他 10 ～ 20 分鐘左右，讓他自己再度安靜下來。如果還是無法安靜下來，把下午兩點要餵的奶水拿一半餵他，然後讓他再度入睡，一直睡到下午兩點到兩點十五分。

- 如果他還是無法再度入睡，妳要讓他在下次餵食之後小睡，這樣他才能愉快地維持到傍晚的小睡時間。

- 如果妳之前還沒有清洗並消毒擠奶器材，現在進行。然後妳就可以吃午餐，並在下次餵奶之前休息一下。

🕐 下午

 2 ～ 2.15pm

- 從寶寶睡著開始的兩個小時十五分之後，一定要把寶寶叫醒，且無論之前他睡了多久，一定要在下午兩點半前餵他喝奶。

- 解開寶寶的襁褓包裹，讓他自然醒來，並幫他換尿片。

- 從上次最後餵過的乳房開始餵起，給他 20 分鐘時間。如果他還餓，再餵他另一邊乳房 10 ～ 15 分鐘，期間媽媽自己要喝一大杯水。

- 下午三點十五分以後盡量別餵寶寶，不然下一餐的時間可能會延後。

- 如果他的午睡被中斷，而且無法再睡著，那這次餵奶之後、短時間內應該會需要小睡 20 分鐘；之後在下午四點半左右他可能還要再準備小睡一次。把小睡分次進行，可以確保他下午不會睡太多，導致晚上七點的上床時間無法好好安靜入睡。

- 寶寶在下午靠近四點四十五分完全醒來是非常重要的，因為這樣他晚上七點才能好好入睡。

 4.15pm

- 幫寶寶換尿布，給他少量的冷開水，時間不要晚於下午四點半。

- 寶寶在下午四點四十五分到五點之間，可以短暫小睡一下。

- 如果妳想要寶寶晚上七點能睡得好，下午五點以後不要讓他睡覺。

5pm

- 寶寶在下午五點之前一定要完全清醒並餵奶。

- 從上次最後餵過的乳房開始餵起，給他 15 分鐘，期間媽媽自己要喝一大杯水。

5.45pm

- 如果寶寶白天時間一直很清醒，而且下午四點四十五分到五點之間的小睡沒有睡好，那麼他可能需要開始洗澡了，且下次的餵奶時間也要提前。

- 當妳在準備他洗澡和上床的東西時，讓寶寶不穿尿布，在遊戲墊上好好踢一踢腿。

晚上

 6pm

- 寶寶開始洗澡的時間不要超過晚上六點，妳可以在下午六點十五分之前幫他按摩並穿衣服。

 6.15pm

- 餵寶寶喝奶的時間絕對不要晚於下午六點十五分；餵奶時要在安靜、光線昏暗的房間進行，小心不要用過多的言語和目光接觸過度刺激他。

- 如果他下午五點沒有吸完第一邊乳房，再給他吸 5 ～ 10 分鐘，然後再換到第二邊乳房，給他 20 分鐘吸。

- 從寶寶最後一次醒來算起，讓他在兩小時左右再上床睡覺是非常重要的。

7pm

- 把寶寶安置在自己的床上，用襁褓包巾以半包覆式包裹好，時間不要晚於晚上七點。

 8pm

- 妳自己在下次餵奶之前必須好好吃一餐，好好休息。

 9.30pm

- 如果妳最晚這次餵奶決定以奶瓶取代親餵，現在可以從兩邊乳房擠奶。

10 ～ 10.30pm

- 把燈完全打開並將襁褓解開，這樣寶寶才能自然醒來。在下次餵奶之前至少給他 10 分鐘，確定他已經完全醒了並能好好喝奶。

- 把要換尿布的東西準備好，外加一條備用的抽拉用襯墊床單、棉紗布，以及包裹襁褓用的包毯，以備半夜不時之需。

- 給寶寶 20 分鐘，讓他從第一邊乳房吸起，或是讓他喝掉奶瓶中的大部分的奶水，幫他換尿布再以半包覆式重新將他的襁褓包裹好。

- 把燈光調暗，不要講話或有目光接觸，給寶寶 20 分鐘把第二邊乳房或是奶瓶剩下的奶水喝完。

- 這時讓寶寶清醒整整一小時是很重要的

🕐 深夜

- 如果妳在清晨五點之前就餵奶，寶寶喝奶狀況良好，而且對早上七點那次餵奶興致缺缺，那麼不妨試試「深夜停餵法」，請參見第 334 頁。請記住，這個作法的目的是要讓他在早上六、七點到晚上十一點之間把一天所需的奶量全都喝完。

- 如果寶寶在早上五點間醒來，給他一邊乳房，需要的話再給他第二邊乳房。至於餵配方奶的寶寶，我會建議妳給他七點正常餵奶量的一半，然後將剩下的另外一半再多加 30cc 在早上七點到八點之間補餵。

- 如果寶寶在早上六點間醒來，給他一邊乳房，然後早上七點半再給他第二邊乳房。至於餵配方奶的寶寶，給他正常的奶量，他想喝多少就喝多少，然後在早上七點半至八點之間再進行一次補餵。

- 把燈光調暗，不要講話或有目光接觸。除非必要或是他太睏了、無法好好完整餵奶，才幫他換尿布。

8～12週期間作息上的調整

✪ 睡眠：白天總時數不超過 3 小時

多數體重超過 5.4 公斤的寶寶，從最晚一次餵奶後都能安睡一晚了。不過前提是，他們在白天，也就是從早上六、七點到晚上十一點之間已經獲得一日所需的營養了。在早上七點到晚上七點之間，他們的睡眠總數不要超過三個半小時；完全採用母奶親餵的寶寶，夜裡可能還是會醒來喝奶一次，時間希望能接近早上六、七點。

> ◗ 建議

❀ 慢慢的把寶寶白天的小睡時間進一步減少30分鐘，總時數三個半小時。如果妳想要寶寶午覺睡得好，早上的小睡不要超過 45 分鐘。

❀ 午睡時間則應該不要超過二個小時十五分。不過大約在這個階段，午睡有時候會出點問題。寶寶在入睡後進入淺眠階段，時間通常是在他入睡後 30～45 分鐘左右。這時有些寶寶會完全醒過來，所以讓他們學會如何自己安靜下來再度入睡，以免產生錯誤的睡覺聯想是很重要的。

❀ 大多數寶寶都已經取消傍晚的小睡了，如果妳的寶寶還沒有，也不要讓他睡超過 15 分鐘，除非午睡時間因為某些原因出了狀況，才可以稍微長一點。

❀ 所有的寶寶都應該只採半包覆式襁褓，而且在把寶寶用被單塞好時一定要特別注意。許多這個年紀的寶寶如果夜裡還是會醒來，往往是因為他們把被子踢掉了，身體移動到小床周圍。如果這是妳家寶寶發生的情況，我會建議妳購買 0.5 托格（托格是英國用以量度衣物、毯子及被褥保暖性的單位）的輕量夏季睡袋，這種睡袋非常輕，妳還可以用被單把寶寶塞緊，而不必擔心過熱。

✪ 餵食：分段哺餵

　　寶寶現在應該已經養成一天五次的餵食習慣了。如果他還是採完全由媽媽親餵的哺乳方式，而且開始在早上提前醒來，那麼或許該試著在最晚一次餵食之後補一瓶奶，無論是擠出來的母乳或是配方奶都好。

　　如果他固定睡到早上七點，每隔三晚慢慢把最晚一次餵奶時間提前 5 分鐘，直到他餵食的時間變成晚上十點。只要他能繼續一夜安睡到早上七點，且能吃完整的一餐，那麼妳就繼續把早上十點四十五分的餵奶時間往後推到早上十一點。

建議

🌼 當寶寶一連兩週都可以整晚安睡，下午五點的餵奶如果他興致缺缺的，就可以停掉了。如果寶寶在晚上六點十五分喝大量的奶，導致最晚一次餵奶時少喝很多，使醒來時間提前，這時我會把分段哺餵取消。

🌼 我照顧過很多寶寶，之前總是讓他們分段哺餵，一直到他們吃固體食物為止，這是為了確保他們在白天能攝取到足量的奶水。當妳把下午五點的那餐取消，寶寶洗完澡後吃了完整的一餐後，可能會大幅減少白天最晚一餐的分量，會讓寶寶早醒。如果出現這種情況，建議妳還是回頭再採取下午五點、六點十五分的分段哺餵法，直到寶寶能完全吃固體食物，且能一覺睡到將近早上七點為止。

🌼 如果妳還在親自哺乳，而且考慮讓寶寶增加瓶餵的次數，那麼最好的時段就是早上十一點。慢慢把寶寶每天在乳房上直接吸奶的時間減少 2 ～ 3 分鐘，然後用配方奶來補充。

🌼 到了第一週結束，如果寶寶一瓶的奶量能吃到 150 ～ 180cc，妳應該就能簡單地把親餵停掉，且不會產生嚴重的漲奶問題。用奶瓶餵的寶寶首先應該持續早上七點、十一點和下午六點十五分的餵奶，並在第九週後、下次快速成長期間，優先增加這幾次的餵奶量。請依照寶寶的需求來增加瓶餵的量。

進入 3～4 個月的作息

　　只要妳沒讓寶寶白天的睡眠時間總量超過，而且他夜裡也能遵循八到十二週的作息，那麼妳就可以進入下一個作息表了。無論如何，假如遵守所有的建議之後，寶寶夜裡還是無法睡得像建議時間那麼久，那麼還是繼續採用這個作息，並努力改善寶寶夜間的睡眠。

　　可以試試看把最晚的一餐延後到接近午夜，或是乾脆把這餐取消一小段時間，試著讓寶寶從晚上七點起，睡一段比較長的時間。

　　當寶寶養成能睡較長時間的習慣，最晚的那餐就可以重新恢復，而較長時間的睡眠就可能發生在晚上十一點到早上六、七點之間。

　　要重新恢復這一餐，最好的方式就是從午夜開始慢慢往回拉一些，每隔兩到三個晚上往前提 10 分鐘，直到恢復在晚上十到十點半之間餵食，而寶寶這次較長時間的睡眠，就可能發生在晚上十一點到早上六、七點之間，妳就能進入三到四個月的作息表了。

Chapter **11**

3 到 4 個月的作息表

作息——3～4 個月（快速成長期）

★ ★ ★ 作息表

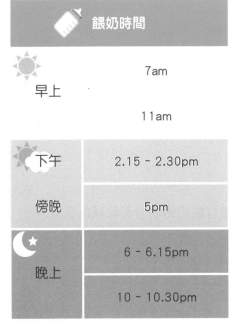

🍼 餵奶時間	
☀️ 早上	7am
	11am
☁️ 下午	2.15 - 2.30pm
傍晚	5pm
🌙 晚上	6 - 6.15pm
	10 - 10.30pm

🛏️ 7am 到 7pm 間的小睡時間	
☀️ 早上	9 - 9.45am
☀️ 中午	12 點 - 2 - 2.15pm
☁️ 下午	4.45 - 5pm
🌙 晚上	6.15pm

👩 擠奶時間	
🌙 晚上	9.30pm

🎐 每日白天最多睡眠總時數	
總時數	3 個小時

🕐 早上

7am

- 寶寶應該在七點之前被叫醒、換尿片，並餵奶。

- 應該給寶寶完整的一餐，兩邊乳房都吃，或是餵一整瓶奶。

- 到這個階段之前，大部分的寶寶都已經減少媽媽親餵的時間了，請讓寶寶帶領妳。如果他在這一餐到下一餐之間都還蠻開心的，就表示應該有吃飽。

- 他可以維持兩個小時左右的清醒。

8am

- 在妳吃早餐時，鼓勵寶寶在遊戲墊上好好踢踢腿。

- 幫寶寶清洗並穿上衣服時，身體有皺褶的地方和乾燥的肌膚記得要全部塗上乳霜。

9am

- 把寶寶安置到他自己的床上，用襁褓包巾以半包覆的方式將他包裹起來，時間不要晚於早上九點，他需要不超過 45 分鐘的小睡。

- 沖洗所有的奶瓶和擠奶器材，並加以消毒。

9.45am

- 解開寶寶的襁褓包裹，這樣他才能自然醒來

10am

- 不管之前寶寶睡了多久，現在一定完全清醒了。

- 鼓勵寶寶自己躺在遊戲墊上好好的踢一踢腿，或帶他出去走一走。

11am

- 應該給寶寶完整的一餐，兩邊乳房都吸，或是餵一整瓶奶。

 11.50am

- 檢查抽拉用襯墊床單，並幫他換尿布。

- 安置寶寶，用襁褓包巾將他以半包覆式包裹起來，時間不要超過中午十二點。

🕐 **中午**

 12 點～ 2 ～ 2.15pm

- 從寶寶最後睡著的時間算起，他需要的午睡時間不要超過兩小時十五分。

- 如果妳之前還沒有清洗並消毒擠奶器材現在進行。然後妳就可以吃午餐，並在下次餵奶之前休息一下。

🕐 **下午**

 2 ～ 2.15pm

- 不管之前寶寶睡了多久，下午兩點半之前一定要把他叫醒餵奶。

- 解開寶寶的襁褓包裹，這樣他才能自然醒來，並幫他換尿布。

- 應該給寶寶完整的一餐，兩邊乳房都吸，或是餵一整瓶奶。

- 下午三點十五分以後盡量別餵寶寶，不然下一餐的時間可能會延後。

- 如果他的午睡被中斷，且沒能再次入睡，那這次餵奶之後、短時間內應該就需要再小睡 20 分鐘；之後在下午四點半左右會再準備小睡一次。把小睡分次進行，可以確定他下午不會睡太多，導致晚上七點的上床時間無法好好安靜入睡。

- 如果他兩次小睡都睡得很好，下午其他的時間不必再睡，應該就能撐過去了。

 4～4.15pm

- 幫寶寶換尿布，給他少量放冷的開水，時間不要超過下午四點半。

- 如果寶寶午覺時間沒睡好，現在到下午五點之間會需要小睡一下。

- 如果妳想要寶寶晚上七點能睡得好，下午五點以後不要讓他睡覺。

5pm

- 從上次最後餵過的乳房開始餵起，給他 15 分鐘的時間；瓶餵的話就餵半瓶。

5.45pm

- 當妳在準備他洗澡和上床的東西時，讓寶寶不穿尿布，好好踢一踢腿。

⏰ 晚上

6pm

- 寶寶開始洗澡的時間不要晚於晚上六點，妳可以在下午六點十五分之前，幫他按摩並穿上衣服。

-

6.15pm

- 餵寶寶喝奶的時間不要晚於下午六點十五分。

- 如果他下午五點沒有吸完第一邊乳房,再餵他吃 5 ～ 10 分鐘,然後再換到第二邊乳房,給他 20 分鐘吸,或是用奶瓶餵他。

- 如果是採瓶餵的寶寶應該要給他半瓶奶,外加 30cc 的奶量。

- 在妳收拾的時候,把燈光調暗,讓寶寶坐在他自己的椅子上待 10 分鐘。

- 從寶寶最後一次醒來算起,讓他在兩個小時左右再上床睡覺是非常重要的。

7pm

- 把寶寶安置在自己的床上,用襁褓包巾以半包覆式包裹好,時間不要超過晚上七點。

8pm

- 妳自己在下次餵奶或擠奶之前必須好好吃一餐,好好休息。

9.30pm

- 如果妳最晚這次餵奶決定以瓶餵取代親餵,現在可以從兩邊乳房擠奶。

10 ～ 10.30pm

- 把燈打開,並將襁褓解開,這樣寶寶才能自然醒來。

- 餵他喝大部分的母乳,或是用瓶餵,幫他換尿布,並用襁褓包巾以半包覆式包裹好。

- 把燈光調暗,不要和他有言語或目光的接觸,餵他喝剩下的奶。

3 ～ 4 個月期間作息上的調整

⭐ 睡眠：白天總時數 2.5 ～ 3 小時

如果妳的寶寶已經根據作息表養成了餵奶和小睡的習慣，那麼應該可以從最晚一次餵食後，一覺睡到早上六、七點左右。如果他還有提早醒來的跡象，可以先假設他是肚子餓了，增加他最晚一次的餵奶量，需要的話，回頭進行這個年紀可以使用的分段哺餵法。

到了快四個月，把每天從早上七點到晚上七點之間的白天睡眠總時數設定在三個小時，有些寶寶需要的睡眠時間少於這個建議時間，妳可能必須把每天白天最多睡眠總時數減少到兩個半小時左右，也就是早上半個小時，午睡兩個小時。

建議

❀ 如果寶寶遵循作息，他一定已經把傍晚的小睡取消了，而剛開始停止時，頭幾天可能每天需要提前 5 ～ 10 分鐘上床睡覺。

❀ 如果妳的寶寶午睡時間少於兩個小時，妳要根據他午睡的狀況，鼓勵他在下午四到五點之間進行不超過 15 ～ 30 分鐘的小睡，不然他上床時會太累，也不容易被安置下來。

❀ 三、四個月間的寶寶，在最晚一次餵奶的清醒時間應該逐漸減少到 30 分鐘，前提是他要固定能睡到早上七點左右，時間至少兩週。這次餵奶應該被當作夜裡的餵奶來看待，進行時必須非常安靜。每三晚提前 10 分鐘左右，直到能在晚上十點進行一次非常快速、很快睡著的餵食。

❀ 如果遵守了我在寶寶夜裡醒來的所有處置後，寶寶依然夜裡多次醒來，那麼我會建議妳有幾天試著把寶寶放到晚上十一點四十五分，然後在他睡夢中餵食一次，看看是否能讓他晚一點醒。

❀ 無論如何，如果寶寶幾天之後仍然在早上五、六點之間醒來，不妨試著讓他在喝完最晚一次奶的時候，維持至少一個小時的清醒，並遵守分段哺餵的建議。

✿ 就算寶寶不會從半包覆式的襁褓中掙脫出來，如果妳還沒有使用睡袋，我會建議妳，現在正是讓他使用百分百純棉、超輕量睡袋的好時機。選擇 0.5 托克的睡袋非常重要，因為這樣才不會有過熱的風險。寶寶還是需要用被單牢牢的塞好，看室內溫度如何，或許要用毯子，這樣他才不會把被子踢掉。

⭐ 餵食：增加白天各餐奶量

在寶寶三、四個月期間，如果能至少兩週都一夜安睡到早上七點左右，那麼妳一定要在他的快速成長期，增加白天各餐所餵的奶量，這樣夜裡才不會又像從前一樣醒來。

▶ 建議

✿ 如果妳還是採完全親餵的方式，而寶寶夜裡也仍會醒來，那麼除了晚上十點最晚一餐用擠出的母乳來增加餵奶量外，這個階段有一餐可能也需要增加餵奶量。如果妳白天無法多擠出母乳來預備，那麼有些媽媽在這次的餵食時可能會用少量的嬰兒配方奶來支應，可以和家庭醫師討論。如果妳的寶寶一天用 210 ～ 240cc 的配方奶餵四次，那麼最晚那餐可能只需要少量餵 120 ～ 180cc 即可。

無論如何，如果妳的寶寶到了這個年紀還是無法一夜安睡到天亮，有可能是這最晚一餐必須增加一點量。就算這麼做必須減少他早上餵奶的量，我還是建議妳連續幾晚都給他完整一餐的量，也就是 210 ～ 240cc，看看是否能幫助他夜裡睡得比較久。

✿ 如果妳發現最晚一餐增加的奶量對於寶寶一夜安睡到早上七點有幫助，那麼就減少他早上七點的餵奶量。我覺得就短期來說，接受這種作法讓他安睡到天亮，比在最晚一餐給他的量太少來得好。當他早上七點的餵奶量減少，早上十一點的那次餵奶時間就要提早，而且午覺之前還要補餵一次。

✿ 有些寶寶在三、四個月大時，就直接拒絕了最晚一次的餵食，不過，如果妳發現他又開始提早醒來，而且 10 分鐘左右還不肯靜下來重新入睡，那妳就必須假設他是肚子餓得餵奶了。這時妳必須考慮再次把最晚這一餐加回來，直到他離乳並養成吃固體食物的習慣。

✿ 如果妳發現寶寶在清晨四、五點持續醒來，而且不餵奶就不肯再睡，那麼就要把每天餵食的確切時間、餵奶量，以及白天小睡的時間都好好列出來，這樣才能分析出醒來是出自於習慣，還是真的餓了。

✿ 不管妳採用親餵還是瓶餵，如果寶寶體重增加的情況良好，而妳也認為他醒來是出於習慣，那麼試著等 15 ～ 20 分鐘再走向他，有些寶寶真的會自己靜下來再度入睡。這個月齡的寶寶在夜裡醒來，有部分原因仍然是因為他把自己的被子踢了，所以一定要把他牢牢塞好。

✿ 如果寶寶餵的是配方奶，且從早上七點到晚上十一點的總攝取量是在995 ～ 1130cc 之間，那麼他夜裡實際上是不需要再餵的。不過，有些個頭長得很大、體重超過了 6.8 公斤的寶寶，清晨五、六點之間有可能還是需要餵，然後早上七點到七點半之間再補餵一次，直到他們六個月大離乳之後才停。

✿ 完全由媽媽親餵的寶寶可能在清晨五、六點要餵一次奶，因為在最晚一次餵的奶量可能不足。不管寶寶是媽媽親餵或是用奶瓶餵，寶寶夜裡的餵奶是否能取消，評估的指標是他早上七點到七點半那次進食的狀況。如果他狼吞虎嚥，就可能是他清晨五、六點時真的餓了；如果他還發脾氣挑剔，拒絕這追加的一次，我會認為早醒比較可能是寶寶的習慣而不是肚子餓，可以把他抱起來搖一搖，幫助他再入睡。

✿ 如果寶寶在最晚一次餵奶後的清醒時間已經減少到 30 分鐘，而他還是持續睡到早上七點，同時七點那次的餵奶量還在減量中，那麼就可以開始用非常緩慢的速度減少他在最晚一次的奶量，不過這是他能一直好好睡到早上七點，才能繼續做的事。

✿ 話雖如此，我並不建議把最晚十點的餵食停掉，除非寶寶已經六、七個月大，而且已經養成吃固體食物的習慣了。如果妳在寶寶養成吃固體食物的習慣前就把最晚一次的餵奶給停了，而寶寶正在經歷快速成長期，妳可能發現自己半夜又得起來餵他喝奶了。

✿ 如果妳的寶寶完全以親餵，而且體重已經超過 6.3 公斤，妳會發現，在他的快速成長期，妳又得在半夜爬起來餵他，直到他開始吃固體食物為止。如果妳發現自己的泌乳量很少，請照第 328 頁上增加泌乳量的辦法來進行。

✿ 這個月齡的寶寶有些會開始完全拒絕最晚一次的餵奶，但是他沒有第五次餵奶卻又無法睡滿十二個小時。如果出現這種狀況，除非寶寶已經開始吃固體食物，否則妳只能接受必須在清晨四到六點間起來餵寶寶的事了。

✿ 如果他在清晨四點醒來，不要想不餵他就讓他撐過去，因為這樣會養成他斷斷續續醒來的習慣，讓他產生長期性的早醒問題。如果他是從晚上七點睡到清晨四點到七點，那麼他在睡眠方面還是做得很好的，睡的時間很久，因此當他醒來時，最好還是餵他喝奶，讓他很快又能再度入睡。

Chapter **12**

4 到 6 個月的作息表

作息——4～6個月

⭐⭐ ⭐ 作息表

🍼 餵奶時間		📱 **7am 到 7pm** 間的小睡時間	
☀️ 早上	7am	🌤️ 早上	9 - 9.45am
	11am	🌥️ 中午	12 點 - 2.15pm
🌥️ 下午	2.15 - 2.30pm	🌥️ 下午	4.45 - 5pm
🌙 晚上	6 - 6.15pm	🌙 晚上	6.15pm
	10 - 10.30pm		

👩 擠奶時間		🎐 每日白天最多睡眠總時數	
🌙 晚上	9.30pm	總時數	3 個小時

早上

7am

- 寶寶應該在七點之前被叫醒、換尿片,並餵奶。
- 應該給寶寶完整的一餐,兩邊乳房都吸,或是餵一整瓶奶。
- 寶寶可以維持兩個小時左右的清醒。

8am

- 在妳吃早餐時,鼓勵寶寶在遊戲墊上好好踢踢腿,旁邊放一些適合他年齡玩的玩具,時間大約 20～30 分鐘。
- 幫寶寶清洗並穿上衣服時,身體有皺褶的地方和乾燥的肌膚記得要全部塗上乳霜。

9～9.15am

- 把寶寶安置在他的睡袋裡,將被單牢牢的塞好,時間不要晚早上九點十五分,他需要小睡 30～45 分鐘。

9.45am

- 解開寶寶的襁褓包裹,這樣他才能自然醒來。

10am

- 不管之前寶寶睡了多久,現在一定完全清醒了。
- 鼓勵寶寶躺在遊戲墊上好好的踢一踢腿,或帶他出去走一走。

11am

- 如果妳已經被告知要提前讓寶寶離乳,那麼在給寶寶固體食物之前,應該給寶寶完整的一餐,兩邊乳房都吸或是餵一整瓶奶。
- 在妳清理午餐的餐桌時,鼓勵寶寶坐在自己的餐椅上。

11.50am

- 檢查抽拉用襯墊床單,並幫他換尿布。
- 把寶寶安置在他自己的睡袋裡,將他用被單牢牢塞好,時間不要晚於中午十二點。

🕐 **中午**

 12 點～ 12.15pm

- 從寶寶睡著的時間算起,他需要的小睡時間不超過兩小時十五分。

🕐 **下午**

 2 ～ 2.15pm

- 不管之前寶寶睡了多久,下午兩點半之前一定要把他叫醒餵奶。
- 把寶寶從塞著的被單裡拉出來,讓他自然醒來,並幫他換尿布。
- 應該讓寶寶吃完整的一餐兩邊乳房都吸,或是餵一整瓶奶。
- 下午三點十五分以後就別餵寶寶了,不然他下一餐的時間可能會延後。
- 如果他兩次小睡都睡得很好,下午其他的時間不必再睡,應該就能撐過去了。

 4 ～ 4.15pm

- 如果寶寶午覺時間沒睡好,現在到下午五點之間會需要小睡一下。
- 如果妳想要寶寶晚上七點能睡得好,下午五點以後不要讓他睡覺。

5pm

- 有些寶寶可以高高興興地等到洗完澡後再喝奶，如果不行，先給他 10～15 分鐘從他上次吸過的乳房吸起，或是給他半瓶奶。
- 如果妳被告知要讓寶寶早點離乳，我會建議再提供他固體食物之前，先讓他喝一半的奶量，這樣他的母乳或配方奶攝取量才不會一下減少太多。

5.30pm

- 當妳在準備他洗澡和上床的物品時，讓寶寶不穿尿布，好好踢一踢腿。

5.45pm

- 寶寶開始洗澡的時間不要晚於下午五點四十五分，妳可以在下午六點到六點十五分之前幫他按摩並穿上衣服。

🕐 晚上

6～6.15pm

- 餵寶寶喝奶的時間應該要在下午六點到六點十五分之間，開始的時間看他的疲憊程度來決定。
- 已經開始餵食固體食物的寶寶，或許會在傍晚六點十五分到六點半左右才開始準備好要喝奶。
- 應該給寶寶完整的一餐，兩邊乳房都吸，或是餵一整瓶奶。如果他下午五點沒有吸完第一邊乳房，再餵他吃 5～10 分鐘，然後再換到第二邊乳房吸 20 分鐘，或是用奶瓶餵他。
- 如果是採瓶餵的寶寶應該要給他半瓶的奶量，外加 30cc。
- 在妳收拾的時候，把燈光調暗，讓寶寶坐在他的餐椅上 10 分鐘。

7pm

- 把寶寶安置在他的睡袋裡，用被單牢牢塞好，時間不要晚於晚上七點。

- 妳自己在下次餵奶或擠奶之前必須好好的吃一餐，好好休息。

 9.30pm

- 如果妳最晚這次餵奶決定以奶瓶取代親餵，現在可以從兩邊乳房擠奶。

10pm

- 把燈打開，將寶寶叫醒，讓他清醒到足以喝奶。

- 幫他把睡袋拿掉，餵他喝大部分的奶，幫他換尿布，並換一個睡袋。

- 把燈光調暗，不要和他有言語或目光的接觸，餵他喝剩下的奶；如果他喝不完，不要強迫他。這次的餵奶應該不要超過 30 分鐘。

- 幫寶寶以薄的被單牢牢塞好。

4～6個月期間作息上的調整

◉ 睡眠：深夜停餵

　　四到六個月大的寶寶，大部分都已經能從最晚一次的餵奶睡到早上六、七點了，不過前提是他們一天必須喝四到五次完整的奶量，而且從早上七點到晚上七點之間，睡眠總時數不能超過三個小時。有些還在親餵的寶寶，最晚的那一餐如果喝得不夠飽，早上五點左右可能還是得起來喝一次奶。

建議

🌸 如果妳的寶寶夜裡還是會醒，而且妳很確定不是因為肚子餓，妳不妨試試「深夜停餵法」，參見第 334 頁。如果沒效，就可能是妳家寶寶需要的睡眠時間較少，建議妳慢慢把他白天的睡眠時數減少，每隔幾天減個幾分鐘，直到一天減少 10 ～ 15 分鐘。

🌸 如果試了幾週深夜停餵法都不見改善，那麼我建議妳不妨將他最晚一次餵奶停掉，看看他這樣能睡多久。他醒來的時間可以幫助妳決定是否要繼續餵最晚的一餐。舉例來說，如果他睡到清晨三到五點間醒來，那麼就餵他，然後讓他再度入睡到早上七點，早上八點再補餵一次。這樣他在晚上七點到早上七點之間，至少有睡了一段比較長的時間，總比他最晚一次以及清晨五點都要醒來餵食好。

🌸 如果妳停了最晚的一餐，而寶寶在凌晨一點和五點都醒，那麼就乾脆繼續餵他喝最晚的那餐，這樣妳起碼不必在午夜和清晨五點之間醒來餵兩次。

🌸 如果妳寶寶的體重超過了 6.8 公斤，那麼他夜裡醒來的原因可能真的是肚子餓了，當他還是完全以母乳親餵時特別容易發生，那麼妳必須接受他夜裡仍然需要起來餵一次奶，直到六個月大養成吃固體食物的習慣為止。

🌸 如果妳感覺他已經有可以離乳的跡象了，可以諮詢家庭醫師，是否該讓他提前離乳。如果妳決定要在半夜繼續餵他，那麼務必要確定餵奶時要快速、安靜，讓他可以很快再次入睡，好好一覺睡到早上七點。

✿ 如果妳還沒有使用睡袋，建議妳，現在正是讓他使用睡袋的好時機。如果妳太晚使用，他可能會對於被放進睡袋感到不開心。

✿ 在寶寶能夠自己爬，並在嬰兒床裡四處爬動之前，還是需要面朝上、背朝下仰睡，而且必須將被子牢牢的塞好。天氣酷熱時，可以把他放進 0.5 托克的睡袋裡，只要穿尿布就好，然後用一條薄薄的棉質被單將他牢牢的塞到床墊下的長度至少要有 15 公分，寶寶才不容易踢掉。

✿ 當寶寶開始會翻身後，把床單拿掉，以免他會絆住。有一段期間，妳半夜可能得去看看他是否被卡在角落裡，或是採取奇怪的睡姿。在這段生長發育期，花些時間教導他如何翻身是很重要的。

✿ 如果他午覺時間沒有睡足兩個小時，試著將他早上的小睡時間往後推一點，然後慢慢減少 10 ～ 15 分鐘。接著再把早上十一點的餵奶提前到十點半，並在他躺下來午睡之前，再補餵他喝一點奶。

❂ 餵食：添加固體食物

在寶寶習慣吃固體食物之前，我會建議妳最晚一餐的奶要繼續餵。現在的餵食指導原則，建議寶寶從六個月大起吃固體食物，因為妳的寶寶在四到六個月之前會繼續遇到快速成長期，所以必須滿足他的營養需求。就我的經驗來看，一天只餵四至五次奶是很難做到的。(註：台灣建議四個月大開始吃固體食物。)

建議

✿ 如果妳決定把寶寶最晚的一餐停了，而他也開始早醒，不肯很快再度入睡，那麼妳就應該假設他是餓了，得餵他喝奶。妳可以考慮讓寶寶恢復喝最晚那一餐奶，直到養成吃固體食物的習慣。

✿ 如果妳發現寶寶拒絕最晚的一餐，但早上五點又餓醒，這時妳應該餵他，並讓他很快重新入睡到早上七點，接著在早上八點之前再補餵一次。至於下一餐妳可以提前在早上十點到十點半之間餵他。不過，我還是建議在他午睡之前，再補餵一些奶，確保他能睡得好。

✿ 在快速成長期，妳會發現寶寶並不滿足於一日餵奶四至五次。這時，妳可以在早上實施分段哺餵，然後恢復之前取消的下午五點餵食。如果寶寶在兩餐之前還是很不滿足，除了多給他一些奶外，妳也要思考，這是不是離乳的跡象；之後可以和家庭醫師討論。

開始離乳

✿ 如果寶寶被建議在六個月之前離乳，那麼在開始讓他吃固體食物時應謹慎。在這個階段，固體食物應該只為了讓寶寶品嚐味道，奶對寶寶來說仍然很重要，固體食物不能被當成母奶或配方奶的替代品。為了確保這樣的事情不會發生，妳要讓寶寶把所有的奶都先喝完，再提供固體食物。

✿ 早上十一點餵完奶後，用少量的寶寶米粉混合母奶或配方奶給寶寶。當他開始吃之後，妳就可以把這些米糊移到下午五點喝完奶之後吃，接著隔天再開始讓他在早上十一點的餵奶結束後吃一些。

✿ 在傍晚讓寶寶吃固體食物時，先在下午五點讓他喝掉一半的奶量，接著吃固體食物，並在洗澡後再讓他喝剩下的一半奶量。在接下來的兩個月時間，慢慢的把下午五點的奶量減少，增加固體食物。並在寶寶洗完澡後，給他完整的一餐母乳或配方奶。

✿ 如果寶寶喝的是嬰兒配方奶，建議妳要泡兩次，以保持奶水的新鮮。當寶寶開始在這餐之後吃固體食物，食物的分量一增加，寶寶最晚一餐奶水的量就會自動減少。

✿ 當寶寶的最晚一餐，只在媽媽胸前吃了很短的時間，或是配方奶只喝了 60cc，卻能一覺安睡到早上七點，妳就可以把最晚一餐奶停掉，而不必擔心他早上會早醒。

✿ 當媽媽親餵的寶寶到了五個月離乳後，開始會在晚上十點之前醒來，可能是上床前獲得的奶量不夠。妳可以在寶寶把兩邊的乳房都吸完之後，試著給他補喝一些擠出來的母奶，或是配方奶。

尚未離乳

✿ 還沒有離乳的寶寶似乎更需要在下午五點到六點十五分持續施行分段哺餵，直到開始吃固體食物為止。

✿ 瓶餵的寶寶，完整一餐的奶量是 240cc。實施分段哺餵時，由於兩者之間的相隔，所以多增加 30cc 的量是沒關係的。舉例來說，妳可以把一次完整的量分成先給 150cc，然後再給 120cc，反過來也行。

Chapter 13

6 到 9 個月的作息表

作息——6～9個月

　　寶寶到了六個月大，可以讓他開始習慣在自己的嬰兒房裡睡覺了。但一直以來，他都習慣白天小睡和晚上睡覺時身邊有人，所以這件事最好慢慢來。妳可以選擇在早上的小睡或是午覺開始，讓他在自己的房中進行安置，當他兩個時段中的任一個都能睡得不錯時，晚上七點那次之後就可以將他移到自己的房間去了。

　　由於寶寶還不習慣白天小睡時在黑暗的地方，我會建議妳小睡和晚上上床時幫他留一盞小夜燈，直到他習慣在自己房中入睡。當他在這些時段裡都能被順利安置，且也能睡得很好時，就可以逐步將小夜燈關掉了。

★ 作息表

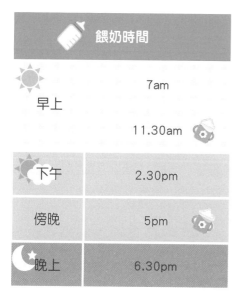

餵奶時間	
早上	7am
	11.30am
下午	2.30pm
傍晚	5pm
晚上	6.30pm

7am 到 7pm 間的小睡時間	
早上	9.15 - 9.30 - 10am
中午 - 下午	12.30 - 2.30pm

每日白天最多睡眠總時數	
總時數	2-1/2 ～ 2-3/4 個小時

早上

 7am

- 寶寶應該在七點之前被叫醒、換尿片，並餵奶。

- 寶寶開始離乳之後，這餐媽媽應該把大部分的奶水都哺餵給他，或是用奶瓶餵；之後給他固體早餐，並讓他把剩下的奶喝掉。試著和寶寶同時一起吃早餐，以讓他從小就養成良好的飲食習慣。

- 寶寶可以維持兩個小時到兩個半小時左右的清醒。

 8am

- 在妳處理比較緊急的雜事時，鼓勵寶寶在遊戲墊上玩，旁邊放一些適合他年紀的玩具。

- 幫寶寶清洗並穿上衣服時，身體有皺褶的地方和乾燥的肌膚記得要全部塗上乳霜。

 9.15 〜 9.30am

- 拉上窗簾，讓室內變暗，將門關上，把寶寶安置在他的睡袋裡小睡30 〜 45 分鐘，時間不要晚於早上九點半。

 9.55am

- 拉開窗簾，解開寶寶的睡袋，這樣他才能自然醒來。

- 不管之前寶寶睡了多久，早上十點之前一定要完全清醒。

- 鼓勵他做大量的體能活動，無論是在家做，或參加專門為寶寶設計的活動皆可。

 11.30am

- 在寶寶七個月大之前，先讓他吃下該餐大部分的固體食物之後，再用吸嘴杯裝水給他喝，之後食物和水輪流交替。

- 在妳吃午餐的時候，鼓勵寶寶坐在自己的餐椅上，給他一些手指食物。

- 持續把寶寶午餐的時間提前，直到接近中午。

- 在寶寶午睡之前，妳都可以繼續餵少量的奶，直到在午餐時，他能喝完 60 ～ 90cc 的其他流質食物為止。

 中午

 12.20pm

- 檢查抽拉用襯墊床單，並幫他換尿布。

- 拉上窗簾，將寶寶安置在他的睡袋裡，讓室內變暗，將門關上，時間不要晚於中午十二點半。

 12.30 ～ 2.30pm

- 從寶寶入睡後的時間算起，他需要的小睡時間不超過兩個小時。

 下午

 2.30pm

- 不管之前寶寶睡了多久，下午兩點半之前一定要把他叫醒餵奶。

- 如果寶寶在午覺之前喝過少量的奶水，這次餵食的量也許會比較少。

- 拉開窗簾，把寶寶從睡袋裡抱出來，讓他自然醒來，並幫他換尿布。

- 讓寶寶吸兩邊乳房，至於用奶瓶餵奶的寶寶這時應該要用吸嘴杯喝奶了。

- 下午三點十五分以後就別餵寶寶了，不然下一餐可能會延後。

4.15pm

- 幫寶寶換尿布。

 5pm

- 先讓寶寶吃下該餐大部分的固體食物之後,再用吸嘴杯裝水給他喝;之後食物和水輪流交替。讓他在上床前好好喝一次奶還是很重要的,所以喝水的量維持在最基本的量就好。

🕐 晚上

 6pm

- 寶寶開始洗澡的時間不要晚於下午六點,妳可以在六點半之前幫他按摩並穿上衣服。

 6.30pm

- 餵奶的時間不要超過下午六點半。餵奶時讓寶寶兩邊乳房都吸,或是給他一整瓶的奶。
- 把燈光調暗,念故事給他聽。

7pm

- 把寶寶安置在他的睡袋裡,用被單牢牢塞好,室內光線要暗,將門關上,時間不要晚於晚上七點。

6～9個月期間作息上的調整

✪ 睡眠：鼓勵寶寶白天多活動

　　當寶寶養成一天三餐的習慣後，應該就能從晚上七點左右睡到早上七點。如果妳遵守了最新的離乳指導原則，讓寶寶在六個月左右開始離乳，改吃固體食物，那麼他到七個月大左右，最晚一餐仍然需要喝少量的奶，直到完全改吃固體食物為止。如果妳被建議，在六個月之前讓他離乳，且寶寶也養成了吃固體食物的習慣，那麼應該就能提早把寶寶最晚的一餐奶停掉。

建議

🌸 寶寶到了六個月，妳就應該慢慢把早上的小睡往前推到早上九點半，那麼在接近中午十二點半時，寶寶就可以躺下來睡午覺。這在寶寶養成吃固體食物習慣，並開始一天固定吃三餐時很重要，因為午餐大概會在早上十一點四十五分到中午十二點時吃。

🌸 有些寶寶在建立起一日三餐固體食物時，就很樂於晚起了。如果妳家寶寶睡到快八點起床，那麼他早上就不需要再小睡了，不過他也可能撐不到十二點半午睡的時間，這時就需要在早上十一點半左右吃午餐，然後在中午十二點十五分躺下來睡午覺。

🌸 當寶寶六到九個月大時，如果還不會翻身到變成肚子朝下的姿勢，那麼現在也應該會了。寶寶會翻身後，記得把床單和毯子移開，不要讓他和被單、毯子糾結在一塊。冬季時，記得要把輕量的睡袋換成比較保暖的睡袋，這樣才能彌補沒用毯子所失去的溫度。

🌸 在寶寶學會翻身的技巧之前，有一小段時間，妳可能都得幫他確定睡覺時保持平躺，在這段期間內，妳要鼓勵他多多練習翻身，才能把對睡眠的干擾降到最低。

🌸 如果妳回到工作崗位，而寶寶也開始上托兒所了，那麼在剛開始時，妳可能會注意到他午睡的時間變得沒那麼長。這意味著妳可能必須應付一個非常疲憊、脾氣又壞的寶寶，且他往往在正常的上床時間之前，就已經準備要睡覺了。

✿ 妳可以看看從托兒所到妳家的路程有多遠，如果他能在路上小瞇一下，
問題通常能獲得解決；如果車程非常短，妳可能就得考慮多繞點路回
家，讓寶寶在回家的路上小睡一下。幸運的話，大多數的寶寶在幾週
之後，都能建立一個比較好的睡眠作息，不過，妳務必要跟托兒所或
照顧他的保母強調，妳希望寶寶在午飯後能睡久一點，而不是在早上，
不然問題還是會持續發生。

❀ 餵食：試著減少最晚那餐的奶

如果妳一直等到寶寶六個月大才讓他開始吃固體食物，那麼快速讓他
嘗試不同的食物，每隔幾天，或是當寶寶流露出想多吃時，就應該增加食物
的量。

從十一點那次餵食讓寶寶從米飯類開始，每隔幾天就從第一階段的食
物中挑一種新的食物讓他嘗試。當寶寶在午餐和下午點心時間都能吃下一定
的量時，妳就可以讓他在早餐時開始吃固體食物了。

建議

✿ 在寶寶六、七個月期間，早上十一點的奶量可以開始逐漸減少，然後
慢慢增加固體食物的量。當寶寶開始吃蛋白質類食物時，這一餐的奶
水就可以以吸嘴杯裝水取代。如果寶寶喝的水很少，那麼他在午睡之
前可能還是需要補喝一點奶水，直到喝的水量夠多為止。

✿ 如果寶寶被建議要提前離乳，那麼或許妳在寶寶六個月之前，就要努
力讓他把第一階段的離乳食物都試過。當他午餐能吃下六湯匙的混合
蔬菜時，妳就可以開始讓他嘗試第二階段的蛋白質食物了。想了解如
何讓寶寶開始吃蛋白質食物，可以參考第 284 頁中提供的細節；第一
階段與第二階段離乳相關的資訊，則可以參考第 280 ～ 293 頁。

✿ 寶寶滿六個月之前，就應該做好能自己坐在餐椅上進食的準備了。這
時務必確定，他坐在椅子上時帶子有正確綁好，並且絕對不可以讓他
離開視線。

✿ 寶寶六、七個月之間,讓他在午餐學用吸嘴杯很重要,而妳也可以開始在午餐時間使用「分層系統餵食法」(the tier system of feeding)。當寶寶在午餐時間喝了 60cc 左右的奶量時,就改用吸嘴杯裝水讓寶寶喝。如果妳發現寶寶開始在午睡時提早醒來,我會建議妳在寶寶午睡之前補餵他喝少量的奶水,這麼做意味著兩點半的餵奶量會減少,不過總比讓他午睡時間縮短來得好。

✿ 當午餐的餵奶取消後,寶寶兩點半的餵奶量就要增加了。不過如果妳發現他上床時間喝的奶量減少了,那就持續讓這次的餵奶維持少量,此外,這次的餵奶要讓他改用吸嘴杯來喝。

✿ 在寶寶六、七個月之間,下午點心時間吃固體食物之前喝的奶水應該要取消,而寶寶在下午五點的餵食也應該要直接吃固體食物,只要讓他從吸嘴杯喝少量的水就好。之後,寶寶在下午六點半就要餵一次完整的奶量。

✿ 托兒所寶寶下午的點心時間,通常是在下午三點半到四點之間。很顯然的,妳不能期待寶寶一直到次日早上都不再攝取固體食物,所以回家後,妳得提供一些吃的給寶寶。

✿ 如果他在托兒所吃了一次完整的下午點心,那麼他根本還沒餓到可以再吃一次完整的餐食,所以不需要給太多,以免造成他上床前的那次餵奶延後了,像是烤蔬菜、義大利麵配蔬菜醬汁,或甚至一碗麥片粥都行。

✿ 不過,如果他下午在托兒所只吃了少量的零食,那麼他回家後就需要分量適當的下午點心,不過他可能無法像之前白天在家時吃那麼多,加上他之前也沒吃過完整的一分下午點心,所以勿準備太多。

✿ 如果妳的寶寶喝的是配方奶,那麼他所有的開水和大部分的配方奶都要用吸嘴杯來喝。

✿ 當寶寶開始長出第一顆乳牙時,立即開始幫他潔牙是非常重要的一件事。在這個階段,妳可能會發現,用一小塊乾淨的棉布纏在手指上,再加上一點寶寶用的牙膏,將他的牙齦和牙齒都按摩一次是最簡單的方法。之後,當寶寶長出更多牙齒後,妳就可以改用寶寶專用的軟毛牙刷來清潔牙齒了。

☆ 如果寶寶已經養成吃固體食物的習慣了，但最晚一餐的奶量還沒有減少，有可能是因為他還沒從固體食物中，取得他年齡或體重所需要的適當量，又或者他在晚上六點半的那次餵奶，並未吃完整的一餐。

☆ 媽媽親自哺乳的寶寶可能需要在這次餵奶之後再補喝一點，而瓶餵的寶寶則需要喝 210 ～ 240cc。把每天所攝取的所有食物和奶量都記錄下來，大約四天就可以看出寶寶最晚一餐的奶量為什麼還沒有減少。

☆ 如果妳很確定，寶寶攝取的量很適當，他之所以喝最晚的一餐是習慣使然，並不是真的肚子餓，那麼我建議妳開始把這餐的量慢慢減少。如果妳每隔三、四天就減少 30cc，而寶寶也沒有開始提早醒來，那麼應該可以持續這種作法，直到寶寶只喝 60cc。當他只喝 60cc 之後，妳就可以把這餐停掉，而他也可以從晚上七點一直睡到早上七點了。

Chapter **14**

9 到 12 個月的作息表

 作息表

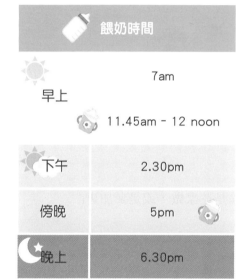 餵奶時間		 **7am** 到 **7pm** 間的小睡時間	
早上	7am	早上	9.30 - 10am
	11.45am - 12 noon	中午 - 下午	12.30 - 2.30 pm
下午	2.30pm		
傍晚	5pm	 每日白天最多睡眠總時數	
晚上	6.30pm	總時數	2~2-1/2 個小時

 早上

7am

- 寶寶應該在七點之前被叫醒、換尿片,並餵奶。
- 寶寶離乳之後,這餐媽媽應該先把大部分的奶水都哺餵給他,或是用瓶餵。之後給他固體早餐,再讓他把剩下的奶喝掉。試著和寶寶同時一起吃早餐以讓他從小就養成良好的飲食習慣。
- 寶寶可以維持至少兩個半小時左右的清醒。

8am

- 鼓勵寶寶玩一些適合他年齡玩的玩具。

- 幫寶寶清洗並穿上衣服時，身體有皺褶的地方和乾燥的肌膚記得要全部塗上乳霜。

9.30am

- 拉上窗簾，把寶寶安置在他的睡袋裡，讓室內變暗、將門也關上，時間不要超過早上九點半。這時他需要小睡 15 ～ 30 分鐘。

9.55am

- 拉開窗簾，解開寶寶的睡袋，這樣他才能自然醒來。

- 不管之前寶寶睡了多久，早上十點之前一定要完全清醒。

- 鼓勵他做大量的體能活動，無論是在家做，或是參加專門為寶寶設計的課程。

11.45am ～ 12 noon

- 應該先給寶寶大部分的固體食物之後，再用吸嘴杯給他水，之後食物和水輪流提供。

- 在妳吃午餐的時候，鼓勵寶寶坐在自己的餐椅上，給他一些手指食物。

🕐 中午

12.20pm

- 檢查抽拉用襯墊床單，並幫他換尿布。

- 拉上窗簾，把寶寶安置在他的睡袋裡，讓室內變暗、將門也關上，時間不要超過中午十二點半。

- 從入睡的時間算起，他需要的小睡時間不超過兩個小時。

- 如果寶寶早上小睡時間晚於十點半，那麼不要讓他睡超過 10 ~ 15 分鐘才是聰明的作法，這樣他下午十二點半才能好好躺下來睡午覺。如果他小睡的時間太長，那麼妳會發現，沒到將近下午一點，他不會想睡午覺。

- 如果出現上述情況，我會把他這次的午覺時間縮短到一個小時四十五分左右，這樣晚上七點他才能好好安靜下來睡覺。如果讓他睡足兩個小時，妳會發現，沒到接近晚上七點半，他是不會打算上床的。

 下午

 2.30pm

- 如果寶寶在下午十二點半入睡，那麼他醒來的時間，不要晚於下午兩點半，這樣他才可能在晚上七點做好上床的準備。

- 如果寶寶早上小睡的時間晚，午睡的時間也晚，那麼他就可能直接睡到下午兩點四十五分到三點才起床。

- 拉開窗簾，把寶寶從睡袋裡抱出來，讓他自然醒來，並幫他換尿布。

- 寶寶應該要媽媽親餵母乳或用吸嘴杯喝嬰兒配方奶及水，如果這個時候寶寶已經不喝奶了，或許給他一點點心。

- 下午三點十五分以後就別餵寶寶了，不然他下午點心時間可能會延後。

4.15pm

- 幫寶寶換尿布。

5pm

- 在給寶寶吃下這餐大部分的固體食物之後，再用吸嘴杯裝少量的開水或奶水給他喝。讓他在上床前好好喝一次奶還是很重要的，喝水的量則維持在最基本的量即可。

⏰ 晚上

🦆 **6.15 ～ 6.30pm**

- 寶寶最晚必須在下午六點半之前開始洗澡。
- 如果寶寶現在已經長出幾顆乳牙了，那麼在餵奶和清潔牙齒之間留充足的時間就很重要。因此，妳可以先餵寶寶喝大部分的奶水，然後再幫他洗澡。

 6.30pm

- 寶寶開始洗澡的時間不要晚於下午六點半。
- 讓寶寶兩邊乳房都吸，或是給他 210 ～ 240cc 的配方奶；這個量在使用吸嘴杯的第一年會減少到 180cc，不過只要他能繼續一覺睡到接近早上七點，就不是問題。
- 在寶寶洗澡時或剛洗澡後，一定要將寶寶的牙齒徹底清潔乾淨。
- 念故事給寶寶聽，讓他喝完剩餘的奶水並喝一點點水清潔牙齒後，再將他放到床上睡覺。

📱 **7pm**

- 把寶寶安置在他的睡袋裡，室內光線要暗、門也關上，時間不要超過晚上七點。

9 ～ 12 個月期間作息上的調整

✪ 睡眠：減少白天睡眠總數

大部分的寶寶會開始減少白天的睡眠時間。如果妳注意到寶寶開始在夜裡醒來，或是早上提早醒來，那麼檢查一下他白天的睡眠時間，要減少的是他白天的總睡眠時數，而不是夜晚或清晨的。

◗ 建議

❀ 第一個要縮短的睡眠時間是早上的小睡。如果一直以來都是 30 分鐘，那麼試著減到 10 ～ 15 分鐘。有些寶寶會把午覺縮短到一個半小時，這樣一來就會導致他們傍晚非常疲憊、暴躁不安。如果妳的寶寶出現這種情況，請試著將早上的小睡延後，並縮短到 10 ～ 15 分鐘，不過，他可能無法撐到中午十二點半才睡午覺，所以可能會有一小段時間，午餐要稍微提前。

❀ 如果妳發現寶寶早上十點半到十點四十五分前都不睡覺，那麼我會把這次小睡的時間限制在 5 ～ 10 分鐘以內，這樣他在中午十二點半才能安靜下來睡午覺。

❀ 如果他早上小睡的時間超過 5 ～ 10 分鐘，那麼他很可能要到中午十二點四十五分到一點之間才會準備睡午覺。這樣也沒關係，不過，如果妳想讓他晚上七點上床睡覺，那麼我建議妳最晚下午兩點四十五分一定要把他叫醒，因為如果讓他睡到下午三點，那麼他很可能要到晚上七點十五分至七點半左右，才會開始準備睡覺。

❀ 如果寶寶早上甚至連短短的小睡都不願意，那麼妳就得把他午睡的時間稍微提前。

❀ 寶寶可能會開始在嬰兒床上坐起來了，不過當他無法自行再躺下時就會很沮喪。建議妳把他立著抱起，當妳把他放下準備小睡時，鼓勵他練習自己躺下；而當他能自行爬起躺下時，妳就必須介入，協助他躺回去，做這件事時必須盡可能將四周的動靜和言語刺激減到最低。

🌸 如果發生這種情況，最好把白天的睡眠總時數拿來檢查，因為夜裡不斷的醒來、起身，很可能是白天睡覺睡太多的結果，只要將早上小睡的時間減少或取消，很容易就能糾正過來。

🌸 有些寶寶的睡眠需求到了十二個月大時會突然改變。為了讓他們在夜裡能繼續睡十二個小時，他們白天的睡眠總時數必須減少到兩個小時。

⚙ 取消早上的小睡

如果妳希望寶寶能繼續在夜裡安睡，午睡也能睡得好，但孩子卻還沒自行縮短早上的小睡時間，妳就必須現在馬上開始進行修正。

也就是逐漸將早上的小睡時間推到九點半開始，這樣寶寶大概能在九點四十五分到十點之間睡著。當寶寶能高高興興地撐到這個時間，再逐漸將這次小睡時間縮短到 15 分鐘；之後午睡時間再延到中午十二點四十五分左右開始，並讓他睡一個不要超過兩個小時的午覺即可。

建議

🌸 如果寶寶在早上九點四十五分到十點間沒有要睡覺的樣子，不要一受到引誘就放任他不睡，因為這樣一來他就會太早想要睡午覺，導致上床時不是太累，就是時間提早太多。

🌸 持續將寶寶早上的小睡時間往後延到接近十一點到十一點十五分，然後讓他小睡 5 ～ 10 分鐘，不要超過，那麼他就能撐到中午十二點四十五分到一點再睡午覺，這時妳就可以把早上那次小睡取消，讓他撐到中午十二點十五分到十二點半之間，直接睡二個小時午覺。

🌸 如果妳發現寶寶變得非常累，無法好好吃午餐，那麼在短時間內，把午餐時間稍微提前，直到他的生理時鐘能調整到新的小睡時間為止。一般我會發現，當吃過了午餐，大多數的寶寶都能好好撐到中午十二點十五分到十二點半。

⭐ 餵食：學習咀嚼

寶寶應該已經養成一日三餐的習慣了，而且有時候也能自己進食，這時可以，讓寶寶學會如何正確的咀嚼。他大部分的食物應該都是切碎、切片或是切丁的。如果妳還沒這麼做，那麼九到十二個月正是讓他開始嘗試新鮮蔬菜和沙拉的好時機，每一餐的內容都試著加入一些手指食物。

鼓勵九到十二個月大的寶寶自己進食是很重要的，用兩支湯匙是個不錯的方法。一支湯匙上面放食物，讓他用手握著，然後輕柔的握住他的手腕，鼓勵他將食物送入嘴裡；同時妳可以用另外一支湯匙繼續餵他。嘗試這些餵食動作時，不要感到氣餒，就算有一定分量的食物掉落在地板上，但讓他能夠自己進食是一件重要的事情。

建議

✿ 九個月大時，不管是水、早餐，以及下午兩點半的配方奶，都應該要使用吸嘴杯來喝。到了一歲後，包括他上床前奶水在內的所有流質，都要讓他用吸嘴杯來喝。

✿ 想要了解這階段與固體食物相關的更多資訊，請參考 294 頁。

Chapter **15**

開始吃固體食物

開始離乳

英國衛生部（DoH）從世界衛生組織（WHO）取得的最新指導原則和推薦，都建議寶寶滿六個月之前最好是由母親親自母乳哺育，也就是說，不要吃固體食物或喝嬰兒配方奶。

之前英國衛生部的意見是——嬰兒可以在四到六個月之間離乳，但是在第十七週之前，不要餵食固體食物。這是因為寶寶齒齦內膜及腎臟的發育要到四個月大才能完成到足以處理固體食物產生的廢棄物，此外，如果寶寶在消化酵素酶還沒有成熟之前就吃固體食物，消化系統有受損的可能。

在增訂本書的期間，我曾和許多營養專家、小兒科醫師及我自己網站的數百位媽媽談過。很明顯的，這些建議之間存在著一些爭議。我發現，在過去幾年間，和來自全世界各國的媽媽們對話，許多國家對於寶寶離乳的指示，又重新回到四到六個月之間。當然了，也有一些健康專家認為，威脅四到六個月寶寶健康的並不是在四到六個月間離乳，而是離乳期間給寶寶吃的食物。可以想見，許多寶寶滿六個月以後就無法單靠奶水了，我呼籲各位要把心中的顧慮和妳的家庭醫師討論，並採取他們的意見。

黃金守則：

- 寶寶滿十七週之前不可以給他吃固體食物。
- 當寶寶的神經肌肉協調力已經充分發育之後，才能開始讓寶寶離乳，這樣寶寶直立坐在有支撐的餐椅上被餵食時，才有辦法控制自己的頭部和頸部。
- 寶寶要能輕鬆的把食物吞嚥進去，也就是把食物從嘴巴的前端送到後端。

⭐ 6 個月大時應補充含鐵食物

在本章中，我會摘要性的介紹如何讓寶寶開始吃固體食物。如果想要取得更多詳細資訊，推薦參考《The Contented Little Baby Book of Weaning》一書，裡面有寶寶離乳頭兩個月的每天食物詳細計畫方案，可以確保寶寶在離乳期獲得正確又均衡的奶水與食物比例。如果妳採用的是本書裡的離乳計畫，並依照書中建議的食物順序開始，那麼妳應該就有信心，寶寶不會有食物過敏的風險。

寶寶六個月大時，得開始補充含鐵質的食物，這是因為他們從出生以來，體內的鐵質儲存量用到這個年紀幾乎要耗盡了。鐵質對於紅血球的健康是非常必要的，而紅血球則是體內傳送氧氣的單位，幼兒如果沒有攝取足量的鐵質，就會有缺鐵性貧血的風險，因而產生疲憊、煩躁不安、整體性精神氣血不足的情況。

在英國，十八個月大的幼兒高達四分之一有缺鐵性貧血的跡象，所以補充含鐵質的食物就非常重要。像是強化鐵質的早餐米粉麥粉、青花椰菜、豆子、紅肉和添加了鐵質的食物等，都會在短時間內就讓寶寶開始食用了。妳需要讓寶寶很快的把該階段建議的食物都嘗試一遍，尤其是含有鐵質的紅肉和豆類都應該添加進來；至於喝嬰兒配方奶的寶寶，奶粉裡已經有補充鐵質了。

⭐ 寶寶準備離乳的表現

我不認識妳的寶寶，所以無法告訴妳他什麼時候會做好離乳的準備。建議仔細注意寶寶是否已經出現要離乳的跡象，因為時間點可能會比英國衛生部推薦的來得早。

如果妳家寶寶還不到六個月，卻已經出現以下列出的所有跡象，那麼就有必要跟家庭醫師好好討論，看看是否要讓妳家寶寶提前離乳，這一點很重要。

我希望以下的原則能幫助妳看出寶寶是否有要離乳的跡象。

跡象　　　**寶寶如果出現以下情形，可能就已經有離乳的準備了：**

🌸 寶寶已經每天四、五次喝完媽媽兩邊的乳量，或者每次餵奶時都喝完一大瓶 240cc 的嬰兒配方奶。之前他在兩餐相隔四個小時的狀況下還高高興興，但現在卻顯得煩躁不安，在下次餵奶時間到達之前不斷地吃自己的小手。

🌸 寶寶已經喝完媽媽兩邊乳房的奶水，或者一大瓶 240cc 的嬰兒配方奶，但是當他喝完時卻開始尖叫，想再繼續喝。

🌸 他之前不論是夜裡還是白天的小睡，都睡得不錯，但是現在卻開始愈來愈早醒。

🌸 寶寶吃手的動作很頻繁，也開始有手眼協調的動作出現，會試著把東西放進嘴裡。

如果妳的寶寶已經超過四個月，體重是出生時的兩倍，而且持續出現上述的大部分的跡象，那麼他可能開始有離乳的準備了。如果寶寶還不到六個月，那麼妳應該把這情況告訴家庭醫師，再決定下一步如何進行；如果妳決定要等到寶寶六個月才讓他開始吃固體食物，那麼增加餵奶量讓他吃飽很重要。

之前晚上十點半餵少量奶水就能安睡到天亮的寶寶，現在可能必須把這餐的奶量提高，而且如果寶寶在六個月之前又再次經歷了快速成長期，那麼妳在半夜可能還得多餵一次。在寶寶成長過程中，了解快速成長期及他的胃口大小這件事很重要；如果妳希望六個月之前都只餵母乳，那麼希望寶寶只靠一日四次的哺乳是不合理的。

⭐ 母乳哺育的寶寶

完全由媽媽親自哺乳的寶寶比較難判斷他們到底喝進了多少奶水。如果妳的寶寶已經滿四個月，而且有上述大部分的跡象，那麼就需要和家庭醫

師討論，看看該如何進行；如果寶寶還不滿四個月，每週增加的體重也不足，那麼很可能是媽媽的母乳分泌量在傍晚變得非常少，這種情況只需要多喝一點奶水就好。我建議在最晚一次餵奶後，讓寶寶追加一次60～90cc的奶量，擠好的母乳或是配方奶都好；如果這樣還不管用，或是寶寶夜裡醒來不只一次，那麼最晚一餐的奶，我會改用滿滿一整瓶來餵。

多鼓勵妳的另一半來餵寶寶，讓妳在晚上九點半和十點之間，擠完不管多少分量的奶水後都可以早點上床休息，以免奶水的分泌量跟著減少。媽媽通常會發現，這次擠出來的奶水量只有90～120cc，比寶寶這次餵奶所需的分量少多了，必要的話，這次擠出來的奶水可以拿來在白天其他時段餵，以減少需要進一步補充瓶餵的機會。

這樣的計畫通常已經能讓寶寶止餓，並讓體重增加的情況獲得改善。在寶寶十七週之前，絕對不可以讓寶寶離乳，而且假如妳要讓寶寶在滿六個月之前離乳，一定要諮詢於醫師的意見。

必須避免的食物

在出生後的前兩年，因為對寶寶的健康有害，有些特定的食物最好是少量嘗試，或是乾脆避掉不吃。從這方面來看，兩種高居榜首的禍害就是糖和鹽。

糖

在離乳的第一年，寶寶所有的食物之中最好都不要放糖，因為這會讓他養成愛吃甜食的習慣。如果寶寶被允許吃很多含糖或代糖的食物，那麼他對鹹味食物的胃口，可能會就受到嚴重的影響。不過，如果買的是市售的食

品，這些成分是很難避免的。英國消費者協會針對市面 420 種嬰兒產品進行測試，結果顯示，有百分之四十的產品有含糖、果汁，或兩者皆有。所以在選購米、麥粉等市售產品時，要仔細查看上面的標示。譬如糖（sugar）有可能以葡萄糖（dextrose）、果糖（fructose）、葡萄糖（glucose）或是蔗糖（sucrose）的標示出現；此外，也要注意查看糖漿或是濃縮果汁，這些成分有時候也會被當做甜味劑使用。

飲食中含有過多糖不僅會使寶寶拒絕食用鹹味食物，也可能會引起嚴重的問題，像是蛀牙或糖尿病。由於糖很快就能轉換成能量，嬰幼兒如果過度食用就會變得過動。

焗豆、義大利圈圈麵（spaghetti hoops）、玉米片、魚柳、果醬、番茄醬、罐頭湯和優格這類產品，只是日常食品中含有隱形糖分的一小部分而已，所以當寶寶到達學步期後，很注意別讓他吃太多這類食物。此外，仔細檢查果汁以及果汁飲品的標示也是非常重要的。

✪ 鹽

兩歲以下的幼童食物中不能加鹽——他們所需要的鹽分，從天然的來源，例如蔬菜中取得就可以了。在幼兒的食物中加鹽是一件非常危險的事，因為會對他們尚未成熟的腎臟造成負擔，研究顯示，鹽分攝取量高的兒童，長大後也比較容易罹患心臟疾病。

當寶寶大到足以和家人一起共餐的重要階段時，在烹飪時不要加鹽是很重要的，妳可以先把煮給寶寶吃的食物盛起來，其他家人要吃的部分再加鹽。就和糖一樣，市售的加工食品和熟食中，很多鹽分含量都很高，記得在給妳的學步期寶貝這些食物之前，仔細查看標示。

為寶寶準備烹調副食品

自行幫寶寶製作食物不僅價格比較便宜，更重要的是，也營養多了，而且如果妳一次大量製作，再分裝成小分放入冰箱冷凍，未必會麻煩且耗時。寶寶進食用的容器要繼續消毒，並準備好製冰盒、冷凍袋，妳可參考下列的一般性指示：

建議

🌸 準備食物時，務必要確定所有工作檯面都非常乾淨，並且用抗菌清潔劑擦試過，最後再使用廚房紙巾來清潔表面並擦乾。因為紙巾比廚房抹布或毛巾乾淨，後者可能會帶菌。

🌸 所有新鮮水果蔬菜應該都要仔細的去皮、去核、去籽，並把有瑕疵斑點的地方挖掉，之後再用過濾過的水沖洗乾淨。

🌸 如果妳被建議要讓寶寶提早離乳，請記住，寶寶六個月之前，所有的水果和蔬菜都必須先煮過（香蕉和酪梨除外）。無論是蒸或是用過濾的水煮都可以。

🌸 鹽、糖或是蜂蜜都不可以加。

🌸 最初的階段，所有的食物都必須煮到軟透，能被磨成質地很細滑的泥狀。過程可能需要加入少量煮沸的水，這樣烹調出的食物才能與細滑的優格質感相近。

🌸 如果使用食物處理機，要用湯匙仔細檢查有沒有沒攪碎的塊狀，並將攪好的食物倒進另外一個碗裡放涼；接著裝到製冰盒或是冷凍袋中，放入冷凍庫中儲存。

✪ 消毒餵食器具

最初的六個月，所有的餵食器具都要消毒，只要用過就必須消毒；製冰盒或冷凍容器可以用一個大湯鍋加水煮沸 5 分鐘（需選擇耐高溫材質）。

如果妳有蒸汽消毒鍋，可以用這種消毒鍋來消毒一些小東西，像是湯匙、裝食物的碗，請遵守消毒器製造商所建議的時間來消毒。烹煮用具則照一般方法以洗碗機清洗，或是將手洗好的用具，以剛從水壺裡倒出來的沸水沖洗消毒。

✪ 分裝食物，放入冰箱保存

> **建議**

- ❀ 煮好、磨成泥的食物盡量以最快速度覆蓋，在溫度降到能放進冰箱的程度時，趕快放進去冷凍。

- ❀ 絕對不要把還溫熱的食物放進冷藏室或冷凍庫。

- ❀ 用冰箱溫度計來檢查冰箱的溫度。溫度應該是攝氏 -18 度。如果妳沒有冰箱用溫度計，可以至五金行或是到大超市、百貨公司的廚具部門購買。

- ❀ 使用製冰盒時，將裡面填好食物泥，放入冷凍庫等到內容物結凍成冰後，再把冰塊倒出來放到消毒過的塑膠盒裡密封好，放進去繼續冷凍。至於無法消毒的容器，如塑膠袋一類，要等寶寶六個月大以後才能用。

- ❀ 所有食物都要有標示清楚的日期。

- ❀ 使用食品標準局（Food Standard Agencies）規範內的食物。

- ❀ 煮熟的食物不要解凍後又冰回去。如果食物原來是結凍的生食，那麼解凍、煮食過後是可以再冷凍回去的，舉例來說，像是生的冷凍雞胸，解凍煮熟後，可以當成砂鍋菜再放回去冷凍。

⊛ 解凍、加熱的訣竅

建議 ⦁ ⦁ ⦁ ⦁ ⦁ ⦁ ⦁ ⦁ ⦁ ⦁ ⦁

解凍

✿ 把冷凍（加蓋）的食物放在冷藏一晚，如果忘記的話，就放在室溫中待一解凍，馬上裝到盤子裡放入冷藏庫。一定不能忘記隨時把蓋子蓋好，下面墊一個盤子接滴水。

✿ 絕對不要把食物放入溫水或熱水中加速解凍。

✿ 解凍的食物，24 小時之內一定要食用完畢。

重新加熱

✿ 食物一定要完全加熱，確保所有的細菌都能被殺死。如果使用瓶子或罐子裝，一定要先盛到盤子上，絕對不要直接從瓶子裡取出食物餵食寶寶。所有沒吃完的食物都要丟棄，不可再次加熱食用。

✿ 整批烹煮時，先把一部分的食物取出來給寶寶食用，剩下的再放入冷凍。不要把所有冷凍過的食物都加熱，然後沒吃完的再冰回去。

✿ 如果寶寶只吃得下一小部分，那麼妳可能會想把沒吃完的重新加熱，等一下讓他繼續吃，但千萬別這樣做！和大人相比，寶寶很容易食物中毒，所以要養成把沒吃完食物立刻倒掉的習慣。

✿ 食物只能重新加熱一次。

提早讓寶寶離乳

就算還沒到建議的六個月離乳時間，但已經可以開始做離乳的準備時，也別忘記奶水仍然是他最重要的食物來源，因為奶水中有比例均衡的維生素和礦物質。寶寶六個月之前的固體食物被分級為第一階段副食品，應該以幾週的時間緩慢增加，讓寶寶逐步做好一日三餐的準備。先給寶寶喝奶可以確保他每日的奶水攝取量，不會在他六個月之前快速的減少。

由英國薩里大學（University of Surrey）針對固體食物的進食和逐步離乳所作的研究報告指出，寶寶的餐飲中如果含有太多的水果，很容易引起腹瀉，甚至導致成長緩慢。他們建議，專為嬰兒特製的米粉是最適合寶寶在離乳初期食用的食物，對於那些腸胃尚在發育中的寶寶來說，水果的耐受度就沒那麼好了。

請記住，只要寶寶的牙齒長出來，並且開始吃任何類型的固體食物時，一天就必須幫他潔牙兩次。

⭐ 如何開始

▶ **建議** • • • • • • • • • • • • • •

❀ 先從早上十一點那一餐開始試固體食物。把要提供固體食物時會用到的東西都事先準備好：如嬰兒椅、圍兜、湯匙、碗，以及一塊乾淨、剛洗好的濕布。

❀ 先給寶寶一茶匙米糊。米糊是由有機的純米粉，以母乳、嬰兒配方奶或是過濾水煮沸冷卻後混合調成，質地滑順。

❀ 餵寶寶吃米糊之前，一定要先檢查看看入口的溫度對寶寶來說會不會太高。用淺的矽膠湯匙餵寶寶 —— 不要用金屬材質的，因為邊緣可能會太銳利或溫度太燙。

❀ 有些寶寶需要被教導如何用湯匙餵食。把湯匙放在剛好能夠放進口中的距離，將湯匙沿著口中的上緣往前一送一出，寶寶的上齒齦就會把食物留下來。

✿ 寶寶連續兩、三天在早上十一點吃了米糊後，妳就可以開始把早上十一點的固體食物換成梨子泥，然後傍晚再盛米糊讓他吃。在傍晚五點左右，先餵他少量的奶水，接著餵固體食物，慢慢的減少下午五點的奶量，增加固體食物的分量，這樣在六個月之前，寶寶五點這一餐就能全部改吃固體食物了。

✿ 當寶寶下午五點這餐能高興的吃下一到兩茶匙以奶水或是水混合而成的米糊後，寶寶的米糊裡也就能開始混入少量的梨子、蘋果等水果泥；然後早上十一點那一餐，妳就該讓寶寶開始試吃不同的蔬菜了。

✿ 什麼時候要增加分量，應該由寶寶來主導。他覺得吃飽了，就會把頭轉開，開始挑剔起來。

✿ 在傍晚的米糊中混入磨泥的食物會讓米糊變得更加美味，也能避免寶寶便秘。

✿ 現在可以開始讓寶寶吃少量的有機蔬果了。在十一點的餵食之後，一次先吃一種。

✿ 為了避免寶寶養成愛吃甜食的習慣，給他的蔬菜應該盡量比水果多。在這個階段，盡量不要給他味道強烈的蔬菜，像是菠菜或青江菜，多給他一些根莖類蔬菜，如胡蘿蔔、番薯和瑞典蕪菁（swede）。這些蔬菜裡面含有天然的糖分，吃起來比較甜，味道也柔和，對寶寶來說可能會更加美味。

✿ 讓六個月以下的寶寶，每隔兩、三天開始少量嘗試新的食物種類很重要。一步步依照寶寶自己的引導來增加固體食物的分量，雖說每個寶寶的情況都不一樣，不過，我發現六、七個月大的寶寶，午餐和下午點心時間，大概可以吃六湯匙左右的量。只要妳持續遵守第一階段離乳期推薦的食物種類，超過六個月大的寶寶可能每隔幾天就要增加餐食的分量，而妳也能讓嘗試新食物的事一起進行。把寶寶每天所吃的食物記在日誌裡，可以讓妳了解寶寶對每一種新食物的反應。

✿ 給寶寶新的食物時，就算他把食物吐出來，妳也要保持正面態度，微笑以對；吐出來未必表示他討厭這種食物，請記住，這種食物對他來說是全新的嘗試，他對不同的食物可能有不同的反應。不過，如果他正面拒絕了某種食物，先別去理會，隔一週左右再餵一次試試看。

✿ 一定要先給他喝奶，因為從營養的觀點來看，這是這階段他最重要的
主食。從我的經驗來看，雖說寶寶的胃口大小會改變，不過大多數的
寶寶一天必須喝四到五次完整的一大瓶配方奶，或是母乳。如果寶寶
長得很好，也開開心心的，那麼一旦養成了吃固體食物的習慣後，在
這個階段每天被推薦的攝取奶量是 600cc。

想了解更多與離乳有關的詳細資訊，包括離乳期頭兩個月每天的進食
計畫、什麼食物該在什麼時候開始吃和吃多少，以及幫寶寶準備食物時可
以使用的食譜，請參考《The Contented Little Baby Book of Weaning》。
而《The Gina Ford Baby and Toddler Cook Book》一書中有很多適合嬰
幼兒的食譜，作法簡單。《Feeding Made Easy》裡面則有適合全家的食譜，
包括不可或缺的餐食計劃書。

第一階段：6 ～ 7 個月

如果妳家寶寶在六個月之前就開始離乳，那麼現在應該已經吃過嬰兒
米糊，外加一些在第一階段離乳期所建議的多種蔬菜水果。請參考右頁的說
明，看看什麼時候可以開始讓寶寶嘗試吃米糊、水果和蔬菜。

當妳開始讓寶寶離乳以後，持續不斷的介紹寶寶吃屬於第一階段離乳
期不同種類的蔬果很重要。水果和蔬菜要用過濾水蒸過或煮過，且煮軟到能
磨成泥；磨泥時可以把煮蔬果的水加進去，混合到想要的濃稠度，如果是蔬
菜，也可以用沒加鹽的雞湯來混合。

😊 不適合給寶寶的食物

　　要避免一開始就給孩子吃奶製品、小麥、蛋、核果類和柑橘類的水果，因為這些食物最可能讓寶寶過敏；一歲之前，也別讓寶寶吃蜂蜜。肉、雞和魚都要等寶寶其他的固體食物能消化到一定合理的量之後，才能開始嘗試，因為我看過很多因為太早餵寶寶吃牛、豬、雞、或魚產生問題，所以妳要把第一階段上面的食物種類都試過，才能讓寶寶開始吃蛋白質食物。同時，寶寶最初的鐵質來源，可以在豆類、青花椰菜以及加強鐵質的嬰兒米、麥糊裡攝取到。

😊 提供食物的原則

　　當寶寶在六個月大開始離乳時，妳需要很快的讓寶寶把第一階段的食物試過一次，這樣寶寶接下來才能經常食用含豐富鐵質的肉類和植物性蛋白質。

　　有一種概略性原則是——在下午點心，可以每隔幾天增加一茶匙乾米飯；而午餐則每隔幾天增加一點風味好但不甜的食物。此外，在寶寶養成吃固體食物的習慣後，快速的將寶寶每天的奶水攝取次數降低到一日四次也是很必要的。

　　在寶寶六、七個月之時，妳應該每天給他兩到三分碳水化合物，例如麥片、全麥麵包、義大利麵或是馬鈴薯都可以；每天也要有三分蔬菜或水果，以及一分動物性或植物性蛋白質。

😊 適合給寶寶的食物：泥狀

　　純的有機嬰兒米粉、梨子、蘋果、胡蘿蔔、番薯、馬鈴薯、四季豆、櫛瓜和瑞典菁蕪都是理想的第一階段離乳食。當寶寶已經愉快的接受這些食物之後，妳就可以開始讓他嘗試歐洲蘿蔔（parsnip）、桃子、青／白花椰菜、酪梨、大麥。

牛、豬、雞、魚和豆類等蛋白質，應該在寶寶六、七個月之間、固體食物攝取量已經到六湯匙左右時再開始吃。肉類一定要仔細檢查，裡面不可以留有任何骨頭，脂肪和皮也都要除掉。有些寶寶對於單獨烹煮、味道太重的蛋白質類食物較難接受，建議雞肉和豬肉、牛肉可以搭配根莖類蔬菜以燉鍋的形式來烹煮；魚則和奶醬一起，直到寶寶習慣食物不同的口感和口味為止；至於豆子用食物處理機來處理後，寶寶會比較容易入口。

● 早餐先喝奶再吃固體食物

如果還不到早上十一點，寶寶就露出肚子餓的樣子，那表示他應該可以開始準備吃固體食物早餐了，這種情況通常發生在寶寶六、七個月大時。當他開始吃固體早餐後，妳就可以慢慢把早上十一點的那餐奶稍微往後延到十一點半到十二點之間。

我發現大部分的寶寶都喜歡吃有機米、麥糊或小米粥加上少量的水果泥，到了七個月之前，如果寶寶吃的已經是完整的早餐麥片、水果，或許還有少量的吐司了，那妳就該設定目標，開始減少他從奶瓶中喝下的奶量，試著把其中一部分的奶當成飲料讓他喝，剩下的加入麥片粥裡。在寶寶吃固體早餐之前，一定要先鼓勵他喝至少 150 ～ 180cc 的奶，吃完固體食物後，再讓他把剩下的奶喝掉。

如果妳還在餵寶寶喝母奶，一定要讓寶寶先吸第一邊的奶，然後給他固體食物，之後再把第二邊的奶給他。一定要非常注意，不要一下增加太多固體食物量，以免導致他大量減少母乳攝取量。

如果妳的寶寶已經七個月大，卻還拒絕吃固體早餐，妳可以把他的奶量稍微減少，鼓勵他吃少量的固體食物。

✪ 6 個月前餵食計劃表

　　不管妳是在寶寶六個月大以前，或是六個月大時，也不管他是否已經開始吃固體食物了，在讓他開始攝取蛋白質食物之前，要訂定一個類似下面的餵食計劃表。這樣可以確保寶寶身體的系統能消化合理分量的固體食物，並且能處理剛開始嘗試的蛋白質。

7 ～ 7.30am　　早餐

● 餵母乳或給 180 ～ 240cc 的配方奶。

● 2 ～ 3 茶匙的米、麥粉，以母乳或配方奶以及 1 ～ 2 湯匙水果泥混合。

11.15 ～ 11.30am　　午餐

● 餵母乳或給 60 ～ 90cc 的配方奶。

● 2 ～ 3 湯匙的番薯泥以及 2 ～ 3 湯匙的水果泥，外加 1 ～ 2 湯匙的花椰菜或綠色蔬菜泥，以雞高湯混合。

2 ～ 2.30pm　　下午

● 餵母乳或給 150 ～ 210cc 的配方奶。

● 餵母乳或給 180 ～ 240cc 的配方奶。

6pm　　下午點心

● 5 ～ 6 茶匙的嬰兒米粉，以母乳、配方奶或冷開水混合，再加 2 湯匙的水果泥一起拌勻。

✪ 午餐時開始吃蛋白質

如果妳被建議要在四個月就提早讓寶寶離乳，而且寶寶已經在吃六湯匙左右的混合蔬菜，那麼當他滿六個月，妳就應該可以儘快讓他開始吃蛋白質食物了。如果妳在寶寶六個月時讓他開始離乳，可能會需要兩到三週的時間才能吃到那個分量。

要開始食用蛋白質食物，最好的方式是先以《The Contented Little Baby Book of Weaning》、《The Gina Ford Baby and Toddler Cook Book》或《Feeding Made Easy》食譜上的兩小塊純雞肉、紅扁豆或是魚料理來取代兩小塊蔬菜，在這個階段，讓寶寶開始吃新的蛋白質食物時要慢慢來——每隔三天一種是差不多可以接受的速度。

如果妳的寶寶沒有什麼特別反應，那麼就可以每天繼續換掉一到兩小塊的蔬菜塊，直到六小塊蔬菜都完全被蛋白質食物取代。當寶寶午餐時吃的是全部都是蛋白質時，那麼讓寶寶在午餐時間開始使用吸嘴杯就很重要了。

✪ 減少或停掉午餐的奶

當寶寶午餐開始吃蛋白質，而固體食物的食量也在六湯匙左右時，奶水攝取量應該就要減到 60 ～ 90cc。

在這階段，寶寶用餐中間以及用餐結束後記得要給他少量的水喝，事實上可以考慮乾脆把奶停掉，不過，如果妳發現寶寶午睡時間會開始稍微提早醒來，妳可以在他午睡之前，再餵他少許的奶並進行幾週。

當午餐的奶被停掉後，寶寶可能得增加下午兩點半的餵奶。不過，如果妳注意到他下午點心時間的固體食物食量減少太多，那麼這次餵食的奶維持少量就好。

在寶寶六、七個月大時，午餐時間一旦養成吃蛋白質食物的習慣，那麼五點的奶和寶寶米糊、水果泥的混合餐，就應該要慢慢被沒有甜味的餐食取代，吃的時候可讓他從吸嘴杯喝少量的冷開水，然後在晚上六點半左右，應該要餵寶寶一頓完整分量的奶。

❂ 開始使用吸嘴杯

寶寶在午餐時一旦開始吃蛋白質食物，那他在這一餐就應該以冷開水取代奶，而且應該使用吸嘴杯。大部分寶寶到了這個月齡時，都已經可以吸吮和吞嚥了，只要妳持續並一直用吸嘴杯讓他喝水，應該就可以喝得不錯。

一開始不要擔心寶寶真正喝進去的量很少，因為到了下午兩點半的餵食他就會補上，或者晚一點，他也會再多喝一些冷開水。

如果妳發現，寶寶取消午餐的奶之後，午覺時間安置不下來，那麼短期間內，妳可能得再恢復午睡之前追加少量奶的作法，但是要讓他和午餐時間一樣，用吸嘴杯來喝。

❂ 下午點心／晚餐

如果妳一直有注意供給寶寶早餐和午餐的食物是否均衡，那麼這餐妳就可以放輕鬆一點。當寶寶已經習慣吃早餐和午餐，妳就可以在下午五點讓他坐下來，給他少量的下午點心。

有的寶寶在這個階段會變得比較愛吵鬧，所以妳給的食物必須做起來快速、簡單的——事先準備好並冷凍起來的濃厚蔬菜湯和烤蔬菜絕對是個好選項；義大利麵或是烤馬鈴薯和蔬菜、醬汁一起料理也是營養又方便。吃完固體食物後，如果寶寶仍舊飢腸轆轆，還可以再給他一些牛奶布丁或優格。

✪ 每日所需

提早在六個月之前離乳的寶寶現在一天之中可能已經有兩餐吃固體食物了,而在六、七個月之間,要讓寶寶朝著一日三餐的方向去努力。這些餐食中應該包括三分碳水化合物,像是麥片、麵包和義大利麵,外加至少三分的蔬菜、水果,以及一分磨成泥的肉類、魚或是兩分豆子。

到了六個月之前,寶寶體內與生俱來的鐵質大概就已經消耗殆盡了,由於寶寶在六到十二個月之間,對於鐵質的需要特別高,所以應在餐食中提供適量的礦物質,為了促進米、麥糊和肉類中鐵質的吸收,吃的時候一定要搭配水果或富含維生素 C 的蔬菜。

✪ 減少奶的攝取

攝取營養均衡的固體食物固然重要,但是持續攝取適量的奶也很重要。雖說寶寶在固體食物攝取量增加時,早上十一點的母乳或配方奶攝取量會降低,但是最少一天也需要 500 ～ 600cc 的母乳或嬰兒配方奶,這個分量也包括了用來調製食物的奶水。

從六個月開始離乳的寶寶,一天可能還是會喝到四到五次的奶,如果妳不希望寶寶拒吃固體食物,奶的攝取量必須在短時間內減下來。有些到了六個月還在喝大量母乳或配方奶的寶寶,會對吃固體食物有抗拒,如果妳發現寶寶對於吃固體食物很挑剔,那麼妳在早上十一點餵奶時,應該只給他極少量的奶就好,這樣才能提高他對固體食物的興趣。

❂ 7 個月前餵食計劃表

　　妳可以設定目標，讓寶寶在開始吃固體食物後幾週之內，就能做到一天兩餐固體食物；到了他七個月大的時候，無論是什麼時候開始離乳的，所有的寶寶應該都已經養成一天兩餐固體食物的習慣，並往一天三餐、食物種類豐富，並能從不同階段食物群組中做組合的目標前進。在寶寶即將滿七個月前，一天的食譜會類似下面：

7 ～ 7.30am　早餐

- 餵母乳或 150 ～ 240cc 的配方奶，其中 60 ～ 90cc 混合米、麥粉食用。

- 4 ～ 6 茶匙的麥粉，混合母乳或配方奶和水果，或是吐司麵包上面塗水果泥。

11.30am　午餐

- 6 湯匙的雞肉燉煮，或蔬菜加扁豆牧羊人派（碎肉餡餅），或蒸魚加奶油醬蔬菜，並用吸嘴杯喝少量開水。

2.30pm　下午

- 餵母乳或 120 ～ 210cc 的配方奶。如果寶寶在睡午覺之前還是有喝少量的奶，那這次餵食的量就要減少，不然下午五點的那餐胃口就會不好。

5pm　下午茶

- 6 湯匙的烤馬鈴薯加奶油醬蔬菜，或紅椒醬義大利麵。
- 提供乳酪、米餅或優格，及用吸嘴杯喝少量開水。

6.30pm

- 餵母乳或 210 ～ 240cc 的嬰兒配方奶。

7 個月前餵食的提示：

- 當寶寶開始養成一日三餐優質固體食物的習慣，外加三或四次完整的母乳或配方奶，那麼他在不餵食的狀況下，撐上十二小時左右不吃東西應該是做得到的。

- 如果寶寶在開始吃固體食物後，最後一次的餵奶量並未減少，那麼他所攝取的固體食物分量或許會跟他的年齡或體重不符合；又或者他在六點半那一次餵食時吃的分量太少。

- 記錄寶寶每天所吃的所有食物以及攝取的奶量，以四天左右為一期，可以幫助妳了解寶寶最晚一餐為什麼沒能減量的原因。

- 到了滿六個月之前，寶寶或許就可以準備坐在餐椅上吃飯了。坐在餐椅上時，帶子一定要綁好，而且絕對不能讓寶寶無人看顧。

 ## 第二階段：7～9個月

在離乳的第二階段，寶寶的奶水攝取量會漸漸減少，而固體食物的分量則會增加。不過，無論如何，在這個階段，寶寶每天至少還是要喝 500～600cc 的母乳或配方奶，這個分量的奶水通常會分三次餵，有一部分還會混入食物中或是用於烹飪。妳的目標是如何讓寶寶擁有優質的一日三餐固體食物，這樣到了九個月時，他主要的營養就能從固體食物中取得了。

在這個階段，要讓寶寶廣泛的從各種不同的食物群組（碳水化合物、蛋白質、奶、纖維質、礦物質）中嘗試各式各樣的食物，這樣寶寶的營養需求才能獲得滿足。大多數寶寶現在已經可以接受味道比較強烈的食物了，而且他們也樂於嘗試不同的食物口感、色彩和呈現方式。記得食物必須被壓成泥狀或小塊狀，或以食物處理器處理過並分開放置，避免把所有的食材都混在一起；至於水果不必再煮，可以用磨板磨或壓成泥。

✪ 開始手指食物

　　這個時期，也正是寶寶會開始把食物放進嘴裡的時候，口感柔軟的生鮮水果、稍微煮過的蔬菜和吐司麵包，都能當手指食物給寶寶吃。寶寶對於食物是又吸吮又擠壓，吃下肚的反而沒多少，但是給他機會，讓他自己進食，對於日後養成良好的飲食習慣是有幫助的。當寶寶吃手指食物時，在用餐之前，務必要幫他把手洗乾淨，同時「絕對」不可以讓他在沒人看管的情況下吃東西。

　　在第二階段，寶寶開始增加攝取的食物種類時，妳就可以計畫適合全家人一起享用的餐了。當妳給寶寶吃燉菜時，裡面的肉必須壓成泥或用食物處理器處理過。作法是把一部分的肉取出來，加入一點點湯汁，然後壓碎或攪成寶寶能夠接受的質地即可；接著再從燉菜中拿出適量的蔬菜給寶寶。此外，妳還是得把寶寶吃的蔬菜切成小塊狀或小片狀，最重要的是——妳要開始取消讓他整頓餐都是泥狀食物的作法。請參考《The Contented Little Baby Book of Weaning》，裡面有寶寶在第二階段離乳期時，妳可以為寶寶準備的餐食類型範例。

　　寶寶到了八、九個月大時，會開始出現想自己使用湯匙的跡象，所以為了鼓勵他，妳在餵食時可以準備兩支湯匙。一支裝食物，讓他練習自己把食物送入嘴裡，這時妳可以輕柔的握住寶寶的手腕，幫助他保持手眼協調，把湯匙順利推進他的嘴裡；另外一支則是妳用來餵他，以確保食物能實實在在送入他的口中。另外，這個階段的每一餐，都應該要提供一些手指食物給他練習吃。

✪ 適合給寶寶的食物：軟的小塊狀

　　可以開始提供奶製食品、義大利麵和小麥給寶寶。全脂牛奶可以用於烹調，但是寶寶不滿一歲，不能拿來餵他喝；烹飪時，也可以開始使用少量的無鹽奶油了。

蛋黃可以開始嘗試，不過必須用水煮熟；乳酪要選擇全脂、殺過菌的，而且要磨碎，最好選購有機乳酪；煮燉菜時可以用橄欖油；罐裝魚肉如鮪魚，也可以納入食用範圍了，但是要選擇浸泡在蔬菜油或橄欖油中的，因為很多魚罐頭裡面都採鹽水浸泡，含鹽量較高。

另外，寶寶可以開始嘗試的蔬菜種類也比較多了，青椒、抱子甘藍、南瓜、高麗菜、番茄和菠菜都可以，在給予寶寶吃的時候記得要一步步來，並把所有反應都記錄下來。

當寶寶已經習慣用湯匙進食時，蔬菜就可以壓碎，不必磨成泥；當寶寶能愉快地吃掉壓碎的食物時，妳就可以開始讓他嘗試少量的手指食物。

蔬菜應該要煮到軟，切成小塊狀，或者蒸熟，混合成適當的濃稠度。當寶寶已經能夠適應煮到柔軟的蔬菜塊，和果肉較軟的生鮮水果時，妳就可以讓他試試吐司麵包或是米餅了。到了九個月之前，如果寶寶已經長出幾顆牙，應該就能吃切碎的生鮮沙拉中的蔬菜了。

⭐ 早餐

可以開始讓寶寶吃低糖麥片粥了，請選購有添加鐵質和維生素 B 群的產品。麥片粥可以在燕麥和小麥之間輪換，就算寶寶對其中一種比較偏好，妳也可以輪流讓他吃。如果妳們對這類食物有家族過敏史，那就要延後讓寶寶吃的時間——請跟家庭醫師或營養師討論；如果寶寶拒吃麥片粥，可以加一點壓碎或磨碎的水果試試。

妳可以用塗了少量奶油的條狀烤吐司麵包給寶寶當手指食物，並鼓勵他吃；寶寶會用手指拿東西吃了以後，妳就可以給他不同的水果和優格，讓他配著條狀吐司麵包吃。

大多數寶寶早上一起床，就會想喝奶，所以先餵他喝三分之二的奶量；當他接近九個月大時，可能就會開始出現不急著喝奶的情況，這時就可以用吸嘴杯喝母奶或配方奶。

✪ 午餐

如果寶寶早餐吃得不錯，妳就可以把午餐時間往後延到早上十一點四十五分到中午十二點之間；不過，如果他早餐吃得少，午餐的時間就需要稍微往前提。同樣的道理，寶寶早上的小睡時間如果很短，那麼午餐時間也需要提早。記住不要讓寶寶太累，肚子如果太餓，餵食的狀況也不會好，所以什麼時候讓寶寶吃午餐，得看他的狀況來決定。

此外，妳要開始養成他午餐攝取蛋白質的習慣。可以的話，盡量買沒有添加劑和成長激素的有機肉品讓寶寶食用；煙燻豬肉、培根和火腿肉不到十八個月大，不要給寶寶吃，因為這類肉品中鹽分含量高。妳在烹煮寶寶的食物時，還是要繼續保持不加鹽和不加糖的作法；不過九個月大左右，寶寶的食物中已經能添加少量的香草等香料。

如果妳讓寶寶吃素，那麼務必先諮詢專家，研究如何讓寶寶獲得均衡的胺基酸。蔬菜如果分開煮，是不完整的胺基酸來源，需要適當的混合，才能提供寶寶完整的蛋白質來源。養成吃蛋白質食物的習慣後，寶寶午餐時喝的奶就能用冷開水取代了，喝的時候要用吸嘴杯。

妳可能會發現，寶寶從吸嘴杯中喝進去的分量很少，所以下午兩點半那餐可以增加奶量，或是讓他白天晚一點再多喝一點冷開水。如果寶寶在吃過主餐之後還餓，給他一小塊乳酪、麵包棒、米餅或優格。

⭐ 下午點心

寶寶會用手指拿東西吃了之後，下午點心就可以開始增加各種迷你三明治了。烤馬鈴薯或是義大利麵，配上蔬菜和醬汁也很合適，只是他在吃這些東西時，還需要一點幫助。

有些寶寶還不到下午點心時間，就會變得疲憊又挑剔，如果寶寶吃的不多，可以試著給他一些米布丁、麥片粥、胡蘿蔔蛋糕或香蕉蛋糕，吃完下午點心後，再讓他從吸嘴杯喝少量的開水。

不過不要喝太多，因為可能會把他最晚一次的餵奶時間往後延。這個階段，在他上床前餵奶還是很重要的，如果奶量減少太多，檢查一下，是不是下午固體食物或是水喝得太多了。

⭐ 每日所需

在第二階段離乳期，努力讓寶寶養成一日適當的三餐是很重要的。餐食中應該要包括三分碳水化合物，如麥片粥、麵包和義大利麵，外加至少三分蔬菜和水果，以及一分做成泥狀的肉、魚或豆子。由於寶寶在六到十二個月期間，對鐵質的需求量特別高，所以在餐食中應提供適量的鐵質。

寶寶每日還是需要 500 ～ 600cc 的母乳或或配方奶，這分量中包含用來調和食物的奶水。如果寶寶開始拒絕喝奶，要試著把他下午點心時間吃的固體食物分量減少。

滿十個月大之前，可以多鼓勵寶寶用吸嘴杯來喝早餐所有的奶水，除了晚上上床之前的那次餵奶，其他所有母乳、配方奶或是水最好都裝在吸嘴杯裡面喝。

一個每天吃過三次完整乳量，外加三頓固體食物，卻還飢腸轆轆的寶寶，會需要在上午時間喝少量的水，吃一塊水果。

⭐ 8～9 個月餵食計劃表

7～7.30am　早餐

• 餵母乳或 150～180cc 的嬰兒配方奶，用吸嘴杯喝。

• 將壓碎的水果和優格混合，或將小麥/燕麥粥用奶水和壓碎的水果混合。

11.45am　午餐

• 奶油醬汁加雞肉、青花椰和義大利麵，或是魚塊加高麗菜和胡蘿蔔，
水果加優格，並從吸嘴杯中喝水。

2.30pm　下午

• 餵母乳或 120～180cc 的嬰兒配方奶，並用吸嘴杯喝。

5pm　下午茶

• 烤馬鈴薯加磨碎的乳酪以及蘋果，或蔬菜千層麵，並用吸嘴杯喝水。

6.30pm

• 餵母乳或 210～240cc 的嬰兒配方奶。

第三階段：9 ～ 12 個月

　　九到十二個月之間的寶寶，除了脂肪、鹽或糖含量高的食物之外，應該已經能吃所有類型的食物，並且樂在其中，不過花生和蜂蜜仍在禁食的範圍。

　　讓這個階段的寶寶學習正確的咀嚼方式是很重要的，食物可以切塊或切丁，只是肉類還是一樣用食物處理器處理過；到了寶寶快要滿週歲時，應該就能吃切碎的肉了，而這也是一個讓他嘗試生鮮蔬菜和沙拉的好時間。

　　每一頓餐食都給他一些手指食物，如果寶寶露出很想自己拿湯匙的樣子，不要打擊他。當他重複的將湯匙放入口中時，請幫他裝些食物在湯匙上，讓他自己嘗試放進口中，並把掉出來的食物用妳的湯匙幫忙送進他的嘴裡即可。

　　只要一點點幫助和引導，十二個月以上的大部分寶寶都能自行吃部分的食物了，就算寶寶自己進食時有一定分量的食物掉在地上，但是仍應多鼓勵寶寶自行進食。

⭐ 早餐

　　這一餐設定的目標，是讓寶寶攝取 200cc 的奶，一部分讓他直接喝，另一部分則加在早餐麥片粥裡。一週也可以給一、兩次炒蛋，讓寶寶換口味。一定要確定，在這餐開始就先給寶寶喝奶，當他喝了 150 ～ 180cc 的奶後，再給他一些麥片粥，之後把剩下的母乳或配方奶給他。

　　早餐時讓寶寶攝取至少 180 ～ 240cc 的母奶或配方奶，一些用吸嘴杯喝，一些加在早餐麥片裡。如果妳還在親自哺乳，先給寶寶第一邊奶，然後讓他吃固體食物，之後再給他另一邊乳房餵他。

在九到十二個月大間，寶寶一天至少需要 500cc 的奶（包括用於烹飪和麥片粥中的分量），分成兩到三次給他喝。這個總量也包括了優格和乳酪——一杯 125g 的優格或是一塊 30 公克的乳酪，相當於 210cc 的奶量。

✪ 午餐

午餐的內容應該有稍微蒸過的各種切碎蔬菜，以及一分碳水化合物，無論是馬鈴薯、義大利麵或米飯都可以，以及一分蛋白質。這個年紀的寶寶非常好動，所以下午五點前可能就會變得疲憊又煩躁不安。不過，如果午餐的營養很均衡，下午點心就不必擔心了，可以輕鬆一點；到了寶寶滿一歲之後，午餐就可以跟全家的午餐合併進行了。

準備餐食的時候不要加鹽、糖或香料，分出一點分量留給寶寶，其餘的再依照家中其他人喜歡的方式調味。要盡量讓寶寶的餐食以漂亮的方式擺盤呈現，配上五顏六色的蔬菜水果；寶寶的餐盤不要擺太多食物，少量就好，吃完了再盛，以避免寶寶玩起「把食物往地上扔」的遊戲，這個年齡的寶寶常會出現這種情況。

如果寶寶真的開始玩起自己的主餐，拒吃並把食物扔得到處都是，妳應該沉穩並堅定的跟他說「不可以」，然後把餐盤拿走。就算過了半個小時，也不可以給他任何餅乾或優格，以免他養成一種習慣——拒絕了午餐之後，如果不斷吵鬧，就可以獲得有甜味的食物。下午只能給他一片水果，看看能不能讓他撐到下午點心時間，到那時候他或許就會吃得很好了。

午餐時，用吸嘴杯給寶寶一杯稀釋、沒有加糖的純柳橙汁，柳橙汁可以促進鐵質的吸收，但是務必要確定寶寶把大部分的食物都吃了，才能讓他喝完果汁。

🔍 2.30pm 的餵食

用奶瓶餵奶的寶寶應該採用吸嘴杯來喝配方奶了，這樣一來，他們攝取的量就會自動減少。如果寶寶開始減少他最晚一次的喝奶量，那就把下午兩點半的餵奶量減少，許多寶寶到了一歲之前就會把下午兩點半的奶停掉了。

到了寶寶十二個月大時，只要他一天的奶量達到 350cc，包括用於麥片粥和烹飪的分量，那麼他的攝取量就足夠了；如果他一天的奶水攝取量達到了 540cc（包括了用於烹飪和麥片粥的分量），而他固體食物的攝取也是完整而均衡，那這一次的餵食就可以一起停掉了。當這次的餵食取消後，妳可以用小點心來取代（例如：米、沒有加糖的餅乾或一小塊水果），也讓他從吸嘴杯喝些水。

✪ 下午點心

很多寶寶到了這個年紀，都把下午兩點半的餵奶停掉了。但如果妳擔心寶寶每天的奶量攝取不足，下午點心時間可以試著提供含奶製品，如牛奶布丁或優格、義大利麵及蔬菜拌奶醬汁、碎乳酪烤馬鈴薯、乳酪烤蔬菜，或是迷你奶蛋派等。

下午點心時間通常是我幫寶寶進行奶製品補充的一餐，當寶寶拒絕喝奶的時候，這些都是很好的替代品。其次，下午點心時間也要經常給寶寶一些手指食物。

寶寶一歲之後，上床前餵一瓶奶的作法能免則免，這樣一來，寶寶才能慢慢習慣睡前少喝些奶。實際的作法可以變成──下午點心時段給寶寶少量的配方奶，然後上床時間再用吸嘴杯給寶寶 150 ～ 180cc 的母乳或配方奶。

🔍 6 ～ 7pm 點的餵食

　　用奶瓶餵奶的寶寶在九個月大時，就要開始鼓勵他用吸嘴杯來喝奶，十到十二個月之前，則應該全面改用吸嘴杯來喝奶，這樣到了一歲，他就能開開心心的放下奶瓶了。一歲以後還在用奶瓶喝奶的寶寶比較容易產生餵食的問題，因為他們持續攝取大量的配方奶、壓縮到吃固體食物的胃口。

✪ 每日所需

　　寶寶一歲之前，不要再讓他喝大量的母乳或配方奶是很重要的；這個時期，所喝的奶量不要超過 600cc（包括加在食物中的牛奶），如果超過了這個量，寶寶對固體食物的胃口就會變得不好。一歲之後，寶寶一天最少需要 350cc 的奶，這個分量通常分兩到三次來喝（用於烹飪或是麥片粥中的奶量也含在內）。

　　寶寶一歲之後就可以開始喝全脂、殺過菌的牛奶，如果寶寶拒喝，可以慢慢用牛奶將他的配方奶稀釋，直到他能開心接受牛奶為止。如果可能的話，盡量給寶寶喝有機牛奶，因為這種牛奶出自於只餵養青草的乳牛，和非有機牛奶相比，成分中含有更高比例的 Omega3 必需脂肪酸。

　　Omega3 脂肪酸對於維持心臟的健康、關節的柔軟彈性、成長的健康以及骨骼、牙齒的強健都非常必要，所以確保寶寶能透過飲食取得足夠比例的 Omega3 脂肪酸是很重要的。此外，在寶寶滿十二個月之前，所有奶瓶和吸嘴杯都必須消毒。

　　妳應該設定目標，讓寶寶每天都有營養均衡的三餐，盡量不要吃餅乾、蛋糕、脆片這一類的零嘴。每天寶寶都應該要攝取到三到四分碳水化合物、三到四分蔬菜水果、一分動物性蛋白質或兩分的植物性蛋白質。

✪ 9 ～ 12 個月餵食計劃表

7 ～ 7.30am 早餐

- 餵母乳或用吸嘴杯喝嬰兒配方奶。

- 全麥或燕麥麥片加牛奶和水果；或原味麥片加牛奶和水果；或是炒蛋放在吐司上；或是優格加切碎的水果。

12 中午 午餐

- 冷的奶油濃汁醬雞肉，加蘋果芹菜沙拉；或番茄醬汁牛肉球，加高麗菜和馬鈴薯泥；或是鮪魚漢堡加綜合蔬菜；或愛爾蘭燉菜加巴西利餃子。
- 優格乳酪、麵包棒和米餅。
- 從吸嘴杯喝水。

2.30pm 下午

- 用吸嘴杯喝牛奶、水或稀釋到很淡的果汁。

5pm 下午點心

- 濃湯及沒有甜味的風味三明治；或蔬菜披薩配綠色沙拉；或鷹嘴豆及菠菜炸餅，配自製番茄醬汁或扁豆蔬菜千層麵。

- 用吸嘴杯喝少量的奶或水。

6.30pm

- 餵母乳或用吸嘴杯喝 180cc 的配方奶或牛奶。

 我怎麼知道寶寶是否已經做好離乳的準備？

 • 如果寶寶一直以來都能睡到天亮，而現在開始在夜裡或是清晨一大早醒來，沒餵他喝奶就無法再次入睡。

• 用瓶餵的寶寶每天喝的奶量超過 960 ～ 1140cc，且每次都喝光 240cc，並在下次餵食時間到之前就等著要喝奶了。

• 用母乳哺育的孩子每隔 2 ～ 3 個小時就想討奶喝。

• 不管是餵母乳還是配方奶的寶寶，開始常常吃自己的手，而且兩餐餵食之間變得煩躁不安。

• 如果不確定，一定要跟家庭醫師或小兒科醫師討論，尤其如果寶寶還不到六個月大，更應該諮詢專家。

Q 我應該在哪一次餵奶時，開始讓寶寶吃固體食物？

A • 母乳或配方奶還是最重要的食物來源，所以最好先確定寶寶一天至少餵過兩次完整的奶後，再給他吃固體食物。我通常會建議從早上十一點這一餐開始餵，因為這一餐會逐漸被推延至中午十二點，在養成吃固體食物的同時，正好可以漸漸轉成午間的正餐。

- 在這次餵奶後給寶寶固體食物，妳還可以確定寶寶在中午之前把每日奶水的一半攝取量喝進去。

- 如果飢腸轆轆的寶寶在三天之內對於米糊沒什麼不良反應，我就會把米糊換到下午五點的那餐吃。

剛開始時，最好讓寶寶吃什麼食物？

- 我發現有機嬰兒米粉是大部分寶寶肚子餓時，能滿足他們的最佳食品。當寶寶能適應米糊後，我會開始讓寶寶吃一些有機的梨子泥。

- 寶寶適應上述兩種食物後，最好先集中精力開始讓寶寶嘗試第一階段的各種蔬菜。

- 英國薩里大學的調查顯示，一開始吃水果離乳的寶寶，成長的情況不如靠嬰兒米粉的寶寶。他們建議所有的父母都應該使用嬰兒米粉來幫助寶寶離乳。

我怎麼知道要給寶寶多少固體食物才合適？

- 在最初的六個月內，母乳或配方奶是寶寶飲食中最重要的一部分。因為它能夠提供均衡的維生素和礦物質，所以當寶寶開始吃固體食物後，一天至少仍需要喝 600cc 的奶。在離乳的最初幾週，如果妳都讓他先喝奶再吃固體食物，那麼妳就能確定，他會吃完自己所需分量的固體食物，且這樣以固體食物取代奶水的速度就不會太快。

- 當寶寶開始養成吃米糊以及某些泥狀食物的習慣後，妳就可以開始在早上十一點那次餵奶時，先給他一半的奶量，接著給固體食物，然後再給其餘的奶量。這樣能鼓勵寶寶減少奶的攝取量、增加固體食物的食用量，為七個月大時一日三餐的模式做準備。

- 對用母乳親自哺乳的寶寶來說，餵一邊乳房的奶水可以算是喝了一半的奶量。

應該在寶寶多大時候開始他的餵奶，又應該從那一次開始？

- 假設妳家寶寶開始要離乳時是一天餵五次奶，那麼當開始加入固體食物時，他應該就會自己減少最晚一餐所吃的奶量，後來乾脆一起停掉。如果妳是在寶寶六個月大時讓他離乳，或許應該先持續最晚的一次餵奶，等到他建立吃固體食物的習慣後，這一餐很容易就能停掉。

- 假設寶寶在開始離乳時，一日餵五次奶，從最晚一餐奶喝完後就能一夜安睡到天亮，那麼首先可停掉的，應該就是最晚的這餐。

- 寶寶白天的固體食物進食量增加後，他在喝最晚一次的奶時，食量應該會自動減少。當他完全離乳，白天一日三次、每次吃六到八湯匙的固體食物時，應該就不需要堅持最晚的這次餵奶了。不過，前提是──他在上床之前有喝完整的一頓奶。

- 如果寶寶沒露出想要停吃最晚一餐奶的樣子，妳可以每隔幾天逐漸減少他的喝奶量。如果他小餵也能撐上一晚，那麼就可以停止這次餵奶了。

- 如果寶寶還在喝母乳，而早上五點依然會醒來喝奶，除了可試著持續最晚一餐的餵奶外，也可以嘗試把這一餐停掉，看看寶寶是否依然能睡到清晨五點，這樣至少意味著他在晚上十二個小時之間只需餵了一次。

- 下一次要停止的餵奶時間，是早上十一點到下午一點半這次。當寶寶固體食物的分量增加，這餐的奶量就會自動減少；當寶寶午餐能吃到六到八湯匙的蛋白質後，這一餐的奶就可以用水來取代，只是記得要用吸嘴杯讓寶寶喝水。不過，如果妳發現寶寶的午覺開始早醒，那麼在他午睡前，繼續給他少量的母乳或配方奶。

- 下午兩點半的餵奶，可能有幾個月的量會增加，然後大約在九到十二個月之間，若寶寶對這餐興趣缺缺就可以停止了。

- 當早上十一點到下午一點半的奶取消後，下午兩點半的量就會增加。不過，要注意，不要增加太多，以免下午點心時間的固體食物攝取量和上床前的奶量減少。

- 如果寶寶在午睡前持續喝少量的奶，那麼他下午兩點半喝的量可能就會變少。這樣其實沒關係，重要的是，妳在下午兩點半到三點以後不要再餵他，以免影響下午點心時間的固體食物攝取量，和上床前的奶量。

- 九到十二個月的寶寶，很多對下午兩點半的餵奶已經沒有興趣了；如果寶寶有這種情況，妳在下午晚一點的時候，可以給寶寶一些水和一點小點心。如果他兩點半還是喝很多，那麼上床前給他喝的奶量就要減少，不過，把下午兩點半餵的奶量減少，會是個比較明智的作法。

Q 寶寶什麼時候可以開始用吸嘴杯喝水？哪些餐次該讓他使用？

 A
- 六、七個月之間是開始使用吸嘴杯的最佳時機點。

- 當妳把午餐時的配方奶用水取代時，也試著讓他使用吸嘴杯喝水。

- 可以讓寶寶在進食到一半的時候試試，就在每次吃了幾湯匙的食物之後。

- 堅持不懈很重要。可以用不同類型的吸嘴杯讓寶寶試試看，直到找到他能接受的。

- 當寶寶從吸嘴杯裡喝了幾十 cc 的水後，其他餐次也可以逐漸開始使用了。

 Q 我什麼時候可以讓寶寶開始喝牛奶？

 A
- 建議從六個月起，可以再烹飪時加入少量牛奶開始。

- 寶寶至少要滿週歲以後，才能喝牛奶。

- 寶寶喝的必須是全脂、殺菌過的牛奶，可以的話，有機牛奶最好。

- 如果寶寶拒喝牛奶，試著把嬰兒配方奶的分量減 30cc，用牛奶來代替。當寶寶能接受這樣的混合奶時，再慢慢調高牛奶的比例，直到寶寶完全接受。

到什麼時候，寶寶所吃的食物才能不要磨成泥？

- 當寶寶已經能好好吃所有的磨泥食物（希望在滿六個月之前），妳就可以開始把蔬菜和水果用壓碎或食物處理器攪碎的方式來處理，讓食物裡面沒有結塊，但也不像磨成泥狀那樣滑順。

- 在寶寶六到九個月之間，我愈來愈少把食物壓碎或攪碎，以保留更多食材原來口感。把食物切碎、切片或切丁也很重要，這個階段可以加入大量的手指食物。

- 有些寶寶在十到十二個月之前，所吃的雞肉和肉類都還需要用食物處理器先攪碎處理過。

寶寶到多大才會用湯匙自己吃東西？

- 寶寶開始會抓湯匙後，就給他一支，讓他自己拿著。

- 當他重複不斷的把湯匙放進嘴裡時，可以用一支湯匙裝食物，讓他自己嘗試將食物送進口中；如果食物掉落出來，很快的用妳的湯匙把食物送進去。

- 只要給寶寶一點點幫助和引導，大多數的寶寶從十二個月起都能開始自己吃部分的餐食。

- 寶寶吃東西的時候，務必在一旁監看照顧。絕對、絕對不可以放他自己一個人進食。

什麼時候才可以停止消毒餵食器具的工作？

- 奶瓶在寶寶一歲之前都要消毒。

- 碗盤和湯匙在寶寶六個月大後就可以停止消毒了。之後可以直接放入洗碗機裡面洗，或用熱的肥皂水和清水徹底洗淨後，再放到一旁風乾。

- 寶寶六個月以後，用來準備離乳食物的碗、烹煮用的器具和製冰盒就可以直接放入洗碗機裡面洗，或用熱的肥皂水和清水洗淨後，淋上煮沸後的開水，再放到一旁風乾。

哪些食物最容易引起過敏，而過敏的主要症狀是什麼？

- 最常引起過敏的食物是奶製品、小麥、帶殼海鮮、蛋和柑橘類水果。

- 主要症狀有起紅疹、喘氣、咳嗽、流鼻水、肛門口附近出現紅紅的過敏圈、腹瀉、煩躁不安、眼睛腫。

- 寶寶離乳時，仔細的記錄他所吃的食物很有幫助，這樣萬一有問題，妳才能追蹤到可能與上列食物有關的症狀。

- 上述症狀也可能是家中塵蟎、動物毛髮、羊毛和某些肥皂及家族史引起，如果有任何疑慮，請跟醫師討論，排除與上列症狀有關的過敏及其他可能原因或疾病。

Chapter **16**

育兒第一年的疑難雜症

本書中提供的建議，是根據我個人照料過好幾個百個嬰兒的經驗寫成的。不過，每一個寶寶都是不同的個體，所以出現問題也是很自然的事。我從數千則諮詢的回應中取材，把重點放在寶寶第一年最常出現的問題上，我想這一章的內容應該能將父母關心的大多數問題都包括進去。如果有任何疑慮，請別忘了諮詢醫師或健康專業人員——不要因為問題看起來似乎很小，或是妳怕自己表現出一副神經兮兮的樣子而放棄。

在寶寶出生後寶貴的第一年中，最好不要讓自己憂心忡忡、無法享受這段時光。妳可以利用目錄來找出和妳相關的問題，我把問題分成三類：常見健康問題、餵食問題以及睡眠問題，但是其中許多地方會有重疊之處，因為吃睡是互相影響的，所以整章一起閱讀，對妳的幫助應該比較大。

常見健康問題

拍嗝

在餵寶寶喝奶時，要視寶寶的狀況來決定什麼時候要停下來拍嗝。如果妳在餵奶的時候不斷干擾他、幫他排氣，他八成會不高興且覺得挫敗，這時候一哭，吸進去的空氣反而比餵奶時更多。我一次又一次的看到，媽媽中斷餵奶、寶寶被沒完沒了的在背部拍嗝，只因為她堅信寶寶吸進了空氣。事實是，除了極少數的寶寶之外，大部分的寶寶所需的拍嗝次數不會超過兩次，一次是喝奶中間，一次是喝完奶後。

喝母奶的寶寶，他會在自己想打嗝的時候停止吸奶；如果他吸完第一邊奶，都還沒有想打嗝的跡象，媽媽可以在換到另一邊奶之前幫他拍嗝。至於用奶瓶餵的寶寶通常會在喝完一半或四分之三瓶奶的時候會想停下打嗝。

　　不管妳的寶寶由媽媽親自哺乳還是用奶瓶餵奶，如果妳採用第 79 頁和 93 頁插圖中的正確姿勢抱寶寶，不管是在餵奶之中還是餵完之後，寶寶應該都能迅速又簡單的把氣排出來。如果在妳拍了幾分鐘之後，寶寶都沒有排氣，可以先不管，隔一陣子再拍，很多時候他會在躺下換尿片的時候，自己把氣排出來。

　　寶寶偶爾會因為放太多屁不舒服而表現出不高興的樣子。餵母奶的媽媽這時候就要仔細檢查，自己的餐食是否吃了或喝了什麼特別的東西，導致寶寶放屁連連。有時候柑橘類水果或飲品喝太多，會讓某些寶寶產生嚴重的放屁問題；其他的罪魁禍首還有，巧克力以及攝取過多的乳製品。

　　此外，也要特別注意，餵母乳時一定要讓寶寶喝到後奶，喝太多前奶會讓腸胃蠕動過於於頻繁，導致排放太多屁。至於用奶瓶餵奶的寶寶如果已經使用防脹氣嬰兒奶瓶了，那麼排太多屁通常是因為餵太多奶所致，如果妳家寶寶一天經常比奶粉罐上建議的量多喝 90 ～ 180cc 的量，而且體重也是每週固定多增加 240 公克，那麼就以幾天為期，減少他幾次的奶量（下午兩點半或五點那次皆可），看看是否有改善。

　　「愛吸吮」的寶寶在奶量較少的幾次餵奶之後，可以吃安撫奶嘴，以滿足他們的吸吮需求。有時候，單孔的奶嘴洞如果太小或太大，也都可能導致脹氣；用不同尺寸的奶嘴試試看，有時候在某幾餐換上孔洞較小的奶嘴，可以讓寶寶不要喝太快。

✪ 腸絞痛

　　嬰兒腸絞痛（或稱不明原因哭鬧）經常發生在不到三個月大的寶寶身上。腸絞痛指的是寶寶不斷的尖聲哭叫，常常一次會持續好幾小時，時間通常是晚上，不過，醫學上卻無法解釋原因。這種情況會讓寶寶和父母的日子都很悲慘，但截至目前為止卻束手無策，幾乎沒有醫治的辦法。

市面上有些成藥可買，但是寶寶有嚴重腸絞痛的父母卻表示，這些藥幾乎沒什麼用處，雖然寶寶有可能在一天當中的任何時候發生腸絞痛，但最常發生的時段，好像都集中在晚上六點至半夜之間。於是父母便一直餵寶寶、搖著寶寶、輕拍安撫，或者帶著他們繞來繞去，不過這些似乎都不太管用或根本沒用。腸絞痛通常會在嬰兒四個月大之前自動消失，但到那之前，寶寶已經產生了錯誤的睡眠聯想，父母親要有進展也難。

因為「寶寶的腸絞痛」而向我諮詢的家長，對我描述寶寶尖聲哭叫的情況——他們經常一哭就是幾小時，身軀劇烈扭動，兩腿因肚子痛而在空中亂踢。這些腸絞痛的寶寶似乎有個共同點：他們都是想吃就餵的寶寶，以這種方式太頻繁餵奶的寶寶，會產生前一餐還沒消化，下一餐就又來的情形，我相信，這是寶寶發生腸絞痛的原因之一。

我經手照顧過的寶寶，從來沒有人發生過腸絞痛的情況，我深信這是因為我從他們出生的第一天，就開始計畫並安排他們的餵食和睡眠時間。我介入幫助受到腸絞痛之苦嬰兒的經驗也顯示，當他們被導入作息之後，症狀似乎都會在二十四小時之內消失。

至於用母乳哺育的寶寶，我發現他們在晚上大哭的原因大多是因為真的餓了，因為媽媽的泌乳量在傍晚時通常會較少；讓媽媽提前在白天擠好一些奶，在寶寶洗完澡之後補喝，則寶寶安靜入睡的時間通常會比補喝之前來得短。

用奶瓶餵奶的寶寶，大哭很少是因為肚子餓，通常太過疲倦才是他們哭鬧的原因。對於已經餵雙邊奶水以及用奶瓶餵奶的寶寶，我會建議，有幾天讓他在晚上六點十五分到三十分左右上床，看看哭鬧原因是不是因為太累。當妳確定寶寶晚上不好安置下來睡覺的原因，不是因為太餓，也不是太累，那我就會建議妳連續幾個晚上，採用第 344 頁上提到的協助緊張寶寶放鬆入睡的方法試試看。

這是一個溫和調整寶寶生理時鐘的方式，讓他能夠在適當的時間入睡，我發現這辦法用在晚上很難入睡的寶寶身上非常好用。對於餵母乳的寶寶，在排除晚上哭是因為肚子餓這個原因之後，我會建議妳在寶寶洗完澡後讓他補喝一些擠好的母乳，再配合使用助眠法。

⭐ 哭鬧

我在許多暢銷的育兒書籍中看過，大部分小嬰兒一天平均哭兩個小時。這也是倫敦大學湯瑪士・科藍研究單位（Thomas Coram Research Unit）提供的資訊，他們指出，嬰兒在六週大時哭鬧的情況會達到一個高峰，有百分之二十五的寶寶一天至少會吵鬧四小時。而聖・詹姆士－羅伯特（St James-Roberts）博士也表示，這些哭鬧有百分之四十發生在晚上六點到半夜之間。

荷蘭研究人員凡德理惹（Van de Rijt）和普洛伊（Plooij），《Why They Cry: Understanding Child Development in the First Year》一書的兩位作者花了二十年時間研究嬰兒的發育，他們表示，嬰兒在一歲之前經歷神經系統七個重大改變中的其中一個時，都會變得既麻煩又難搞。

我自己也注意到，月齡很小的寶寶的確會經歷一個較難以安置的階段，時間大約在三週和六週左右，有和快速成長期相重疊的傾向。不過，話說回來，如果採用我方法的任何一個孩子，每天哭上一小時，我絕對會被嚇壞，更何況是兩到四小時呢！而且這些父母親也一而再地重申，他們的寶寶在養成固定作息之後有多開心，當然了，這些寶寶們也會哭，有些人是在換尿布時哭，有些是在洗臉的時候，也有一些是在他們不想睡覺、被放進嬰兒床時哭。

對於抗拒睡覺的寶寶，由於我知道他們被餵飽了、拍過嗝了，應該要準備睡覺，所以這時我就會非常的嚴格：任由他們發脾氣、吵鬧個 10 ～ 12 分鐘，直到他們自己安靜下來。這是我唯一經歷過的真正哭鬧，即使是這

樣，也只是極少數的一些孩子，時間不超過一、兩週。可以理解，所有的父母都很討厭聽到自己的寶寶哭鬧；很多人甚至還擔心把寶寶放進小床中睡覺，任他們哭泣是否會造成心理上的傷害。

我再次保證，只要寶寶餵食的狀況不錯，妳也照著作息讓他該醒的時候醒、該休息時休息，妳的寶寶是不會有心理傷害的。長期來看，妳會養出一個既快樂又滿足，還能學會自己安靜下來睡覺的寶寶。很多第一個孩子採取需求法，而第二個孩子採用滿意小寶寶作息法的家長都能真心誠意的跟妳打包票，我的方法實在好多了，而且就長期來看，也是最簡單的。

馬克・魏斯布魯斯醫師（Marc Weissbluth MD）是芝加哥兒童紀念醫院的睡眠障礙中心主任，他在《Healthy Sleep Habits, Happy Child》一書中說過，家長應該要記住，是妳們「容許」寶寶哭，而不是妳們把寶寶「弄哭」的。他也說過，要讓大一點的嬰兒學會自己安靜入睡，難度會大更多，因此，如果妳逼不得已，讓寶寶在睡前哭上一小段時間，絕對不要有罪惡感，或覺得自己很殘忍。寶寶很快就會學到如何讓自己靜下來睡覺，只要確定他的餵食情況良好、清醒的時間足夠，但不要長到讓他變得太累就好。

以下列出的是一個健康的嬰兒之所以哭鬧的主要原因。妳可以用它來檢查，以排除妳家寶寶哭鬧的可能原因。高居這張清單之首的是肚子餓，對於月分小的嬰兒來說，肚子餓了就該餵，而不管作息時間如何。

🔍 肚子餓

寶寶月分很小、煩躁不安、安置不下來時，把哭鬧原因假設成肚子餓當然是個明智的猜測，這時候就算還不到他年紀建議的喝奶時間，就餵他喝奶吧！因為我發現，喝母乳的小嬰兒，晚上靜不下來睡覺的主要原因往往是肚子餓。如果妳的寶寶餵食情況良好，喝完奶之後有一小段時間保持清醒，且在下次再餵食之前也睡得不錯，但晚上就是無法安靜入睡，很可能是因為肚子餓，就算寶寶每週體重增加的情況都不錯，妳也不應該把肚子餓排除在他哭鬧的理由之外。

　　我知道有很多媽媽白天時母乳很多，但是一到了傍晚，身體疲憊、奶水分泌量就驟減。我強烈建議有這種情況的媽媽，連續幾天在寶寶洗好澡之後，讓他們補喝少量擠好的母乳；如果他們因此而安靜入睡，那麼原因有可能是在晚上那個時段，妳的奶水分泌量很少，請參考第 326 頁來如何處理這個問題。

　　無論如何，如果妳發現寶寶在晚上安靜不下來，又或者其他任何時間也有這個問題，那麼除了好好餵食之外，嘗試把其他讓他煩躁不安的原因排除是很重要的。

　　我實在太常聽見別人說，寶寶在早期愛哭是很正常的，因為「寶寶就是那樣的」，而在我照顧小嬰兒的期間，的確也遇過一些早期很難帶的孩子，無論我怎麼幫他，就是無法讓他鎮靜下來。不過，我還是得強調，在我照顧過的幾百個孩子中，這樣的寶寶一隻手就數完了，如果我發現有個孩子很難安置，我會盡一切可能改善這種狀況，之後真的無計可施，才會接受我幫不上忙的事實。寶寶除了餵食、睡覺和被抱之外，還有很多其他的需求。

🔍 疲累

　　六週以下的嬰兒在一個小時的清醒後，常會有疲累的傾向。他們也許還不到準備入睡的程度，不過卻需要保持安靜平穩。不是所有的嬰兒都會露出疲憊的樣子，所以在寶寶剛出生不久的期間，在他們清醒一小時左右，我會建議妳把他帶到安靜的地方，讓他能慢慢放鬆下來；同時盡量不要有訪客，以免對他造成過度刺激。

🔍 太過疲累

　　太小的嬰兒一次清醒的時間不應該超過兩小時，不然就會變得太過疲累、很難安置下來。如果妳的寶寶在晚上無法安靜入睡，那麼可以思考看看他是否太過疲累，並試著提前在晚上六點十五分到六點半之間把他安置在床上準備睡覺。

太過疲累通常是刺激過度產生的結果。寶寶累到了一個程度，就無法自然放鬆下來睡覺，而且他愈累就愈抗拒睡覺。三個月以下的寶寶如果被容許累到這種程度，且保持清醒的時間超過兩小時，就會變得幾乎無法安置下來。

發生上述情況時，有時候短時間的「哭鬧」就不得不被利用來當作解決問題的手段。這是唯一一種我會建議妳放任小寶寶短時間哭鬧的狀況，如果妳有信心寶寶的餵食狀況不錯，也已經拍嗝了，那就可以讓他哭鬧一小段時間。

💬 覺得無聊

就算是新生寶寶也需要清醒一些時間，所以應該鼓勵他在白天餵食之後，保持短短一段時間的清醒。不滿一個月的寶寶喜歡所有黑白的東西，像是簡單的黑白圖畫書；他們也喜歡看有臉的照片，特別是有爸爸、媽媽的照片。請把他們的玩具分成「清醒時段」和「放鬆時段」：色彩明亮、會發出聲音的清醒玩具是社交時間用的；能鎮靜、有舒緩作用的放鬆玩具是睡眠之前用的。

💬 脹氣

所有的嬰兒在喝奶時都會吸進一些空氣，而用奶瓶喝奶的寶寶又比母乳寶寶吸進更多空氣。如果妳給他足夠的時間，大部分寶寶很容易把氣排出來。如果妳懷疑寶寶哭泣是脹氣所引起的，那妳得檢查看看兩餐間的間隔時間是不是不夠久，我發現餵得太多或想吃就餵的需求性餵法，都是使小寶寶發生腸絞痛的主要原因。餵母奶的寶寶需要至少三小時才能把一餐完整的母奶消化完畢，而配方奶則需三個半至四小時；時間都是從一次餵食開始算起，到下次餵食開始。

我也會建議妳要密切注意寶寶體重增加的情況。如果他一週體重的增加超過 240 ～ 300 公克，且似乎有因為脹氣而肚子痛的情形，有可能是餵太多奶了，特別是寶寶體重如果超過 3.6 公斤，而夜裡又餵兩到三次時。

● 安撫奶嘴

我一直相信，嬰兒的安撫奶嘴如果謹慎使用，可以變成很棒的輔助工具，對於愛吸吮的寶寶效果尤其好。不過，我也一直強調，絕對不要讓寶寶在嬰兒床裡吸奶嘴，也不能讓他吸著奶嘴睡覺。我的建議是：用奶嘴來讓寶寶靜下來是被接受的，有需要的話，在安置他時讓他吸一下是可以的，只是在他睡著之前一定要取出。

就我的經驗來看，讓寶寶含著奶嘴睡覺是最糟糕的睡眠聯想之一，這個問題很難矯正，他最後可能變成一晚要起來好幾次，每次都希望能吸著奶嘴睡覺。這就是我為什麼一直重申，在寶寶快要睡著之前，一定要把他的奶嘴拿掉的原因。

從 2007 年起，英國搖籃信託就已經針對在睡眠時間如何使用安撫奶嘴，來降低嬰兒睡眠猝死提供了建議：

建議

- 「在妳每次安置寶寶入睡時，使用安撫奶嘴——無論是白天還是晚上，都可以降低嬰兒猝死的風險。如果是餵母乳的寶寶，寶寶還沒滿月時不要讓他吃安撫奶嘴，這樣才能讓他養成良好的母乳餵哺習慣。

- 不要擔心奶嘴在寶寶睡著時從嘴裡掉出來，如果他不想吃也別勉強他吃；奶嘴絕不要沾甜味；讓在他六個月後，一歲之前慢慢改掉吃奶嘴的習慣。」

聯合國兒童基金會英國嬰兒友善倡議（UNICEF UK Friendly Initiative）回應英國搖籃信託的意見時，發佈了以下陳述：

🔖 建議

❀ 歡迎所有對降低嬰兒猝死症（sudden infant death syndrome ，簡稱SIDS）有幫助之研究的同時，當用最新的數據對家長提出建議時，有一些顧慮還是必須列入考量的。

❀「首先，我們必須注意其他在奶嘴和嬰兒猝死症上的研究。研究顯示，在最晚一次睡覺時使用安撫奶嘴的寶寶，比較不會猝死，但是習慣性使用奶嘴並不具有這樣的保護力。這種說法的意思意味著，如果嬰兒有使用奶嘴的慣例，但是突然一個晚上沒給，嬰兒發生猝死的風險就會提高。」

❀「其次，使用安撫奶嘴可能產生的風險也必須加以考慮。風險包括：

☑ 在最初幾週內，使用奶嘴會和良好的母乳餵哺習慣的養成互相牴觸。

☑ 會提高發生中耳炎的風險。

☑ 會提高牙齒咬合不正的機率。

☑ 會有產生意外事故，例如呼吸道阻塞的風險。

❀「第三，我們必須確定，建議的確實性。如果吸奶嘴真的對嬰兒猝死具有保護力，就必須每晚都吸才行，那麼便應告知家長，如果一晚沒吸奶嘴就可能會提高習慣性吸奶嘴寶寶的風險，這種可能性就會造成家長的混亂和疑慮。我們必須很確定，家長一旦開始讓寶寶吸奶嘴，絕對不能有一個晚上忘記讓寶寶吸，因此，家長在依個人狀況做出是否讓寶寶吸奶嘴的決定時，必須了解使用安撫奶嘴的優點與風險，並須被告知對這問題我們也並非完全了解。」

在前六個月中，每次睡前都使用奶嘴有可能會養成他夜裡多次醒來找奶嘴的習慣，當妳開始在六個月後停用奶嘴，若寶寶頻繁醒來，妳也只能接受；之後他或許還會需要接受某些類型的睡眠訓練，才能戒掉夜裡醒來找奶嘴的習慣。

寶寶六個月以後要如何停用奶嘴最好跟健康專業人員討論，市面上有兩種類型的安撫奶嘴：一種奶嘴是圓的櫻桃型；另種一種則是扁平型，又叫作矯正型奶嘴。有些專家宣稱矯正型奶嘴對嬰兒的嘴巴比較好，但大部分年紀小的寶寶無法久含；我比較偏向於使用櫻桃型奶嘴，而截至目前為止，我的寶寶中還沒有人出現過開放性咬合的問題，這通常是牙齒長出來後還經常吸奶嘴造成的結果。

不管妳選擇哪一種奶嘴，都應該多買幾個輪流使用。使用奶嘴時最該注意的是清潔；奶嘴每次使用之後一定要清潔並消毒，不要像很多父母一樣，用舔一舔的方式來清潔奶嘴，嘴巴裡的細菌比妳想像中得還多。

⭐ 打嗝

小寶寶打嗝是很正常的事，通常他們都不太在意。打嗝的時間大部分是在喝完奶之後，如果他是在晚上餵食後開始打嗝，而且已經準備睡覺了，那妳還是應該讓他先睡覺。

如果妳想讓他打完嗝再睡，那他可能還被妳抱著就睡著了，這是要盡全力避免的狀況。因此如果妳的寶寶恰好是少數那些打嗝就不舒服的寶寶之一，那麼在他打嗝的時候，依照推薦的劑量餵他喝一點腸痛水（gripe water，註：舒緩嬰兒脹氣的藥水，使用前請諮詢醫師），有時候會有一點幫助。

⭐ 溢吐奶

　　某些寶寶在拍嗝或是餵完奶後會吐出少量的奶，這是非常常見的現象。對大多數嬰兒來說，溢吐奶應該不至於造成困擾，不過，如果妳的寶寶每週固定增加 240 公克以上的體重，那有可能是他喝太多奶了；對於喝配方奶的寶寶，因為妳知道每次的進食量，事情比較好辦，只要在他發生較多溢吐奶的餵食時間裡，稍微減少他的奶量就可以了。

　　喝母奶的寶寶因為較難看出喝了多少奶，妳可以記錄他哪一餐吐出的奶量較多，在這些時段餵奶時就縮短餵奶時間，吐奶量應該就可以減少。如果妳的寶寶吐奶嚴重、體重也沒增加，那可能有「胃食道逆流」的問題，容易溢吐奶的寶寶，餵完奶後應盡量讓他保持直立，同時在拍嗝時也要特別注意。

提示：
寶寶連續兩餐發生完全吐奶的情況，應該立刻去看醫師。

⭐ 嬰兒胃食道逆流

　　有時候出現腸絞痛症狀的寶寶，其實是因為「胃食道逆流」（gastro-oesophageal reflux disease，簡稱 GORD）所引起，寶寶在餵食後，溢出少量的奶被稱為「溢吐奶」或「胃食道逆流」。很多嬰兒在不滿週歲前，某些時間點上都會經歷輕微的胃食道逆流情況，因為他們食道尾端的肌肉無力，無法把奶水推送到胃裡，所以食物會夾帶著胃酸往原方向退回去，這時候食道會產生非常灼熱的疼痛感。

　　不過，嚴重吐奶是胃食道逆流的癥兆之一，是胃食道逆流一種比較長期性而且嚴重的狀況，如果寶寶在餵奶期間彎曲著背、拒絕吸奶而且大哭、吐很多奶或是夜裡很常咳嗽，那麼很可能是胃食道逆流引起。

在某些情況下，並非所有胃食道逆流的寶寶都會吐奶，他們是罹患了醫護人員所謂的「無聲逆流」（silent reflux）。

這些寶寶常被誤診為腸絞痛。他們很難餵、餵奶時經常會弓起背、尖聲亂叫；他們平躺時也會很暴躁，出現這種情況時，無論抱著搖多久、試圖讓他們安靜下來都是沒用的。

如果妳家寶寶有這些症狀，務必請妳的家庭醫師介紹小兒科專科醫師給妳，或直接至小兒科看診。我曾經看過許多這種病例的寶寶被誤判為腸絞痛，事實上除了沒吐奶外，他們罹患的正是嬰兒胃食道逆流。如果妳認為寶寶有胃食道逆流的情況，請不要讓任何人以腸絞痛的疼痛來打發，這一點非常必要；胃食道逆流對於寶寶和家長來說壓力都很大，所以必須持續尋求專業醫師的支援。

如果妳覺得自己並未獲得所需的幫助，不要因為心存畏懼而不敢去尋求第二方意見。如果發現寶寶得的不是胃食道逆流，妳至少把這個可能的原因排除；而如果寶寶有胃食道逆流，在適當藥物的協助下，寶寶至少不必多忍受好幾個月因為這種疼痛造成的痛苦日子。

建議有胃食道逆流的寶寶在餵食時要少量多餐，每次餵食後，要保持至少 30 分鐘的直立姿態。不過，在餵完奶之後保持直立姿態 30 分鐘，雖然對胃食道逆流有幫助，但有時候也會引起其他問題。例如，寶寶在吃飽之後可能準備要入睡，但為了要保持直立，就免不了會在妳肩膀上睡著。如果他立刻醒來，或是在妳把他放回小床上時很快醒來，那麼妳就得花相當長的時間試著重新安撫一個不高興，或許還過度疲憊的寶寶。

要避免寶寶在妳身上睡著，因而產生錯誤的睡眠聯想，我建議妳好好安排餵奶時間，讓他不要在餵食後立即準備睡覺的時段喝奶。以下這張是針對六個月以下寶寶、為了確保不會在餵奶後馬上想入睡的時刻表，不過，還是必須根據妳家寶寶個人的需求、年齡進行調整，但可以參考下面的安排，或類似的計畫來訂定時間表，如此才能讓問題不再發生：

★ 0～6 個月胃食道逆流寶寶餵奶建議時間表

	7.00am	醒來餵食
	7.30am	**抱著寶寶，讓他保持直立姿態**
	8.00am	社交時間
早	8.30～9am	小睡時間
	10.00am	清醒
上	10.15～10.30am	餵食
	11.00am	**抱著寶寶，讓他保持直立姿態**
	11.30am	短暫的遊戲和摟抱時間
	11.45am	小睡時間
	2.00pm	清醒時間
	2.15～2.30pm	餵食
下	3.00pm	**抱著寶寶，讓他保持直立姿態**
午	4～4.30pm	小睡時間
	5.00pm	分次餵食
	5.30pm	**抱著寶寶，讓他保持直立姿態**
	6.00pm	洗澡
	6.15pm	上床前安置性的少量餵食
	6.30pm	**抱著寶寶，讓他保持直立姿態**
晚	6.45pm	安置時間
	7.00pm	睡眠時間
上	10.00pm	醒來餵食
	10.30pm	**抱著寶寶，讓他保持直立姿態**
	11.15pm	給寶寶喝剩下的奶水量
	11.30pm	安置時間

我會建議妳採取相同的方式來進行最晚一次餵食。一般來說，由於寶寶在半夜那次餵食睡意最濃，所以比較容易放鬆，不用抱太久就能再度入睡。此外，建議無論何時都讓寶寶穿寬鬆的衣服；時髦的小牛仔褲或緊身褲穿起來很可愛，但是任何有腰身設計的衣服，都會讓寶寶在吃飽之後感到不舒適。

我發現，當寶寶開始被施以正確的治療之後，抱著他們保持直立姿態的時間可以縮短到 10～15 分鐘。此外，餵奶和拍嗝之後，在我左手臂下放個靠墊，讓寶寶以 30～40 度的傾斜角度靠在靠墊上，效果真的不錯，而不用一直把他直直抱著那麼累人。如果妳有張有 30 度角斜度的椅子，可以讓寶寶把整個背靠在上面，那麼很值得試試看，但要避免用安全座椅以及大部分的嬰兒座椅來試圖達到這種目的，因為這些椅子都無法讓寶寶的身體保持足夠的直立狀態。

有些寶寶需要吃好幾個月的藥，直到食道尾端的肌肉可以推送食物到胃裡為止，很幸運的是，大多數的寶寶在滿週歲之前就可以脫離這種狀態了。如果妳的寶寶被診斷有胃食道逆流，妳可以至 contentedbaby.com 的網站上參考胃食道逆流（reflux）的相關資訊，那裡有一些病例研究，提供了很多意見和秘訣，告訴妳如何處理早期有胃食道逆流的寶寶。

❉ 分離焦慮

寶寶在六個月左右會開始意識到自己所處的環境，並能感覺到媽媽是否不在身邊。在六到十二個月之間，大多數的寶寶會出現一些分離焦慮的跡象，妳可以發現，快樂又滿足的寶寶原先一副輕鬆隨意的樣子，但是只要妳一離開房間，他突然就變得黏人、焦慮、難搞，甚至還立刻哭了起來。

寶寶脾氣突然發作是很難處理的，不過，在這裡可以再次跟大家保證，這種行為是成長發育的一部分，是完全正常的，大部分的寶寶都會經歷這種時期，只是程度不一。雖說這個階段可能會讓妳疲憊不堪，但卻也很少會維

持太長的時間。以下這些指導原則可以幫助妳，讓這段難搞的階段壓力不會
那麼大：

建議

● 如果妳計畫在寶寶六到十二個月之間重返工作崗位，請務必確定在他六個月大之前，除了妳之外，也能有熟悉的人。如果妳是唯一照顧他的人，他整天都不習慣由其他人照顧，那麼他因為分離引起的不適應期就會拉長。想想看要怎麼安排才適合妳的狀況，如果經濟能力許可，寶寶將採托育方式，那麼妳可以在上班前，試著把一週的作息重作安排，讓保母跟寶寶相處一段時間，就算一週只有幾小時也沒關係。另一個選擇是，一次找一個朋友，照顧彼此的孩子，讓寶寶了解，妳只是暫時離開，之後仍然會回來，這一點真的很有幫助，這樣可以把妳還有寶寶的焦慮感降到最低。

● 返回工作崗位之前至少一個月，要讓寶寶習慣托嬰中心或保母。妳可以逐漸加長離開他身邊的時間，如果保母可以配合，那麼妳離開時間更長時，彼此都會輕鬆一些。

● 給自己和寶寶適應分離的時間愈長，妳就愈有彈性。舉例來說，如果寶寶在妳離開後很難安撫下來，妳就試著把離開的時間再次往後延一週左右。對於這樣小的孩子，每天都要增加他的信心和理解，經過一週的訓練後，下次妳再離開時，寶寶的反應可能就不一樣了。

● 如果寶寶有特別喜歡的活動——像是用湯匙敲鍋子，或是玩特定的玩具，試著讓保母或照顧寶寶的人拿出類似的東西給他玩。

● 利用角色扮演的方式讓寶寶了解離開和回來的觀念。在寶寶白天常會待著的不同房間放娃娃或泰迪熊，然後經常帶他去跟玩具打招呼，説哈囉和再見、回來了，幫助他了解這個概念。

● 當寶寶準備跟老師或保母離開時，記得讚美他。

● 要跟寶寶説話。那麼小的孩子能了解這麼多事實在令人驚奇。如果妳的寶寶已經習慣爸爸每天離開去工作，妳可以安排這樣的情境，當爸爸離家時妳們一起揮手説再見，並不斷地重複：「爸爸去上班了喔！」這樣會強化他的信心，當上班情況發生在媽媽身上，他就知道媽媽之後也會回來。

✿ 到了妳必須離開寶寶的時候，要用正面的態度，跟他再次保證會回來，給他笑容，這樣能讓寶寶安心一些。離開的時候，要給寶寶擁抱、親親，並跟他揮手再見，再次跟他說，媽媽很快就回來了；每次說再見的時候都用相同的方式和言語，長時間下來，會比回去試圖讓他鎮定下來更讓寶寶感到安心。當媽媽或主要照顧寶寶的人離開房間時，寶寶常常會哭，不過如果遇上有經驗的老師或保母，他很快就會被其他事轉移了。無論如何，寶寶對於情緒是敏感的，如果妳焦慮又擔心，情緒就會傳染給寶寶，他也可能會感到難過。

✿ 當妳和寶寶一起做完某個活動時，跟他的玩具、小床、電視等等說「拜拜」，這種作法可以強化他在離開某些人或某些物時，產生一定會再見到他們的安心感覺。

✿ 離開寶寶時，避免用偷偷溜走的方式。雖然在妳說再見的時候，看到他難過會心有不捨，但是相較起來，讓他了解妳出去後會再回來；而不是溜走，讓他四處找妳，卻發現妳消失了要好得多。因為這樣會讓他不快樂，可能因此感到困惑、害怕妳再次消失而變得更黏人。

✿ 現實的狀況是，就算妳不在身邊時，寶寶也是快樂又滿足的，但妳還是會發現寶寶在家的時候變得煩躁不安，如同妳的日常發生變化一樣，寶寶也是。別擔心，只要環境充滿愛心又安全，寶寶會適應的。

✿ 在這段調適期可以詢問照顧寶寶的人，確定寶寶不會短時間遇到太多需要重新適應的人事物，或是被陌生人接手照顧。寶寶的作息愈穩定、能夠預期，就能愈快克服焦慮。

✿ 如果妳的寶寶在前六個月只習慣和妳相處，妳可以想像，要讓他開始適應一個充滿變化的環境，將可能極具挑戰。如果妳選擇了一位同時照顧其他孩子的保母或保育員，寶寶可能得去適應一個比從前吵雜，也比較動態的環境。

✿ 建議平時可以安排一些常態性的遊戲日，只邀請少數媽媽和寶寶參加，來幫助他適應，這樣妳不僅能愉快的享受，也能讓寶寶習慣噪音和與其他孩子們一起的活動。如果寶寶屬於比較容易緊張型，妳會發現，他在習慣了不同的環境後，會變得比較快樂；之後妳也可以慢慢的再讓他接觸更大一點的群組活動，並開始進行其他的體驗。一般來說，寶寶會非常喜歡幼兒的活動，但前提是，他們必須在有人好好看管的情況下活動，這樣的經驗對他來說是很愉快的，妳也會覺得很放心。

❂ 怕生

寶寶六個月左右，妳可能會發現，原本愛與人交流、互動的寶寶，對陌生人的警戒心提高了許多，這是他們成長過程中很自然的一部分。有理論認為，這種對陌生人的恐懼是一種人類天生的生物學反應，它可以讓寶寶在感到畏懼時產生保護性反應，幫助他在原始的環境中生存下來。

我們會以為，寶寶小時候被一些很愛他們的親友抱來抱去，應該會感到很高興。不過，即使是年紀小的寶寶被愛他們的親戚輪流抱來抱去也是很累人的，有時候甚至還會感到痛苦。

◗ 建議

- ✿ 如果妳家寶寶被陌生人碰觸後開始哭，或是有人想引他注意時把頭轉開，別試圖強迫他回應。對親友解釋寶寶開始有自己的意見，而且正進入一個害羞期，這樣總比期待寶寶要在預期的時候微笑要好得多。

- ✿ 妳可以跟寶寶談談妳經常會見面的親友，這樣可以淡化他出現怕生反應；妳也可以拿他們的照片給寶寶看、跟他介紹。

- ✿ 對於偶爾才有機會看到寶寶的祖父母和家人來說，當寶寶看到他們一副很苦惱的樣子或甚至哭了起來，的確挺令人煩惱。不過，請放心，如果妳們能多花一些時間相處，最初的這些問題是不會太持久的。

- ✿ 角色扮演遊戲會有幫助，請用妳想讓寶寶熟悉的親友名字幫他的玩具命名。

- ✿ 可以考慮跟朋友說明，第一次看到寶寶時動作不要太大。有時候寶寶可能會對近身接觸有威脅感，所以讓他對親友產生不排斥的感覺後，依照自己的步調來進行反應會比較容易，而不是讓訪客在嘗試和他進行目光接觸與交流時要求他立即應對。

- ✿ 雖說寶寶長大後，自然會學習到如何回應別人的問候和關注，不過有些孩子就是一直很害羞。妳應該適應這種狀況，並試著了解身為一個害羞寶寶的感受，這會比逼寶寶回應、使他們陷入不舒服或苦惱的狀態要好得多。

常見餵奶問題

難餵的寶寶

大部分的新生兒都能很快又很輕易的喝奶，無論是由媽媽哺乳還是用奶瓶餵。新生兒可不像新手媽媽，在餵食上得學的東西很多，他們通常都具備了該怎麼做的直覺。不過，還是有些寶寶從出生的第一天，被放到媽媽胸前或是嘴裡被放入奶瓶的那一分鐘起，就開始激動又苦惱。我發現，生產過程特別艱鉅的寶寶，通常也會比較難餵。

如果妳發現自己的寶寶在餵奶時間變得緊張又煩惱，那麼就要避免有訪客到訪。無論這些親友多麼善意，如果妳還是得和他們談話，就無法保持完全平穩安靜的環境。

如果妳發現寶寶在餵奶時很挑剔，餵食的時間遠超過一小時，那麼試著讓他在餵奶中間暫停休息；餵寶寶喝奶時，與其讓他把時間拖長，強迫他吃，倒不如分成較短的兩次來餵。如果寶寶一直以來餵食情況都不錯，但是突然拒喝母乳或配方奶了，有可能是他感到不太舒服，譬如耳朵方面的感染，不太容易被診察出來，但卻是寶寶不想喝奶的一個很常見的原因。

如果寶寶出現下列跡象中的任何一種，建議妳最好找醫師諮詢：

跡象

- 突然沒有胃口，餵他喝奶時變得很不高興。
- 突然改變了正常睡眠模式。
- 突然變得很黏人或哼哼啊啊的。
- 變得嗜睡，不愛理人。

以下的指導原則，無論餵的是母乳還是配方奶，
對於讓緊張的寶寶放鬆下來喝奶，應該都有幫助：

- 應對一個緊張的寶寶，所有動作都要保持在最輕緩的程度；不要過度刺激他，也別換人抱，尤其是在餵食之前。

- 可能的話，盡量在安靜的房間、平靜的氣氛下進行餵食。除非是一個能提供實際幫助的人，否則其餘的人都應該盡量不要進入房裡。

- 把餵奶要用到的所有東西，事先準備好，盡量確定妳已有足夠的休息，而且也吃飽了。

- 餵食時，不要開電視，把手機轉成靜音，放到其他的房間裡，並放一些令人心情寧靜的音樂。

- 寶寶醒來要喝奶時，先別幫他換尿布，因為換尿布時他可能會哭。

- 用一條柔軟的棉質包巾把寶寶包住，以免他雙手揮舞，雙腳亂踢。在開始餵奶之前，妳自己一定要保持舒適。

- 寶寶如果正在哭泣，別把乳頭或奶嘴塞進寶寶嘴裡。妳可以將他以餵奶的姿勢抱好，然後在背部持續輕柔地拍打，直到他鎮定下來。

- 試著把安撫奶嘴放入他嘴裡。他一安定下來，穩定的吸了幾分鐘後，用很快的速度將奶嘴從口出取出，換成乳房或奶瓶。

⭐ 奶水分泌量少

隨著寶寶成長，他們的喝奶量會增加。所有的餵食都必須配合寶寶的成長方式來安排，因此當需求增加時，應該就要鼓勵他每一次進食時多喝一些奶，如果沒有的話，寶寶就可能會繼續維持少量多餐的方式。

我常接到月齡大一點寶寶的媽媽來電表示，她們還是根據寶寶的需求餵奶。這些寶寶大多已經超過十二週大，每一次餵奶是能夠多喝一些奶量的，不過卻仍持續以新生兒的方式被餵養一天八到十次。

很多餵母乳的寶寶每次喝奶時，仍然都只吃一邊，而餵配方奶的寶寶則只喝 90 ～ 120cc。實際上為了要把兩餐之間的時間拉長，大多數喝母乳的寶寶每一次餵奶時，應該都要喝到兩邊乳房的奶水；而喝配方奶的寶寶，喝奶量則應該在 210 ～ 240cc 左右。

我堅決相信，早期的餵奶方式是養成日後健康飲食習慣的基礎，所以為了避免讓長期性餵奶問題影響寶寶的睡眠，建議要盡早安排並解決所有的餵奶問題。特別是在傍晚或晚上泌奶量不足是所有哺乳媽媽常見的問題，也是以母乳哺育出問題的主要原因之一。

我相信肚子餓是很多寶寶躁動不安，晚上很難被安撫的原因。如果媽媽泌乳量低的問題不在早期解決，很快就會形成一種寶寶晚上必須餵餵停停，才能滿足需求的狀態。媽媽被告知，經常餵奶是一件很正常的事情，同時也是提高泌乳量是最好的方式，不過就我的經驗來看，結果剛好相反。

由於乳房的泌乳量是視寶寶喝多少來決定的，因此一再頻繁出現餵奶訊號會讓泌乳的方式量少且頻繁，這種方式以後將難以滿足寶寶的需求，所以寶寶會肚子餓而煩躁不安。

我相信，頻繁餵養一個飢餓、易怒又過度疲憊的寶寶所產生的壓力是許多媽媽精疲力竭甚至導致泌乳量減少的主要原因。泌乳量少以及疲累是一體兩面的，我深信，在進行母乳哺育的最初幾週，如果能先把少量的母乳擠出來，讓奶水的分泌量多過寶寶的需求，那麼媽媽就能避免出現奶水分泌量不足的情況。

如果寶寶還沒滿月，晚上無法靜下來睡覺，很可能是媽媽的奶水不足，在下頁作息表建議的時間擠奶，對於解決這個問題應該會有幫助。花時間擠出一些奶水量，將可以確保在寶寶未來經歷快速成長期時，妳分泌的母乳量能夠滿足他變大的胃口。

如果寶寶已經滿月了，但是晚上或是白天餵食之後無法安靜入睡，那麼下列的一週計劃表，將可以很快地讓妳的奶水分泌量提高。這樣可以確保寶寶在每次餵食後，不會因為肚子餓而好幾個小時煩躁不安又焦慮，這是媽媽實施需求式餵奶、想要提高奶水分泌量時，經常會遇到的問題。

★★★★ 提高奶水分泌量的 1 週計畫

> 第 1 到第 3 天

早
上

6.45am

- 從兩邊乳房各擠出 30cc 的奶水。
- 寶寶餵奶時候要保持清醒，無論他夜裡餵奶的次數多頻繁，餵奶時間不要晚於早上七點。
- 奶量飽滿的乳房要給寶寶 20 ～ 25 分鐘吸吮，第二邊乳房則給 10 ～ 15 分鐘即可。
- 早上七點四十五分以後就不要餵奶了。寶寶應該可以保持兩小時的清醒。

8am

- 妳務必在早上八點之前吃早餐、喝飲料，這一點非常重要。

9am

- 如果寶寶小睡時間無法妥善安置，給他 5 ～ 10 分鐘吃上次最後吸的那邊乳房。
- 寶寶睡覺時，媽媽盡量短暫的休息一下。

10am

- 不管剛剛睡了多久，寶寶現在一定要完全清醒。
- 在妳喝一杯水、吃點心時，應該給寶寶 20 ～ 25 分鐘上次吃的那邊乳房。
- 從第二邊乳房擠 60cc 的奶量，之後給寶寶 10 ～ 20 分鐘吃同一邊乳房。

11.45am

- 給寶寶喝 60cc 擠好的母乳，確保他在中午小睡時不會餓醒。
- 在下次餵奶之前讓自己好好吃一頓午餐並休息。

下午

2pm

- 無論之前睡了多久，寶寶被叫醒餵食的時間不要晚於下午兩點。
- 在妳喝水的時候，給他 20 ～ 25 分鐘的時間從上次吃過的那邊乳房餵起。從第二邊乳房擠 60cc 的奶量後，再給寶寶 10 ～ 20 分鐘吸同一邊乳房的奶水。

4pm

- 根據適合寶寶年紀的作息，寶寶會需要短暫的小睡。

5pm

- 寶寶應該要完全清醒過來餵食了，時間不要晚於下午五點。
- 兩邊乳房都讓寶寶吸吮 15 ～ 20 分鐘。

晚上

6.15pm

- 應該用奶瓶餵寶寶一頓追加的擠好母乳。體重 3.6 公斤以下的寶寶可能可以用 60 ～ 90cc 的奶量來讓他安靜下來；體重較重的寶寶可能需要 120 ～ 150cc 才夠。
- 寶寶安置下來後，妳也要好好吃一頓飯並好好休息。

8pm

- 從兩邊乳房擠奶。

10pm

- 從兩邊乳房擠奶非常重要，因為現在取得的量，是妳之後能分泌多少乳量的好指標。
- 安排妳的另一半或家中其他成員幫妳餵寶寶吃最晚一餐奶，讓妳能早點上床睡覺。

10.30pm

- 寶寶應該要醒來餵食了，時間不要晚於晚上十點半。
- 應該餵他喝一整瓶奶，配方奶或是擠好的母乳都可以。

深夜

- 晚上十點半喝完一整瓶奶的寶寶，應該能撐到凌晨兩點到兩點半。從第一邊乳房餵起，給寶寶 20 ～ 25 分鐘；然後第二邊乳房再給他 10 ～ 15 分鐘吸吮。為了不讓他清晨五點又要爬起來喝奶，記得兩邊乳房都要餵。

半夜醒來的提示：

如果寶寶晚上十點半那次的餵食情況良好，但是清晨兩點之前就醒來，原因就可能不是肚子餓了，其他可能造成他早醒的原因包括了：被子被踢掉，或是寶寶在最晚一次餵奶時並未完全清醒。不到六週的寶寶醒來時一直亂動，可能還是需要採用全包覆式襁褓來包裹；六週以上的寶寶就可以用薄的棉質包巾，從腋下以半包覆式包裹。對所有的寶寶來說，一定要確定上面蓋的床單被緊緊的塞好，床單要塞到床的兩側和底部壓好，床單拉到床墊底下的長度至少要十五公分。

對於清晨兩點之前會醒來的寶寶，讓他在最晚一餐前保持較長的清醒時間，然後在十一點十五分準備讓他入睡前再給他一些奶水喝。執行方法可參考分段哺餵，這對於拉長寶寶夜裡睡眠時間會有幫助。

第 4 天

到了第四天之前，妳早上起來應該會覺得乳房比較飽滿，而妳也應該採用下列的方式來改變上述的計畫表：

- 如果寶寶在早上九點到九點半之間睡得不錯，可以把早上九點那次餵母乳的時間減少到 5 分鐘。

- 如果寶寶在午睡睡得不錯，或是下午兩點那一次餵奶的情況不太好，那麼早上十一點四十五分那次餵的量就可以減少 30cc。

- 下午兩點那次餵奶可以省略，那麼到了下午五點那次餵奶之前，妳的乳房應該會比較飽滿。

- 如果妳覺得自己的乳房在下午五點時變得比較飽滿，在把寶寶換到第二邊乳房上吸奶之前，第一邊乳房中的奶水一定要完全清空。如果寶寶在洗澡之前沒把第二邊的乳房清空，那麼在洗澡後、被補餵之前，應該讓他繼續喝完。

- **晚上八點的擠奶應該要停止，並將晚上十點的那次擠奶時間提前到九點半。**
- **九點半擠奶時，兩邊乳房一定都要完全清空。**

第 5 天

- 在第四天時，把下午兩點和晚上八點的兩次擠奶動作都停掉以後，應該會讓妳的乳房在第五天早上非常充盈飽滿；早上第一次餵奶時把所有多出來的奶水全部清空。

- 早上七點餵奶時，應該給寶寶 20 ～ 25 分鐘停留在最飽滿的乳房上，第二邊乳房則在妳擠完奶後，給 10 ～ 15 分鐘吸吮。妳所擠的量要依據寶寶的體重來決定，只擠適度的量是很重要的，因為這樣才能留下足夠的量在哺乳時提供給寶寶。如果妳在最晚一次餵奶時還能擠出至少 120cc 的量，那麼妳就應該能擠出以下的奶水量：

  (a) **寶寶體重** 3.6 ～ 4.5 公斤：擠 120cc
  (b) **寶寶體重** 4.5 ～ 5.4 公斤：擠 90cc
  (c) **寶寶體重超過** 5.4 公斤：擠 60cc

第 6 天

- 到了第六天之前，妳的泌乳量應該已經提高到足以將所有補餵的次數都停掉，請依照適合妳寶寶年紀的作息來進行哺乳。

遵循作息表中的指導原則擠奶是非常重要的，這樣做才能確保妳在寶寶下一次快速成長期，能滿足他加大的胃口。我也建議繼續維持最晚一次餵奶時瓶餵母奶或配方奶的作法，直到寶寶六個月大離乳轉吃固體食物為止。這樣一來，這次的餵食將可以由妳的伴侶來負責，而妳才能在擠完奶後早點上床休息，而這麼做的好處是，妳在半夜起來餵奶時，應付起來會比較輕鬆。

◆ 夜間過度餵食

我發現所有的寶寶在四到六週大之前，就能在兩次餵食之間睡一次比較長的覺，甚至連想吃就餵的寶寶也一樣。

貝翠絲‧何立爾（Beatrice Hollyer）和露西‧史密斯（Lucy Smith）在《Sleep: The Secret of Problem-free Nights》一書中，把較長的睡眠形容為「深夜之眠」（core night），她們相信，這正是能讓寶寶安睡一晚的基礎。

我相信，到了第二週結束之前，出生體重 2.1 公斤或更重的寶寶，夜裡（午夜到清晨六點）真的只需要起來餵一次就夠了。當然了，前提是寶寶白天所有的餵食情況都很好，而晚上十點到十一點間也喝了完整的一餐奶。就我的經驗來看，無論寶寶餵的是母乳還是配方奶，夜裡持續餵兩到三次，最後只會讓他白天的喝奶量減少，很快的就會出現惡性循環，導致寶寶夜裡真的需要餵食，才能獲得一日的營養需求。

餵配方奶的寶寶要避免夜間過度餵食比較容易，只要控制他們白天喝的量就好。以寶寶的體重計算出，一天需要喝多少奶量，然後利用第 89 頁的範例表來看看如何安排餵食，這樣最多量的餵食就會發生在睡前最後一次。如此一來，配合深夜停餵法（請參見第 334 頁）的建議一起使用，就能讓餵配方奶的寶寶夜裡的餵食量不會過多。

但對於餵母乳的寶寶來說，夜間過度餵食被認為是正常的事，事實上，很多母乳哺育專家還很鼓勵；媽媽被告知，要讓寶寶睡在身邊，這樣一整個夜裡就能斷斷續續的餵奶了。他們強調，催乳激素也就是製造分泌乳汁所需的賀爾蒙在夜裡分泌的量更多，所以這樣的理論在夜間餵寶寶喝較多奶的媽媽，比白天多餵的媽媽更容易維持良好的泌乳量。這個意見對某些媽媽來說蠻有用的，不過母乳哺育的統計數字證明，對於很多其他的媽媽們來說，情況顯然不是，因為她們在第一個月之中就放棄了以母乳哺育。

就如同我說過的，我相信，夜間多次餵寶寶喝奶導致的筋疲力竭是許多媽媽放棄餵母乳的主因之一。我和好幾百位哺乳媽媽合作過，從這些合作經驗中，我發現夜裡有較長時段的睡眠，能讓乳房分泌更多乳汁。

夜裡完整、讓寶寶吃飽的一次餵奶，可以確保寶寶能很快再次入睡，而且睡到早上。

以下的指導原則提出了夜間為什麼會過度餵奶的主要原因，也告訴你要如何避免：

✿ 早產兒或體重非常輕的寶寶需要被餵的次數比三小時一次更加頻繁，家長應該尋求醫師的意見，看如何處理這種特殊狀況。

✿ 如果寶寶每次餵食狀況都很好（體重超過 3.6 公斤的寶寶一定要給他吸第二邊乳房），如果其他的睡眠時間都睡得很好，那麼應該是最晚一次餵奶時沒吃飽。

✿ 如果最晚一次餵奶時奶水不足，那麼問題就容易解決了。只要讓寶寶用奶瓶喝足量的奶水就好，無論是擠好的母乳還是配方奶都好。如果妳決定要餵擠好的母乳，白天就要保留足夠的時間來擠這次餵奶所需的奶量，妳可以從早上擠奶時就開始累積。

✿ 很多女性都擔心，如果太早就讓寶寶開始用奶瓶喝奶，他對於乳房的興趣就會降低。我協助過的寶寶都是理所當然的一天餵一瓶奶，但是從沒發生寶寶有乳頭混淆，或拒絕直接從乳房吸奶的情況。瓶餵還有一個附加的好處，那就是爸爸可以餵這最晚的一餐，讓媽媽在晚上十點前上床休息。

✿ 如果這一餐用完整餵食的方式，一週之後，情況還是沒改善，那麼寶寶一夜醒來數次的問題，就可能是偏向睡眠問題，而不是餵食。我會建議妳持續一週，繼續在這個時間用奶瓶餵食寶寶，也請參考第 350 頁夜間多次醒來相關的資訊。

✿ 體重 3.6 公斤以下，在喝到第一邊乳房脂肪含量較高也較濃郁的後乳之前，就換到第二邊乳房的寶寶，在夜裡醒來的次數會多於一次。

✿ 如果寶寶出生時體重超過 3.6 公斤，而且每次餵奶都只吃一邊乳房，比較容易沒喝足所需的奶量，所以在某幾次或全部的餵奶時段，都應該要給他第二邊乳房。在他第一邊乳房餵 20 ～ 25 分鐘之後，試著餵他第二邊乳房 5 ～ 10 分鐘。如果他不吸，就先等 15 ～ 20 分鐘後，再給他一次。

✿ 多數採用我作息法的寶寶，在夜裡大多只餵一次；等到身體狀況容許之後，就可以慢慢的停掉午夜那次餵奶，安睡到天亮。不過，偶爾也會有六週大的寶寶，還是繼續在清晨兩點醒來喝奶，就我的經驗，容許這些寶寶繼續在這個時間喝奶，他們通常在早上七點的那次餵食，食量就會減少，甚至乾脆不吃。

✿發生這種狀況時，我會採用下面敘述的深夜停餵法來進行準備，務必讓寶寶能減少在二十四小時之內餵食的次數，而首先被停掉的，一定就是深夜裡的這一次。

⭐ 深夜停餵法

「深夜停餵法」（Core Night Method）在許多產科護理師和相信固定作息的父母之間已經行之有年了。這種方式的原理是——寶寶在夜裡如果能有一次較長時間的睡眠，那麼他在深夜時段裡就不應該再餵食了。

如果他在這段時間裡醒來，應該放任他幾分鐘，讓他自己安靜下來，再度入睡。如果他不願意靜下來入睡，那麼就用其他非餵食的方式來安置他，像是輕拍、給安撫奶嘴或是吸一口水的方式。不過，我必須強調，根據最新的建議，六個月以下的孩子不要給他喝水。

不過在讓寶寶感受到妳在身邊而有安全感的同時，動靜要保持在最低程度，如果能遵守這種方式，幾天之內，在第一個深夜時段，寶寶至少能安穩地在妳身邊有一長段的睡眠。這方法也能教會寶寶最重要的兩個睡眠技巧：如何入睡，以及在經歷非快速動眼期的睡眠後，如何再度入睡。

布萊恩・西蒙（Brian Symon）醫師《Silent Nights》一書的作者、澳洲阿德萊德大學（University of Adelaide）一般醫學資深講師，他推薦將類似的方法用於六週以上的嬰兒。對於每週體重都能穩定增加，但是清晨三點還是會醒來的寶寶，如果他們拒絕入睡，那麼就讓他們喝一次時間最短的奶，讓他們能再度安置下來入睡。

在開始這些方法之前，要仔細閱讀以下各點，以確保寶寶夜裡真的能夠睡上一段比較長的時間：

✿ 這些方法絕對不可以用於太小的寶寶，或是體重沒增加的寶寶身上。寶寶體重如果不增加，一定要就醫。

✿ 只能用在體重有穩定增加的寶寶身上，以及妳已經很確定，最晚的一次餵食量實際上已經足以讓他撐過整夜的寶寶身上。

✿ 寶寶是否已經準備停掉夜間一次餵食的跡象有 —— 體重有穩定增加，而且早上七點那一次不願意喝奶，或是有減量的趨勢。

✿ 使用上面任何一種方式的目標，都是為了要慢慢把寶寶從最晚一次餵食到下一次餵食的時間拉長，而不是一次就把夜間餵食全取消。

✿ 如果過了三、四個晚上，寶寶已經顯示睡眠時間有拉長的現象，那麼深夜停餵法就可以使用。

✿ 如果寶寶用了深夜停餵法，但是 20 分鐘內還不睡，那麼就餵他喝一頓足夠撐到早上將近七點的充足奶量。因為夜裡讓寶寶長時間醒著並沒有任何好處，只會讓他白天更需要睡覺；而白天多睡只會讓他在晚上更難以被安置入睡。

✿ 可以用在想吃就餵的需求性餵食寶寶身上，看看是否能減少他在夜裡餵奶的次數，也鼓勵他在兩次餵食之間睡久一點，或是在白天最晚一次餵食後能睡久一點。

❂ 邊吃邊睡的寶寶

有時候愛睡覺的寶寶在喝奶時也容易不斷打瞌睡，不過如果他沒喝到所需的量，那麼最後就會變成一、兩小時內就得再餵，這時就是幫他換尿布、拍嗝，並且鼓勵他把奶吃完的好時機了。

在出生後的一段時間裡下一點功夫，在作息表上訂的時間餵奶，餵奶時讓寶寶保持足夠的清醒度、喝正確的奶量，長期下來，妳的付出絕對是值得的。有些寶寶會先喝掉一半的量，稍微休息一下，踢個 10 ～ 15 分鐘的腳，

然後又高高興興的把剩下的奶喝完。我發現，對於愛睡覺的寶寶來說，有一點很重要，就是不要一直和他們講話，或把他晃來晃去；想強迫他保持清醒，可以把他放在遊戲毯上 10 分鐘左右，妳會發現，他的精神可能就恢復了，又能繼續喝奶。在最初的幾個月裡，每次餵奶都要給寶寶 45 分鐘到 1 小時來喝奶。

　　<u>如果他在某次特定的餵食時顯然沒吃好，使之後的小睡提早醒來，那麼一定就要馬上餵他</u>。不要想著拖到下一次餵奶時間才餵，不然他累過頭，下次餵奶時又變成一次邊吃邊睡的狀況。追加餵奶，並把這次餵奶當成夜裡餵食處理，試著讓他安置下來後再次入睡，這樣他在晚上的餵奶才能被導回正軌。

　　另一個能解決一定範圍下母乳哺育問題的技巧是──「直接的肌膚接觸」，其中就包括寶寶邊吃邊睡這個問題。我們知道，小寶寶喜歡被摟抱著，但是研究顯示，和媽媽肌膚接觸產生的效果，不僅僅是讓他們開心而已；肌膚接觸被認為可以刺激寶寶大腦中的某個部分，能激起寶寶想找尋營養、繼續發育的慾望。

　　除此之外，和媽媽肌膚接觸的感覺也能給寶寶帶來安全感，讓他在喝奶時更開心。相對的，貼在乳房上睡著的寶寶，實際上是處於「關閉」模式，因為他被施加了壓力，嘗試把他叫醒餵奶只會讓壓力提高。因此，讓寶寶有肌膚的直接接觸，不僅能讓睡意濃濃的寶寶變得比較清醒，也能緩和他被過度刺激或有壓力的狀況。

　　多年以來，我一直在努力收集能讓愛睡寶寶好好喝奶的秘訣及技巧，而以下這些就是從早產兒和需要特別照護的寶寶身上學來的經驗：

建議

　　🌸 寶寶在餵奶之前，要確定他已經完全清醒了。幫寶寶換尿布，用濕紗布巾擦他的臉和雙手，也能讓他在餵奶之前適度的清醒過來。

✿ 白天餵奶時選擇光線明亮的房間；在緊臨著妳餵奶座椅的旁邊，放一張尿布檯。

✿ 穿涼爽、短袖的Ｔ恤或上衣，不要穿溫暖的長袖毛衣，後者會讓寶寶在餵奶時產生一種被毯子包住的感覺，使睡意更濃。

✿ 把寶寶長袍上的下擺，也就是腿的部分解開，讓雙腿能完全和空氣直接接觸。寶寶如果非常想睡，把他脫到剩下貼身的汗衫就好。

✿ 由媽媽哺餵母乳的寶寶，在餵奶時媽媽可以幫他按摩腳，輕輕拍他的臉，在他停止吸吮時，用食指和中指輕柔的略壓下巴。

✿ 用奶瓶餵的寶寶在餵食中如果停止吸吮，媽媽可以把奶嘴放在他嘴巴的四周動一動，這樣寶寶往往就會再開始吸了。我還發現，在拿奶瓶時，用我的大拇指、食指和中指握住奶瓶瓶頸，而不要握瓶身中間，我就可以用讓手指靠在他的下巴上，讓他嘴巴微微往上壓抬，這樣寶寶就會又開始吸了。

✿ 如果做完以上所有的動作，寶寶還是在餵食中睡著，又或是在餵食之間，眼睛閉上超過１分鐘左右，我會輕輕的把寶寶抱離胸前，或是把奶瓶移開，平放在尿布檯上１分鐘左右。有時候在一次餵食之間，這樣的動作得重複好幾次，但我發現堅持還是很值得的，因為只要一週左右的時間，寶寶就學會在餵食時好好保持清醒，在餵食之後也能高興的保持一小段時間的清醒。這也意味著，除了喝完整餐的奶之外，他之後也能睡得更好、更久，無論是白天的小睡或是夜裡的睡眠都一樣。

◎ 吃離乳食後，拒絕喝奶

　　六個月以上寶寶所喝的奶量會因為固體食物的攝取量增加，而逐漸開始減少。不過，寶寶到了九個月大時，每天還是需要至少 500 ～ 600cc 左右的母乳或配方奶，這個每日攝取量到了一週歲時，會逐漸減少到 350cc。如果妳的寶寶開始對奶水失去興趣、拒喝某幾次的奶，或是所喝的量比推薦量要少，那麼對於給寶寶固體食物的時間，以及食物種類就要多加注意了。

要知道母乳寶寶到底喝了多少量是不可能的，但是採用下面的建議，應該可以讓妳大略了解他拒絕喝奶的可能原因：

建議

❀ 六個月大的寶寶，在每天白天的早上六、七點到晚上十點、十一點之間，應該還是要餵四到五次完整的奶量，即大約 210 ～ 240cc，或是哺乳時兩邊乳房都吃。不到六個月卻因為醫師的建議而提前離乳的寶寶，在餵奶時不應該給他們固體食物吃，這樣他更會拒吃剩下的配方奶或第二邊乳房。建議先餵他喝下大部分的奶量，然後再給固體食物。

❀ 六個月以下的寶寶在早上十一點還是需要一餐完整的奶量。如果他因醫師建議而提早進行離乳，太早給他吃早餐，或是在早上十一點那次餵奶之前給太多的固體食物，都可能讓他太快把奶水攝取量降下來，或乾脆直接拒絕喝奶。

❀ 在寶寶六、七個月間，早上十一點的那次餵奶應該要減量或取消。如果妳在寶寶六個月前提前讓他離乳，那麼寶寶在六個月之前有可能只喝少量的奶水，而午餐餵奶時間一旦讓寶寶開始吃蛋白質食物，那麼餵奶的工作就可以直接停掉，這對增加固體食物的胃口是有幫助的。

❀ 在下午兩點給寶寶午餐的固體食物及下午五點給傍晚的固體食物，正是不到七個月的寶寶太快減少奶水攝取量，或是拒絕晚上六點餵奶的原因。在寶寶習慣吃固體食物之前，他的固體午餐食物最好在早上十一點給他，而傍晚的固體食物則應在下午五點喝過一些奶之後開始。

❀ 在錯誤的時間給寶寶吃消化時間較長的食物，例如香蕉或酪梨，有可能會讓下一餐的奶量減少。在介紹新食物讓寶寶嘗試之前，必須特別留意，在寶寶七個月之前，這一類的食物最好在晚上六點餵食之後給，而不要在白天。

❀ 年紀超過六個月的寶寶會開始拒絕喝奶，常常是因為他們在兩餐之間吃了太多的小點心，或喝了太多的果汁。用水取代果汁並減少兩餐之間點心的分量試試。

❀ 九到十二個月之間，有些寶寶會開始拒絕喝奶，這是他們已經準備要停掉第三次餵奶的跡象。如果出現這種情況，在把下午兩點半的餵奶完全停掉之前，先從減少奶量做起。

✪ 拒吃固體食物

對於六個月或更大的寶寶來說，拒吃固體食物的狀況通常發生在喝太多奶的時候，特別是如果他們半夜還在喝奶的話。我時常和嬰幼兒很少碰固體食物的家長說，讓他們自己每天吃三餐吧！這些案例中，大部分的孩子都還在採取想吃就餵的方式來餵奶，有些孩子在夜裡仍然要餵兩、三次。

六個月大時，奶水對寶寶來說還是非常重要的食物，不好好安排餵奶的次數與分量，會嚴重影響固體食物的進食。如果妳家寶寶拒吃固體食物，以下的指導原則可以幫助妳釐清原因：

◖ 建議

✿ 開始吃固體食物的推薦年齡是六個月。如果妳的寶寶已經六個月大，從晚上十點餵奶後已經可以一晚安睡，那麼就應該逐漸減少餵奶量，最後再停掉。

✿ 當寶寶出現一天餵四、五次完整的奶量卻已經吃不飽，胃口無法獲得滿足的情況時，就是要準備離乳的時候了。一餐完整的奶量是 240cc 的配方奶或是從兩邊乳房餵奶。

✿ 如果寶寶已經六個月，一天所餵的完整奶量卻超過四、五次，那麼他拒吃固體食物，有可能是因為喝太多奶了，所以把早上十一點的奶量減少後應該就能讓他在這一次多吃一點固體食物。快要滿六個月時，寶寶最低的奶水攝取量應該是一天 600cc，分成三次餵，而其中少量則混在固體食物中食用。

✿ 如果寶寶在這個年紀還是拒吃固體食物，除了把他的奶水攝取量減少之外，和醫師討論這個問題也是很重要的。

❂ 吃東西挑剔的寶寶

如果在離乳初期，餵奶的分量和時間能好好安排，那麼大多數的寶寶都能高高興興的吃著妳給的食物；到了他們九個月之前，寶寶應該就能從所吃的固體食物中獲得每日所需的大部分營養了。

父母被告知要給寶寶各式各樣的食物，確保他們能吸收到所需要的各種營養，不過，通常也就是在這時候，寶寶會開始拒絕之前很喜歡的離乳食。如果妳的寶寶年齡正好介於九到十二個月之間，且突然拒絕吃他的食物，或在進食時變得很挑剔、一副非常苦惱的模樣，那麼下面的指導原則對於釐清原因應該有幫助：

建議

✿ 父母對於寶寶的食量往往有著不切實際的想法，給的分量太多，當寶寶吃不完，便誤以為寶寶有進食的問題。以下所示是年齡九到十二個月寶寶所需要的食量，可以幫助妳了解，寶寶吃的固體食物分量是否足夠：

☑ **3～4 分碳水化合物：**有麥片粥、全麥麵包、義大利麵或馬鈴薯。一分可以是一片麵包、30 公克的麥片粥、兩湯匙的義大利麵，或是一小顆烤馬鈴薯。

☑ **3～4 分蔬果：**包括了生的蔬菜。一分可以是一小顆蘋果、梨子或香蕉、胡蘿蔔、幾小朵的白花椰菜或青花椰花，或是兩湯匙切碎的四季豆。

☑ **1 分動物性或植物性蛋白質：**一分可以是 30 公克的家禽、肉或魚，或是 60 公克的豆子或豆莢。

✿ 讓寶寶自己進食在他身心的發展上極為重要，因為讓寶寶自己進食能增加他的手眼協調及自主能力。寶寶到了六到九個月間，大多會開始自己拿起食物，嘗試自己吃東西，這時吃一頓飯可能會變得凌亂不堪，用餐時間也會拖得比較長。但限制寶寶與生俱來探索食物以及自己吃東西的慾望，只會讓他產生挫折感，而且變得更易拒絕湯匙餵食。因此無論寶寶把四周弄得多亂，讓他開始吃各種手指食物，並自己動手吃部分的餐食，會讓他更願意從妳的湯匙上把還沒吃完的食物吃掉。

✿ 寶寶到了九個月大時，對於食物的色彩、形狀和口感會感興趣得多。還在吃混合食物泥的寶寶，食物泥中就算有他喜愛的食材，混合後也很快就會覺得無聊，這就是寶寶為什麼會對蔬菜失去興趣。每一餐都給寶寶少量各種不同口感與色彩的蔬菜，對他來說，會比把一兩種蔬菜混合壓成泥，且分量較多更有吸引力。

✿ 經常給寶寶甜味的布丁和甜點，是嬰幼兒拒絕吃主餐的原因之一。就算寶寶只有九個月大，他們也很快就知道，只要他們拒吃非甜味食物而且繼續挑剔，很可能就會有甜甜的布丁吃了。布丁和甜點最好只在特別的情況下提供，妳還是要用切碎的蔬菜、乳酪和米餅／麵包棒或優格來餵寶寶。

✿ 如果妳的寶寶拒吃某種特定食物，幾週後再給他吃一次看看，這一點很重要。寶寶對食物的喜好或厭惡，在第一年間會變來變去，所以家長如果在寶寶拒絕一次後就不再讓他嘗試，以後就會發現準備寶寶的餐點會受到很大的限制。

✿ 在餐前喝很多果汁或水，會影響寶寶的胃口，讓他進食狀況不佳。飲料可以在兩餐之間給他，而不要在用餐之前一小時內。此外，在用餐中，等寶寶把固體食物吃掉至少一半之後，再給他水喝。

✿ 餵食的時間攸關寶寶進食狀況是否良好。早上八點過後很久才吃固體食物早餐的寶寶，在中午一點之前的時間裡，都不太可能會很餓；同樣的道理，在下午五點過後才吃下午固體食物的寶寶，可能會因為太累而吃不好。

✿ 設定目標，讓妳的寶寶在早上七、八點之間吃早餐奶以及固體食物，這樣他到中午十二點到十二點十五分左右肚子就會餓了，午餐和下午點心之間的時間也會離得夠久。

兩餐之間給太多點心會讓寶寶的胃口變小。試試看連續幾天都限制寶寶點心的量，看看正餐時的胃口是否會變好。

如果妳對於寶寶固體食物的攝取量是否足夠心存疑慮，建議諮詢健康專業人員或醫師。把一週之間所吃的食物加以記錄，所有食物和飲料的時間和分量都要列出，醫師才能幫妳判斷寶寶在餵食上發生問題的原因。

✪ 舌繫帶過短

　　舌繫帶過短是舌頭連到下牙齦的長度過短，會限制寶寶舌頭在移動時的靈活度，可能會造成餵食困難。小兒科醫師或助產士在嬰兒出生後或是第一次例行體檢時，會先行檢查是否有舌繫帶問題，但因為很難發現，有時可能會有遺漏，且如果寶寶舌繫帶過短的問題不是太嚴重，可能會感覺不出來，不過如果問題嚴重，就可能會在餵奶時對妳和寶寶造成影響：

舌繫帶過短餵奶提示：
- 寶寶含乳時有困難，餵奶時很煩躁。
- 餵奶時，含乳位置可能會偏斜。
- 可能無法喝到體重所需要的奶水攝取量。
- 媽媽的乳頭可能會疼痛、潰爛或是流血。

　　如果妳在哺乳時遇到問題，可請醫師或健康專業人員檢查看看舌繫帶是否過短。雖說舌繫帶過短的問題較常發生在以母乳哺育的寶寶身上，但有時候用奶瓶餵的寶寶也會出現餵食上的問題，如果妳發現寶寶餵食時很挑剔，並且還出現下列任何一種症狀，建議檢查一下舌繫帶：

跡象

　🌸 含奶瓶奶嘴時出現問題，如位置不正確且餵奶時煩躁不安。

　🌸 餵奶時，會從嘴角漏出太多的奶水。

　🌸 無法喝到體重所需要的奶量。

　🌸 出現嬰兒腸絞痛的症狀。

　🌸 在餵奶時吸進太多空氣，或不斷打嗝。

　🌸 餵奶時發出咯咯聲。

治療舌繫帶過短只需進行一個小手術，醫師會把寶寶舌頭底下的繫帶剪開。

● **小寶寶：**

如果寶寶還很小，他可能完全感覺不到痛——這個手術在施行時，通常不上麻藥，不過，有些病例會採用局部麻醉，寶寶甚至可能在手術期間睡著。

● **大寶寶：**

大一點的寶寶做這個手術時就需要麻醉了，過程也稍微複雜一點，有需要的話請諮詢醫師。

常見的睡眠問題

⭐ 很難安置

如果寶寶在小睡時間很難安輔，那麼妳就必須特別留意開始安置他的時間，以及花了多少時間在這件事情上。對大部分的寶寶來說，難以安置的主要原因多是太過疲憊或刺激過度，當妳很有信心，認為寶寶的吃和睡都已經上軌道了，我就會強烈建議，好好幫助寶寶學會自己安靜下來睡覺，雖說聽寶寶哭是一件很難受的事，但是他很快就能學會如何自己好好睡覺了。

放他單獨一個人的時間絕對不要超過 5 ～ 10 分鐘 ，長於這時間就要去查看。從我幫助好幾千個有嚴重睡眠問題寶寶的經驗來看，一旦他們學會自我安置，就會變得比較開心、更放鬆，且在白天有適當的睡眠時，夜裡的睡眠也會因此改善。以下的指導原則能幫助寶寶學習如何自我安置：

> **建議**

✿ 放任寶寶喝奶時在胸前或是含著奶瓶睡著，然後再放進嬰兒床的寶寶，睡眠時間比較容易受到破壞。當他短暫的睡了 30 ～ 45 分鐘後，若沒有妳的幫助，會比較不容易自己安靜下來再度入睡。在最初的幾週裡，如果寶寶在餵奶時睡著，把他放到尿布檯上換個尿布，這樣足以讓他以半睡半醒的狀態再度被放到小床上睡著。

✿ 太過疲憊是寶寶白天無法安置入睡的主要原因。寶寶太小時，如果容許他一次保持兩小時以上的清醒，他就可能會太過疲憊，接下來兩小時的時間都會抗拒入睡。建議寶寶清醒一個半小時後，就要好好留意，寶寶是否出現想睡的線索。之後隨著寶寶成長，保持清醒的時間都會稍微再長一些，有時候一次可以到兩個半小時。

✿ 睡前過多的擁抱也是嬰兒睡眠出現問題的主因。每個人都想要稍微抱一抱寶寶，幾次小抱集合起來，他就容易煩躁、變得太疲憊而且很難安靜下來。寶寶不是玩具，出生後的最初幾週限制他被抱的次數，尤其是在睡覺之前，並不需要產生罪惡感。

✿ 另一個讓寶寶不好入睡的主要原因，則是睡覺之前給予過度的刺激。六個月以下的寶寶在被放進床裡睡覺之前，應該要先安靜的放鬆 20 分鐘，不要進行過度刺激的遊戲和活動。所有的寶寶，無論年齡大小，在放鬆時刻不要和他有過多的談話，安靜、平穩的說話語氣，並使用很簡單的詞彙，像是「睡覺了」或是「該睡覺囉」，配合一點小小的噓聲，就可以幫助寶寶保持平靜，讓他更快安靜入睡，效果比複雜的言語好。

✿ 錯誤的睡眠聯想也會引起長期性的睡眠問題。寶寶出生幾週後，讓他在清醒的狀況下上床睡覺，並學會安置自己是很必要的。已經有錯誤睡眠聯想的寶寶，幾乎都要經過幾天短暫哭泣訓練後，才能解決睡眠問題，幸運的是，多數的寶寶在被容許的範圍內，都能很快地學會如何安置自己。

✪ 餵母乳的寶寶傍晚無法安置

出生約四週左右，有些餵母乳的寶寶會開始變得很難安置。他們可能睡意濃厚、一副想睡著的模樣，但是睡下不到 10 分鐘卻又醒過來。

🔵 建議

🌸 從我的經驗來看，這個階段餵母乳的寶寶可能是肚子餓了。當他很明顯表現出不肯安靜下來的樣子，請立刻餵他喝奶，以縮短他難過時間。記得不要抱著他搖，或給他吸奶嘴，而是讓他吸上次吸過的那邊乳房，讓他多喝些奶，有時候在傍晚兩邊乳房換著餵奶，可以讓他多喝一些。

🌸 四週大的寶寶，在傍晚的時候可能變得非常睏，在媽媽懷中吸奶時會不斷睡著，但這並不表示他吃飽了。妳在安置他的過程中，可能得把他抱起來兩至三次，每一次都要再餵他喝奶，但如果哺乳後他就能安靜入睡，那肚子餓就是主因。當他表現出非常睏的樣子時，我會建議妳讓他在一間光線明亮的房間裡喝奶，在餵奶的最後 10 分鐘再把光線調暗。

🌸 如果餵了好幾次奶，他還是無法安靜下來，很可能是妳在這個時間點的泌乳量太少了。出現這種情況時，可以在他洗完澡後，給他一瓶擠好的母乳試試看。

🌸 如果在提高餵奶量後，寶寶傍晚還是繼續不睡，妳可以考慮把上床時間往前提，讓他真的提早睡覺。除了肚子餓，太過疲憊是寶寶傍晚無法安置下來的另一個原因。早一點上床應該可以讓他不要變得更累，再配合餵更多的奶，他應該就能放鬆睡著了。

🌸 如果寶寶傍晚還是持續不肯安置，我會建議採取下頁的助眠法來幫助他，因為這個方法會讓寶寶的生理時鐘習慣在每天晚上同一時間睡覺。有些媽媽擔心，用這個方式會讓寶寶習慣被抱，話雖如此，但若能讓寶寶的生理時間習慣在同一時間睡覺，就長期來看，可以讓他更容易在床上被安置下來，而不是養成在三、四個小時之間醒醒睡睡的習慣。在幾個晚上都採取助眠法後，如果寶寶在晚上七到十點之間都能睡個好覺，到時妳就會發現，在床上安置他入睡會變得容易一些。

✪ 助眠法：白天及傍晚的小睡

所有的寶寶需要的睡眠時間都不一樣。在第一個月中，有些寶寶喝奶、保持清醒的時間都相當短，可以輕鬆安置並睡個好覺，直到下一次餵食。不過，如果寶寶養成白天睡眠好，但是傍晚或晚上無法安置，也睡不好的模式；又或者白天小睡時，表現很不穩定，通常都是因為下面幾個原因。

當妳排除肚子餓這個原因，並確定寶寶餵食情況良好之後，我會建議妳試試看我稱為「助眠法」的方式，這個方法的目的在於養成寶寶在小睡時間以及傍晚固定時間睡著的習慣，這樣在他適應之後，立刻就能一覺到天亮了。

除了因為肚子餓以及錯誤的睡眠聯想之外，我發現白天睡太多覺也是寶寶在傍晚無法安靜入睡，或是夜裡常醒最常見的理由。這種情況出現後，很快就會出現惡性循環，因為寶寶夜裡沒睡好，所以白天就得睡更多，就我的經驗來看，要讓小寶寶把這種情況改正過來，就是協助他們入睡。當他們夜間的睡眠獲得改善後，白天要維持清醒就會比較容易，這也會產生連鎖反應，讓他在傍晚和夜裡的睡眠變得比較好。

助眠法的目的在於養成寶寶在小睡時間以及傍晚固定時間睡著的習慣，幾天下來，當寶寶已經習慣在同樣的時間睡覺後，妳應該就能發現，把他安置在自己小床上時，寶寶吵鬧的情況比較少見了。

這個方法要生效，持續的由爸媽之中的一人來進行是很重要的。在這方法的第一階段，以及至少最後的三天裡，白天小睡時間和傍晚都不要把寶寶放進自己的小床裡，而是由父母其中一人和寶寶待在安靜的房中，在整個睡眠時間裡抱著他。執行的方式：

建議

第一階段

✿ 寶寶必須被抱在妳的臂彎裡，而不是橫抱在胸前。如果寶寶已經兩個多月，而且不再用襁褓包裹，那麼用妳的右手將寶寶的兩隻手橫抱在他胸前也會有幫助；這樣一來，他的雙手就不能隨便揮舞，也可降低他們生氣的機會。

✿ 在訂下來的睡覺時間裡，由同一個人和寶寶在一起，這樣才不必讓寶寶不停適應換人抱，或是換房間睡。

✿ 當寶寶已經能在建議的時間裡，連續睡三天好覺時，妳就能進入下一階段 —— 試著讓他自己在床上安靜入睡，這時緊緊靠在他床邊坐下是很重要的，這樣妳才能把他的兩隻手都握在他的胸前，給他安慰。

✿ 到了第四天，握住他的雙手直到他睡著；到了第五天晚上，只要把他的一隻手握在他胸前，直到睡著就好；到了第六天，妳應該就能發現，在他有睡意但是還清醒時，妳就可以將他放到小床上，每隔 2 ～ 3 分鐘檢查一下，直到他睡著。

✿ 至少要有三個晚上，除非他已經在妳懷中熟睡，否則就不要將他放到自己的嬰兒床上，不過有些寶寶需要比三天更長的時間，才能持續在建議的時間裡睡著。

第二階段

✿ 當寶寶到達第二階段，可以幾個晚上都在 10 分鐘之內安置下來，妳應該就可以試著用「哭到睡著」法，讓他自己安靜入睡。這樣可以幫助寶寶養成習慣，當妳在白天小睡時把他放到床上，雖然他很清醒，但旁邊還有小書或玩具可以看的時候，也能高高興興的自己待在床上。

✿ 如果妳喜歡的話，午睡時可以把寶寶用手推車推出去，帶他到外面睡，重要的是要保持一致 —— 午睡可以在嬰兒推車或是在家裡睡，但是不要睡到一半換地方。

⭐ 一大清早就醒

所有的嬰兒和幼兒都會在早上五到六點時進入淺眠狀態，有些寶寶會在一小時左右後再度入睡，但是大多數寶寶卻不會。我相信，決定寶寶是不是會一大早醒來的原因有二：一是入睡房間的黑暗程度。

我對房間的明暗度很在意，根據我的經驗，維持房間暗是大部分寶寶在早上五、六點進入淺眠後，能快速重新安靜入睡的主要原因。當房門一關、窗簾拉上，房間裡應該要暗到連寶寶的玩具和書都看不到一絲蹤影的程度；只要看到一眼，就足以讓寶寶從昏昏沉沉的狀態中完全醒來，開始一天的作息。

父母在寶寶三個月之前，處理他一早醒來的方式，也會決定寶寶日後是否會成為一個早醒的孩子。在出生後的幾週，凌晨兩點到兩點半醒來餵奶的寶寶，可能會在清晨五、六點左右醒來，他是真的需要喝奶了。不過，妳要把這次餵奶當成半夜餵食一樣處理，盡量快速又安靜的餵完，房間裡面只要點亮一盞小夜燈，不必講話或有目光的接觸，寶寶喝完就應被放回床上再睡到早上七點到七點半，可能的話，先別換尿布，因為這個動作會讓他清醒過來。

當寶寶在接近清晨四點邊睡邊喝奶時，如果早上六點又醒通常跟肚子餓無關，這時我會強烈建議父母，無論如何都要幫助寶寶重新再入睡。在這個階段，最重要的事就是讓寶寶儘快進入睡眠，就算是要抱寶寶，並給他安撫奶嘴到早上七點。

以下一些指導原則，可以幫助寶寶不要太早起床：

💜 當妳把寶寶放下睡覺時，盡量避免使用夜燈，或是不關門。研究顯示，腦部裡的化學成分在黑暗中的作用是不同的，會讓腦子準備要睡覺；因此在寶寶進入淺眠期時，就算是一絲光亮也足以讓寶寶完全醒來。

💜 把被子踢掉也會讓六個月之前寶寶早醒。就我的經驗來看，這個階段的寶寶如果用被單牢牢的塞緊，睡眠應該會更好。我也建議要把兩條小手巾捲起來，分別往下塞進床兩邊的柵欄和床墊之間。

💜 想辦法幫會鑽出被子的寶寶穿上材質超輕，百分之百純棉製的睡袋，同時用上述的被單好好蓋著並塞好（看天氣狀況，有時候會需要用到毯子），對他們的睡眠很有幫助。

💜 當寶寶已經能開始在床上四處移動，並且能正面、反面轉身時，我建議妳把被單、毯子都移走，讓寶寶只用睡袋（可依照時令氣候選擇適合的睡袋），這樣寶寶可以不受限制的在床上動來動去，而不必擔心夜裡受涼。

💜 在寶寶建立吃固體食物的習慣之前，不要省略最晚一次的餵奶。如果他在開始吃固體食物前正好經歷了快速成長期，可以增加他的奶量，以降低因為肚子餓太早醒來的機會。這種情況在太早取消最晚一次餵奶時很容易發生。

💜 如果寶寶還沒完全養成吃固體食物的習慣，卻拒喝最晚一餐的奶，妳可能得在清晨五、六點再餵他喝一次奶，直到他更習慣固體食物為止。除非已經很習慣吃固體食物，否則能撐到將近十二個小時的寶寶其實不多，所以不要想說要讓寶寶盡量撐到早上七點才餵，而讓他在這個時間醒醒睡睡，反而造成他清晨早醒。

💜 六個月以上、已經停掉最晚一餐奶的寶寶，應該要鼓勵他盡量保持清醒到晚上七點。如果他在晚上七點前就已經沉沉地睡著，那麼早上七點之前醒來的機會就很高。

⭐ 夜裡多次醒來

在母奶供應還不穩定前，新生兒一個晚上可能會醒來很多次，並需要被餵奶。在第一週結束之前，體重超過 3.2 公斤的寶寶應該可以在晚上十點到十一點的餵奶之後，撐比較長的時間，不過前提是，他白天的喝奶需求必須被完全滿足。

小嬰兒還是需要依照時間三個小時餵一次奶的，依我的經驗，年齡在四到六週之間，健康且餵奶情況良好的寶寶都能睡上四到六小時的長覺了，如果根據我的作息表，這個長的時段應該能發生在夜間。我作息表的主要目的，就是為了幫助父母安排白天餵奶和睡眠的需求，以免夜裡必須太頻繁的醒來餵奶。

夜裡要持續起來喝奶的時間有多長因寶寶而異。有些六到八週的寶寶在最晚一次餵奶之後，已經能安睡一晚了；但是也有些到十到十二週才行；有些甚至要更久。所有的寶寶，當身心成長到一個狀態時，大多能一夜安睡，但前提是白天的餵食和睡眠都必須經過適當的安排。

📎 以下列出的，是一歲以下的健康寶寶，夜裡太常醒來的主要原因：

💟 白天睡太多了，就算是寶寶年齡很小，也必須有一些時間清醒。在白天餵奶之後，應該要被鼓勵保持一到一個半小時的清醒時間；到了六到八週，大多數的寶寶已經能保持一個半小時到兩小時的清醒了，前提是夜裡兩次餵食之間，睡得很好。在這個階段，要確定寶寶在喝最晚一餐奶時能保持適當的清醒，這樣他在夜裡再次醒來時，才能很快的再度入睡。依我個人的經驗，小嬰兒如果最晚那餐餵奶時沒能完全保持清醒，夜裡就容易醒來，就算不餓也會醒，但在這麼小的時候，不餵奶是很難讓他們再度入睡的。

💟 如果想避免夜裡醒來太多次，六個月以下的寶寶在早上七點到晚上十一點之間，需要餵六到七次的奶。

💗 每次餵的分量不夠。寶寶剛出生的那幾週，大部分都需要在第一邊乳房上吸 25 分鐘，如果在晚上十一點到清晨六、七點間還需要多餵一次，那不妨在白天選擇其中幾次，餵他們吃第二邊奶水。

💗 母乳哺育的寶寶，如果最晚的那一餐沒吃飽，夜裡很可能就會醒來好幾次，而且在這次餵食之後，可能還要加餵一次。

💗 六週以下的寶寶會有很強烈的莫羅氏反射，可能會因為突如其來的驚嚇和抽動，一夜驚醒好幾次。除了用厚薄適中的被單和毯子緊緊的蓋住、塞好外，用質地輕柔、有彈性的包巾包裹對他們也很有用。

💗 大一點的寶寶常會一夜醒來好幾次，因為他們把被子踢掉了，所以覺得冷，或是他們把腳伸到嬰兒床的柵欄間卡住了。使用睡袋可以避免他們踢被因而受寒，同時雙腳也無法伸出去卡在柵欄間。

💗 嬰兒的睡眠週期兩到三個月就會改變一次，在白天的睡眠時間裡，他通常在睡著之後進入 30～40 鐘的淺眠期，這種情況夜裡也會發生好幾次，寶寶如果學會自己安置，出現這種情況也不會造成問題。不過，對於有錯誤睡眠聯想，像是要被餵奶、抱著搖晃，或給安撫奶嘴才能睡著的寶寶來說，當他白天小睡或是夜裡進入淺眠期時，很可能就需要同樣的協助才能重新安置下來。

💗 六個月以上的寶寶，如果在點著小夜燈的房間裡睡覺，會比較容易在夜裡醒來好幾次。

💗 當寶寶開始吃固體食物後，如果短時間內就把寶寶所喝的奶減得太多，他在夜裡很可能就會真的需要被餵奶，尤其是最晚一餐的奶量過少時。

🔍 避免最晚一餐邊睡邊喝

　　年紀很小的嬰兒如果在最晚一次餵奶時邊喝邊睡，那麼夜裡可能就會一直醒或是早上太早醒。在寶寶出生後不久的期間，最晚一餐如果能養成完整餵食的習慣，對於讓寶寶夜裡能久睡幫助極大。

　　在本書前面的章節裡，我已經提過，這次的餵奶必須安靜進行，寶寶才不會受到過度的刺激，拒絕好好安置入睡。不過，如果妳家寶寶因為很

睏，所以喝的奶量不夠，那麼妳最晚這一餐可分段哺餵；而分段哺餵要成功，寶寶醒的時間必須長一點，才能喝下更多奶量。

我照顧過的寶寶中，有些在初生期間經常很睏，我必須在晚上九點四十到四十五分之間就開始叫醒他們。我的作法是：稍微開一點燈、把被子拉開，並將寶寶的腳從睡袍中拉出來，讓他躺在自己的小床上。這樣 10 分鐘之後，他如果還未醒，我就會把燈光調亮一點。無論寶寶有多睏，我最晚晚上十點一定會把他抱出房間，帶到我自己的臥房或是客廳，那裡有燈，可能還有電視，製造一個刺激度比較強的環境。

🔍 分段哺餵的作法

● 配方奶：

如果他還是難以醒來，接著我會讓他在自己的遊戲墊上再躺 5 ～ 10 分鐘 ，然後再開始餵分段哺餵中的第一瓶奶，如果是餵配方奶，則溫度會泡得比平時稍微溫一點；第二次餵食時，會再重新泡一瓶新鮮的奶，在晚上十一點十五分給他。我會讓寶寶在晚上十點到十一點之間盡量保持清醒，有些寶寶要兩週的時間，才能養成分段哺餵的習慣，但是這習慣一旦養成，他們真的就能喝下比較多的奶，夜裡也能睡得比較久。

● 母奶：

如果妳是以母乳哺育，同樣的方法也適用，只是妳必須在晚上十點給他吸第一邊奶水，然後在十一點十五分再給他第二邊奶水。有些寶寶在晚上十點真的需要吃兩邊的奶，然後晚上十一點十五分再讓他吸一下第二邊乳房的奶──如果妳覺得這個時間，奶水分泌量很不足，也可以用擠好的母乳來補餵。

如果妳的寶寶還不滿十二週，在最晚這一次餵食時總是非常睏，餵食狀況不好，那麼妳真的該讓他嘗試養成這種分段哺餵的習慣。要讓這最晚一

次的分次餵食發生作用，妳在傍晚五點到六點十五分時，可能也必須採用分段哺餵的作法；如果這個時段不採分次餵食，寶寶在洗完澡後可能喝的奶量會很多，因而產生連鎖效應，導致最晚那次餵奶的胃口變小。

如果試過上述所有的建議，寶寶的餵食狀況還是不好，且夜裡早醒，那麼妳可能可以連續幾天試試看把最晚一餐的分次餵食取消，看看他在自然狀況下可以睡多久。

如果他連續幾個晚上都能睡比較長的時間，那麼妳就可以恢復最晚一餐分段哺餵的作法，希望寶寶能把這種久睡的情況維持下去，且時間要發生在夜裡正確的時段。當他在採取至少一週的分段哺餵法，並且能安睡一晚後，妳就可以每兩、三個晚上，把他清醒的時間減少 5 分鐘，直到他能一次就把奶水完整喝掉為止。

大多數的寶寶在七個月左右，在離乳習慣養成之前，晚上的十二小時裡還是需要再哺餵一次的。因此，持續堅持晚上十點的餵奶習慣真的很值得一試。

● 生病對睡眠的影響

我照顧過的第一個寶寶，大多數都能安然度過第一年的時光，幾乎不會染上在排行老二和老三身上肆虐的一般性感冒和咳嗽。一般來說，到了大多數的老大開始出現感冒情況時，他們的睡眠習慣都已經養成了，很少會在夜裡醒來。

不過，家中老二和老三可就不是這樣了，他們通常會比自己的哥哥、姐姐提早患上感冒，因此夜晚的睡眠受到干擾也就無可避免了。三個月以下的寶寶在感冒或生病時，通常需要一些幫助才能安然度過晚上的時間，他們通常會很難受，特別是在餵奶的時候。

🔍 生病時的餵奶

寶寶生病時，如果白天的進食狀況很差，可能就必須恢復夜裡餵奶的作法了。當六個月大的寶寶生病了，一夜醒來好幾次，而我必須照顧他時，我發現晚上和他同睡一房裡比較方便，因為可以很快注意到他的狀況，也比較不會因為在走廊上來回穿梭，而干擾到哥哥或姐姐的睡眠。我偶爾也會發現，已經停了夜裡餵食的大寶寶，在身體康復後，還會繼續在夜裡醒來，希望被餵奶或是獲得他在生病期間受到的注意。

在復原後最初幾個晚上，我會去查看，並給他一些冷開水，但是當我確定他已經完全康復了，我就會讓他自行穩定下來，從我的經驗來看，沒這樣做的父母，寶寶最後常會養成長期性的睡眠問題。

如果妳的寶寶感冒或咳嗽，無論一開始看起來有多輕微，都要就醫，有一些父母常提到，如果他們能早一點帶寶寶去看醫生，寶寶肺部嚴重感染的問題就不會發生了。太多父母拖拖拉拉的不帶寶寶去看醫生，是因為怕被人指指點點說他們神經質，不過，無論寶寶的狀況有多輕微，當妳對他的健康情況有任何顧慮，都要儘早跟醫師討論，且在寶寶生病時，一定要好好聽醫生的建議，尤其是在餵食上。

⭐ 午睡睡不好

午睡是我作息表中的基礎。研究顯示，嬰幼兒如果白天小睡得當好處不少。隨著寶寶的成長，變得更加活躍後，午睡就會變成他的休息時間，讓他能從早上的活動中恢復過來，好好享受和妳以及其他人的下午時光。

無論如何，我非常了解，寶寶在初期午睡出錯的可能性有時候蠻高的。我也理解，當寶寶小睡了 30 ～ 45 分鐘後醒來，除了疲憊沒紓解外，還拒絕再度入睡時，妳心裡的挫折感。假設寶寶還沒有錯誤的睡眠聯想，那麼妳可以從幾件事情上來改善午睡的品質，最要緊的是，能讓寶寶在最短的時間內安置下來再次入睡，不過前提是，妳必須確定他不是因為肚子餓醒來。

正常來說，如果允許寶寶哭個 5 ～ 10 分鐘，他們就會開始自行安置下來再度入睡；而如果妳發現過了 15 分鐘 ，寶寶還是哭個不停，那麼妳顯然就要去安撫他了。對於不斷哭泣的寶寶，我會在下午兩點餵他喝一半的奶，方式就和夜裡喝奶一樣，這樣寶寶才不會因為過多的談話或目光接觸而被過度刺激。我會推測，寶寶無法自行安置、再次入睡的原因是因為進入了淺眠期又剛好肚子餓了。

0 ～ 6 個月的寶寶

🔍 肚子餓

為了排除肚子餓成為干擾午睡的原因，我會把小嬰兒早上的餵奶時間，提前到早上十點到十點半之間，之後在要小睡之前補餵一次奶。用這種方式處理，妳就能放心的讓寶寶哭上一段短短的時間，而不必擔心他是真的餓了。

如果寶寶還是哭個不停，無法安靜入睡，那麼就要確認一下寶寶早上小睡時，睡了多少時間。

🔍 縮短、取消早上的小睡

0 ～ 6 個月的寶寶如果早上的小睡時間超過一小時，那麼可能就是早上睡太多，影響到午睡。看寶寶早上小睡了多久，我會建議把他小睡的時間減到 45 分鐘左右，最多不超過一小時。

我偶爾也會建議把某些三個月以上寶寶，早上小睡的時間減少到只剩 30 分鐘，這樣才能讓他們午覺能睡到 2 小時。

如果妳發現無法將寶寶早上小睡的時間推到九點，那麼我會建議把早上的小睡分成短短的兩次進行，把早上小睡的總時間減少。分次的第一次小睡讓他睡 20 ～ 30 分鐘；第二次 10 ～ 15 分鐘就好，把早上的小睡時間減到 30 ～ 40 分鐘之間。在寶寶睡午覺之前，追加補餵一些奶，如果他只睡 45 分鐘就醒，放他稍微哭一下，他應該就能再次睡一段比較長時間的覺了。

6 個月以上的寶寶

🔍 肚子餓

對於一個離乳中的寶寶，妳可以試著在他午睡之前，補上一瓶奶。如果妳發現他這次喝奶的量很大，那麼就要檢查固體食物的分量，也要確定這些食物的碳水化合物和蔬菜比例是否均衡。到了七個月之前，寶寶一天應該已經開始吃三餐，而吃固體食物的習慣也養成了，可以參考《 The Contented Little Baby Book of Weaning 》一書的資料，看看推薦的食物分量，以及如何規畫。

如果妳讓寶寶在六個月時離乳，那麼妳必須很快的把指導原則看過，安排適合的食物分量。就我的經驗，大部分六到九個月大的寶寶，每一餐需要六到八湯匙的固體食物，如果寶寶攝取的量少於上述的量，那麼肚子餓就可能是原因；如果寶寶已經超過九個月大，午餐時沒能好好的搭配水喝，口渴就可能是他小睡早醒的原因，特別是天氣熱的時候。因此，可以在他午睡之前，讓他喝一些水試試。

排除了肚子餓這個可能性後，如果寶寶還是繼續哭、不睡覺，那麼妳就要檢視他早上小睡時間有多久。

🔍 縮短、取消早上的小睡

六個月以上的寶寶，早上的小睡時間不要在九點十五分和九點半之前。如果妳發現寶寶這次小睡的時間超過 45 分鐘，可能就是午睡之所以睡不久的原因了。

如果寶寶的年紀在六到九個月之間，那麼把小睡的時間推到九點半，並逐漸將時間縮短是很重要的，最好每三至四天減少 10 分鐘左右，直到只剩 20 ～ 25 分鐘。如果寶寶的年紀是在九到十二個月之間，那麼小睡時間就減到剩 10 ～ 15 分鐘，或者乾脆全部取消。

　　妳可能會發現，有一小段時間裡，得把午餐和午睡時間稍微往前挪，因為寶寶可能會比較累，妳得讓他提前入睡。在午睡之前補喝一次奶，並減少早上的小睡的時間，寶寶在一、兩週內，午覺睡的長度應該就能改善。

🔍 調整下午的作息

　　如果妳發現寶寶在午睡時間醒來無法再次安置入睡，那麼除了嘗試上述的建議作法外，可能還必須調整他下午的睡眠作息，這樣他在晚上上床之前才不會太累。寶寶的年紀會決定妳在下午要讓他睡多久；年紀小的嬰兒在下午兩點半的餵奶之後會需要 30 分鐘的小睡，然後在下午四點半，再加一次更短的小睡。這樣可以讓他不會因為太累而煩躁，也可以讓他的作息在傍晚五點之前就回到正軌，在晚上七點可以好好安靜入睡。

　　有時候，寶寶在下午兩點半時是不睡的，九個月以上的寶寶尤其會這樣，但是他隨後在三、四點之間就會睡著，睡了 30 ～ 45 分鐘以後就醒。如果出現這種情況，妳會發現，得把上床時間稍微往前提。

　　在調整作息讓午睡縮短時，重要的是別忘記要遵守寶寶這個年紀被推薦的白天睡眠總時數；同時，如果妳想讓寶寶在晚上七點能好好躺下睡覺，那麼他傍晚五點之前一定要起床，並保持清醒。

🔍 午睡時哭到睡著的執行方式

　　在我的書裡，我說過「哭到睡著」的方式能用在抗拒睡覺，或是太累的寶寶身上，而且從他們小的時候就能用。「哭到睡著」和睡眠訓練間是有差異的。

　　當寶寶被餵飽也很累了，在嬰兒床上，明明想睡卻抗拒著不睡時，採取讓他哭到睡著的辦法還是值得一試的。寶寶通常會斷斷續續的哭 5 ～ 10 分鐘，然後就睡著──只是，有些累到極點的寶寶可能會斷斷續續的哭到 20 分鐘才睡著。一旦入睡，這些寶寶就會睡上一整個小睡時間，如果是夜裡，就會睡到下次餵奶時間。

　　如果妳的寶寶在入睡 30 ～ 45 分鐘後就醒來，吵了 10 ～ 20 分鐘後重新入睡 30 ～ 45 分鐘，那麼就算是運用了「哭到睡著」方式；但如果寶寶在 30 ～ 45 分鐘後醒來，一直無法重新入睡，且哭鬧的時間比建議的時間還長，那就不能算是哭到睡著。

　　我並不建議讓寶寶久哭，因為這不僅會讓寶寶過度悲傷，還會讓他養成醒來就哭，或是進入淺眠的狀態。這時不如讓寶寶起來，把下午的小睡分成一或兩次較短的時間來睡，情況會好得多，時間長度依他的年紀來決定。從我的經驗來看，只要父母親讓寶寶建立了正確的睡眠聯想，並學會如何調整下午的小睡，讓寶寶不會太累，最後寶寶的午覺就能睡得比較久。

★ ★ ★ 作息檢查清單

☑ 小睡之前，先讓寶寶補喝一些奶水，排除他因肚子餓醒來的可能性。如果一個離乳中的較大寶寶喝的奶量超過 60cc，那麼他固體食物的攝取量可能得增加。有些餵母乳的寶寶除了吃分量適當的固體食物外，在滿九個月之前，還需要補餵一次母乳。

☑ 年紀較大的寶寶在睡午覺之前，先給他一些冷開水喝，看看他是不是口渴了。

☑ 把不良的睡眠聯想改正過來，像含乳或是含奶瓶睡覺，也要確定寶寶在放進床上睡覺時已經餵飽了。要養成好習慣可能需要一段時間的培養，所以妳必須有耐心。

☑ 把所有會讓寶寶醒來的理由都排除，像是太吵或是小寶寶沒好好的包裹起來（請別忘記，六個月以下的寶寶會有莫羅氏反射。如果不想寶寶因此自行醒來，把他包裹好非常重要。）

☑ 一定要讓寶寶自然醒來，在最初幾週後，如果寶寶不是尖聲吵著要喝奶，讓他在床上保持一段清醒時間後再把他抱起來；這樣他醒來，就不會聯想到要人抱。

☑ 當妳把表上所有的項目都檢查過，而且每一項改變都給了充足的時間來進行，但午覺問題還是無法解決，（妳覺得寶寶在進入淺眠時，已經養成醒來的習慣了），那麼不妨試試第 346 頁上提供的「助眠法」來幫助寶寶在固定時間入睡；我也建議妳參考《The Complete Sleep Guide for Contented Babies and Toddlers》一書，裡面對於睡眠問題有很多深入的建議以及案例研究。

✪ 建立睡眠聯想

很多嬰兒在剛出生後的前幾個月，被放在嬰兒座椅或是提籃中打瞌睡，睡睡醒醒也能很高興，這對父母親來說相當方便、彈性也大。不過，寶寶逐漸長大，也比較好動後，就不容易繼續睡得好，或是睡得久了，而且這個習慣一旦養成，要讓他白天在自己的嬰兒床中睡覺就困難了。

事實上，在嬰兒座椅中睡覺不太能讓寶寶感到滿意，而且當寶寶大一點後，很可能就會睡得短，然後變得又累又煩躁；產生的連鎖反應則是下午點心時間進食物狀況不佳，或是上床前的奶還沒全部喝完就睡著，導致夜裡餓醒，讓妳們第二天都疲憊不堪。

如果錯誤的睡眠聯想和反覆不定的睡眠模式已經養成，妳就必須把精神集中在如何運用「助眠法」讓他在小睡時段入睡，請參見 346 頁。用嬰兒推車把寶寶帶出門，讓他擁有需要的兩小時睡眠時間；我發現，做了一週或甚至十天後，寶寶的睡眠週期就會適應這種改變，而到時只要使出「午睡哭到睡著」的方法，請參見 357 頁，就能讓寶寶比較容易在自己的小嬰兒床中入睡。如果需要更多與睡眠聯想相關的資訊，並了解如何處理，請參考 contentedbaby.com。

✪ 長牙夜間醒來

就我的經驗來看，從小就開始根據作息進行，並建立健康睡眠習慣的寶寶，很少會因長牙而感到困擾。在我照顧過的嬰兒中，只有少數幾個長牙階段的孩子，在夜裡睡覺時會出現混亂；這些案例中，通常都是磨牙引起，且只出現幾個晚上而已。我發現，夜裡會因為長牙問題醒過來的寶寶，比較容易發生腸絞痛的情況，也容易養成不良的睡眠習慣。

如果妳的寶寶正值長牙階段，而夜裡又會醒來，但是抱一抱，或給個安撫奶嘴很快就再度入睡了，那麼長牙可能就不是醒來的真正原因。真正因為長牙而醒來的寶寶，會因為疼痛而很難安置入睡，且不僅僅只在夜裡白天

也會有不舒服的現象。這時不妨參考「夜裡多次醒來」以及「一大清早就醒」的建議參見 350 頁及 348 頁，把寶寶夜裡會醒來的其他可能原因排除掉。

如果妳認為寶寶夜裡會醒是因為長牙引發的嚴重疼痛，建議妳詢問醫師，看看是否需要開止痛藥。此外，因為長牙引起的牙痛只會影響幾個晚上，絕對不會一痛就好幾週，所以如果寶寶似乎不太舒服，還伴隨了發燒、胃口不佳或是腹瀉的情況時應該就醫，不要自行假設這些只是長牙時的症狀而輕忽。我常常發現，一些被父母認為只是長牙的症狀，最後都診斷出是耳朵或喉嚨發炎了。

◉ 睡眠狀況退步

三十年來，我幫助過無數寶寶的經驗發現，他們只要養成良好的作息並能夠安睡一晚，在沒生病的狀況下，一夜安睡的情況都能繼續維持。我親自幫忙照料過的幾百個寶寶，以及透過諮詢幫助過的數千個寶寶中，從來沒有家長回饋，他們寶寶的睡眠狀況退步了，直到最近。

近來有愈來愈多的家長寫電子郵件詢問，應該怎麼處理寶寶睡眠退步的狀況。進一步探究何謂「睡眠狀況退步」時發現，似乎是有些家長相信寶寶在某個月齡時，會經歷一個影響睡眠的發育階段，導致他們夜裡再次醒來。

我個人的觀點是，如果家長不能走在寶寶不斷發生改變的餵食與睡眠需求之前，那麼睡眠狀況才會退步。如果真的有因為生長發育變化而產生的所謂「睡眠狀況退步」，那麼我相信，在數千位家長中，至少某些人會跟我回報這種狀況，並告訴我他們寶寶的睡眠狀況開了倒車。

事實上，情況正好完全相反：我到現在還是經常聽到許多我多年前給過建議的家長回饋，孩子現在的睡眠狀況都一直都保持得很好，如果妳認為孩子是睡眠狀況退步，那麼我會呼籲妳重新檢視我在本書中提供的各階段作息表。

我之所以提供不同作息表的原因，是因為寶寶在第一年中的睡眠需求會不斷的產生變化，那些能提前一步安排寶寶需求的家長，將可以用這些作息表來確保寶寶的餵食和睡眠需求可以在問題發生之前就進行調整，並逐漸改變。

❂ 黃金定律

最後，我提供了一些必要的訣竅，幫助家長來避開第一年中寶寶可能會出現的一些問題。

⟩ 建議 ⟩

- 在寶寶出生後不久的期間，我建議他們一次最多可以保持兩小時的清醒時間。這並不代表他們就一定要清醒兩小時才行，如果妳的寶寶在傍晚以及夜裡餵食後都很好安置並睡得不錯，但是白天清醒的時間一次只能維持一小時左右，那他顯然是一個需要較多睡眠時間的寶寶。

- 不過如果妳的寶寶在傍晚，或是半夜餵奶之後安置情況不好，而妳又已經排除肚子餓的原因，那麼不妨逐漸把寶寶清醒的時間，每隔幾天延長 2 ～ 3 分鐘，直到他能開心的清醒更長的時間，夜裡也能睡得比較好為止。

- 要給寶寶 25 分鐘的時間停留在第一邊的乳房上，是最多 25 分鐘，而不是必須，因為有些寶寶很有效率，他們專心吸吮，在很短的時間內就吃完了。

- 如果妳的寶寶體重持續增加，白天小睡和晚上睡覺時間也能很快的入睡，那麼妳就不必擔心他在乳房上停留的時間是長是短。不過，如果寶寶在兩餐之間不是很開心，小睡之前安置情況也不好，那麼很可能是沒吃飽，需要在小睡之前再試著給一次奶。如果喝完後他就能安靜入睡了，那麼應該可以肯定肚子餓是他無法安置入睡的原因。

✿ 要改善這種狀況，我會建議妳諮詢母乳哺育專家，首先確定寶寶的含乳位置是否正確；然後再繼續檢查，寶寶是否真的把所吸吮的奶水都吞下肚了，而不是純粹吸吮。月齡很小的嬰兒會花很多時間在吸吮，而不是喝奶上，所以他很快就累了，而且在還沒吃飽之前，就被從胸前移走了。

✿ 在新生兒期，只要他哭，妳就應該認為他餓了，要餵他喝奶才對。請別忘記，當我談到三小時餵食法，指的是從這次開始餵奶的時間算起，一直算到下次開始餵為止，意思是，在兩次餵奶之間，間隔可能只有兩小時。如果寶寶在建議的餵食時間前就真的餓了，那麼一定要餵他喝奶。

✿ 無論如何，如果寶寶在他月齡建議的餵食時間到之前就想喝奶，妳應該要去了解原因。如果是餵母乳的寶寶，通常是因為媽媽的泌乳量對他來說不夠，或是他在喝奶時沒吃飽；如果餵的是配方奶，而兩次餵奶之間不到三小時，妳就應該和相關人員討論他每次攝取的量是否足夠。

✿ 除非寶寶已經有維持較長清醒時間，以及拉長兩餐相距時間的跡象，否則不要進入下一個階段的作息表。視寶寶個人的需求，妳或許會發現寶寶有時候會處在兩個不同階段的作息之間，有時睡覺採取前一個作息，而喝奶則是下一個作息，或者剛好相反。不過，這樣是可以接受的。

✿ 請記住，作息表的目的是為了要建立健康的、長期性的睡眠和餵食習慣。寶寶只要身體和心理能夠承受，就能安睡一個晚上，妳不能用限制或快速減少夜間餵奶次數的方式來促使寶寶安睡一晚。

✿ 為了避免寶寶一大清早就醒，在他出生後的一段期間內，只要他夜裡醒來，妳就要餵他足夠的奶水，讓他能睡到早上快七點。另外，他若睡到早上五、六點時醒來，妳就不該用太長時間來觀察他是否能再次入睡，因為習慣在早上五到七點醒來的寶寶，無論醒的時間是長是短，產生長期性早醒問題的可能性，比快速餵食後又馬上能安置入睡的寶寶要高得多。

✿ 除非妳的寶寶能固定睡到早上將近七點，否則不要縮短他最晚一次餵食時清醒的時間。如果寶寶到了兩個月大還無法睡到早上快七點，那麼不妨把最晚一餐分段哺餵，並讓他在那時保持較久的清醒時間。

✿ 就我的經驗來看，分段哺餵對於月齡小的嬰兒在夜裡能睡比較長的時間很有用；至於在凌晨五點左右醒來的較大寶寶，這個方法也能幫助他們睡到早上快七點。請參考第 229 頁，並且至少要花一週以上的時間來建立這個作息。秘訣是，叫醒寶寶餵奶的時間不能晚於晚上九點四十五分，而且必須讓他在建議的時間裡保持完全的清醒。

✿ 六個月以上、最晚一餐奶已經停掉、早上五、六點之間會醒來，且10～15分鐘內無法再度入睡的寶寶，即使醒來的原因不是因為肚子餓，也一定要餵他喝奶。就我的經驗來看，一醒就餵是避免讓他養成長期性早醒問題最快的應對方法；到了寶寶習慣吃固體食物的時候，他們一大早就醒的原因通常都是白天睡太多覺。

✿ 要縮短早醒寶寶的白天睡眠時間其實很困難，因為餵他們喝奶的原因，和給他們安撫奶嘴或抱一抱是不一樣的，為的就是讓他在安置後能再度入睡。

✿ 當寶寶在早上五點到七點睡得比較好後，就要慢慢將九點的小睡推到九點半，並縮短為 30 分鐘；這樣一來，妳就能把午覺時間推到中午十二點半，並且把傍晚的小睡取消。當寶寶白天的睡眠時間減少後，妳或許就會發現寶寶能自然睡到早上快七點，並且把早上的餵奶取消。

✿ 無論如何，如果寶寶有兩週以上的時間都能睡到將近早上七點，而妳也依舊在早上五、六點之間持續餵他喝奶，這時就可以開始把奶量減少；當能以極少的奶量讓他再度入睡時就可以把這餐取消，讓他能自己安置後再次入睡。

英國搖籃信託對於降低嬰兒猝死風險的意見

❶ 在出生後的六個月內，無論晚上還是白天，寶寶都要用仰臥的方式睡在適合的床上，床上放平坦、堅固的的床墊，而且必須和妳同睡在一個房間裡。

❷ 寶寶的房間不需要太熱；需要開一整晚暖氣的時候很少。室內溫度應保持在 16 ～ 20℃ 之間，18℃ 是非常適合的溫度。

❸ 成年人不容易判斷房中的溫度，所以最好用室內溫度計來測量寶寶睡覺和遊戲房間的溫度。

❹ 檢查寶寶時，如果他流汗了，或是肚子摸起來太熱，那就把被單拿掉一些。

❺ 用質料輕薄的毯子或嬰兒睡袋。如果寶寶覺得太熱，那麼就少包幾層，或是採用托克數低的嬰兒睡袋，在炎熱的夏天，寶寶或許根本不必蓋被。十二個月以下的寶寶不要採用鋪厚墊的可攜式嬰兒床、羽絨被、棉被或枕頭。

❻ 就算在冬天，不舒服又發燒的寶寶需要穿上的衣服和被子也不多。嬰兒是從頭部散熱的。請務必確定，寶寶睡覺時雙腳要靠向嬰兒床的尾部，頭上不能被蓋到被子。

❼ 寶寶的床上一定不能有柔軟的玩具、棉紗巾或是被褥，這一點很重要。

英國搖籃信託對於小寶寶使用安全座椅的建議

① 不要帶早產兒和年紀太小的嬰兒做長時間的汽車旅行。旅行時，比較理想的方式是有另外一個成年人和寶寶一起坐在車的後座，或是駕駛可以從照後鏡裡隨時看到寶寶的狀況。

② 如果寶寶改變了姿勢，並且往前跌，家長應該要立刻停車，並把寶寶從汽車安全座椅上抱起來。

如需更多詳細資料，請上以下網站：lullabytrust.org.uk 以及 nhs.uk。

進階閱讀

- A Contented House with Twins by Gina Ford and Alice Beer (Vermilion 2006)

- Feeding Made Easy by Gina Ford (Vermilion 2008)

- From Crying Baby to Contented Baby by Gina Ford (Vermilion 2010)

- Gina Ford's Top Tips for Contented Babies and Toddlers by Gina Ford (Vermilion 2006)

- Healthy Sleep Habits, Happy Child by Marc Weissbluth (Vermilion 2005)

- Potty Training in One Week by Gina Ford (Vermilion 2003)

- Remotely Controlled by Aric Sigman (Vermilion 2005)

- Silent Nights by Brian Symon (OUP Australia and New Zealand 2005)

- Sleep: The Secret of Problem-free Nights by Beatrice Hollyer and Lucy Smith (Cassell 2002)

- Solve Your Child's Sleep Problems by Richard Ferber (Dorling Kindersley 1985)

- The Complete Sleep Guide for Contented Babies and Toddlers by Gina Ford (Vermilion 2006)

- The Contented Baby with Toddle Book by Gina Ford (Vermilion 2009)

- The Contented Baby's First Year by Gina Ford (Vermilion 2007)

- The Contented Child's Food Bible by Gina Ford (Vermilion 2005)

- The Contented Little Baby Book of Weaning by Gina Ford (Vermilion 2006)

- The Contented Toddler Years by Gina Ford (Vermilion 2006)

- The Gina Ford Baby and Toddler Cook Book by Gina Ford (Vermilion 2005)

- The Great Ormond Street New Baby and Child Care Book (Vermilion 2004)
- The New Baby and Toddler Sleep Programme by Professor John Pearce with Jane Biddler (Vermilion 1999)
- What to Expect When You're Breast-feeding … And What If You Can't? by Clare Byam-Cook (Vermilion 2006)
- Your Child's Symptoms Explained by David Haslam (Vermilion 1997)

歡迎造訪 contentedbaby.com 網站

　　想要多了解滿意小寶寶作息以及吉娜 · 福特書作相關的資料嗎？請參考吉娜的官網 contentedbaby.com。成為會員後，妳將能獲得許多的資訊與建議。

❀ 能夠存取我們擁有 2,000 則持續更新中問與答的資料庫，問題範圍包括了餵食、睡眠以及發育，由吉娜與其他育兒專家一起為各位解答。

❀ 超過四十個與餵食、睡眠與發育相關的個案研究。

❀ 超過三千篇由知名作家、營養學家、心理專家以及諮詢專家撰寫的育兒與生活相關專文。

❀ 定期的線上雜誌，內含吉娜的個人訊息，以及吉娜問題專頁的存取。

❀ 吉娜的回覆──這個專頁是吉娜回答會員最關心問題的地方。

❀ 為嬰幼兒設計的食譜與菜單。

寶貝妳的新生兒 暢銷增訂版

作　　　者　吉娜福特
翻　　　譯　陳芳智
選　　　書　陳雯琪
特 約 編 輯　陳素華
主　　　編　陳雯琪

行 銷 經 理　王維君
業 務 經 理　羅越華
總 　編 　輯　林小鈴
發 　行 　人　何飛鵬
出　　　版　新手父母出版
　　　　　　城邦文化事業股份有限公司
　　　　　　台北市中山區民生東路二段 141 號 8 樓
　　　　　　電話：(02) 2500-7008　傳真：(02) 2502-7676
　　　　　　E-mail：bwp.service@cite.com.tw
發 　　　行　英屬蓋曼群島商家庭傳媒股份有限公司城邦分公司
　　　　　　台北市中山區民生東路二段 141 號 11 樓
　　　　　　讀者服務專線：02-2500-7718；02-2500-7719
　　　　　　24 小時傳真服務：02-2500-1900；02-2500-1991
　　　　　　讀者服務信箱 E-mail：service@readingclub.com.tw
　　　　　　劃撥帳號：19863813
　　　　　　戶名：書虫股份有限公司

香港發行所　城邦（香港）出版集團有限公司
　　　　　　香港灣仔駱克道 193 號東超商業中心 1F
　　　　　　電話：(852) 2508-6231　傳真：(852) 2578-9337
　　　　　　E-mail：hkcite@biznetvigator.com
馬新發行所　城邦（馬新）出版集團 Cite(M) Sdn. Bhd. (458372 U)
　　　　　　11, Jalan 30D/146, Desa Tasik,
　　　　　　Sungai Besi, 57000 Kuala Lumpur, Malaysia.
　　　　　　電話：(603) 90563833　傳真：(603) 90562833

封面設計　徐思文
內頁設計、排版　鍾如娟
繪　　圖　林敬庭
製版印刷　卡樂彩色製版印刷有限公司
2020 年 04 月 15 日 三版 1 刷　　　　Printed in Taiwan
定價 580 元

ISBN 978-986-5752-89-7
有著作權‧翻印必究（缺頁或破損請寄回更換）

國家圖書館出版品預行編目 (CIP) 資料

寶貝妳的新生兒 暢銷增訂版 / 吉娜福特著；
陳芳智譯 . -- 3 版 . -- 臺北市：新手父母出版，城
邦文化事業股份有限公司出版：英屬蓋曼群島商
家庭傳媒股份有限公司城邦分公司發行，2021.04
　面；　　公分 . -- (育兒通；SR0103)
譯自：The new contented little baby book : the
secret to calm and confident parenting.
ISBN 978-986-5752-89-7 (平裝)
1. 育兒
428　　　　　　　　　　　　　　　　110003392